金商道

The positive thinker sees the invisible, feels the intangible,
and achieves the impossible.

惟正向思考者，能察於未見，感於無形，達於人所不能。——佚名

LIGHTS OUT

PRIDE, DELUSION, AND THE FALL OF GENERAL ELECTRIC

奇異衰敗學

百年企業為何從頂峰到解體?

THOMAS GRYTA　TED MANN

湯姆斯．格利塔 & 泰德．曼——著

陳文和——譯

目錄

人物關係 006
伊梅特2012年起主要事業體組織圖 010
重要事件年代表 012
各界好評 018
推薦序　奇異的隕落／湯明哲 021

第1章　急轉直下 026
第2章　肉丸子 035
第3章　中子傑克 041
第4章　大傑夫 055
第5章　接班競賽 064
第6章　炒熱氣氛 074
第7章　愛迪生導管 084
第8章　倚老賣老 093
第9章　最後一搏 100
第10章　買進賣出 106
第11章　夢想啟動未來 112
第12章　大舉擴張 123
第13章　更高的報酬 132
第14章　應用數學 136
第15章　大小通吃 146
第16章　大事不妙 155
第17章　空頭來襲 162
第18章　告貸無門 167

第19章　保持彈性　176
第20章　嚴陣以待　184
第21章　出售NBC環球公司　191
第22章　別無選擇　195
第23章　綠色創想　201
第24章　汰舊換新　213
第25章　獵物　218
第26章　得力助手　226
第27章　扮演新創公司　231
第28章　牛仔變成農夫　236
第29章　哈伯專案　242
第30章　分割出售　247
第31章　豪賭　253
第32章　巴黎晚餐　259
第33章　芝加哥一日　265
第34章　審慎的提案　269
第35章　「我們辦事，大家可以放心。」　274
第36章　高價收購　278
第37章　工業軟體的難題　284
第38章　「我甚至不清楚公司賣的產品」　288
第39章　執行長的交易　294
第40章　成交的成本　300
第41章　不速之客　303
第42章　糖果工廠　308

第43章　不夠渴望　314
第44章　會計調整　319
第45章　後灣協議　323
第46章　管理電力公司　326
第47章　不變的目標　333
第48章　江山易主　337
第49章　幕後祕辛　342
第50章　確定優先順序　350
第51章　內部整頓　354
第52章　保守估算　361
第53章　重啟之年　366
第54章　帳單到期　369
第55章　怠忽職守　376
第56章　更廣義的管理　381
第57章　臨陣換將　384
最終章　「傑夫是朋友」　395

致謝辭　406
註解——關於訊息來源　410
參考書目　429

人物關係

奇異集團

湯瑪士・愛迪生（Thomas Edison）
因發明燈泡聞名於世，為第一屆董事成員，也是奇異創新的門面招牌。

萊繆爾・博爾韋爾（Lemuel Boulware）
奇異集團負責勞資關係與社區關係副總裁，因處理一九六四年奇異大罷工事件時豪不妥協的作風成名，其談判方式稱「博爾韋爾主義」。

瑞格・瓊斯（Reginald Jones）
第八任奇異集團執行長，一九七二年接任奇異集團執行長至一九八一年。

傑克・威爾許（Jack Welch）
第九任奇異集團執行長，人稱中子傑克，是締造奇異傳奇的人。一九六〇年進入奇異塑料部門服務，一九八一年接任奇異集團執行長至二〇〇一年。

傑夫・伊梅特（Jeff Immelt）
從威爾許手中接下第十任奇異集團執行長大位，是奇異成敗關鍵人物，於二〇〇一年九月七日接任奇異董事長和執行長職位，二〇一七年卸任。

約翰・佛蘭納瑞（John Flannery）
繼伊梅爾特之後第十一任奇異集團執行長，二〇一七年八月一日接下CEO之位，任期不到一年因績效不彰而下台。

史蒂夫・波茲（Steve Bolze）
擔任奇異電力設備與水處理公司執行長長達十二年，二〇一七年角逐奇異集團執行長失利後隨即申請退休，後因財務弊案被辭退。

傑夫・伯恩斯坦（Jeff Bornstein）
崛起於奇異稽核小組，後期主要負責奇異集團的各項財務問題，在佛蘭納瑞上任沒多久後離職。

愛德華・伍德（Edward Hood）
與威爾許同屆角逐執行長，敗選後擔任奇異集團副董事長直到一九九三年。

大衛・考特（Dave Cote）
與伊梅特同屆角逐執行長大位的失利者之一，曾任職奇異家電事業，離職後當上漢威董事長兼執行長。

大衛・卡爾霍恩（Dave Calhoun）
與伊梅特同屆角逐執行長大位的失利者之一，離職後曾任尼爾森執行長、黑石集團資深執行董事和波音公司執行長。

鮑伯・納德利（Bob Nardelli）
威爾許時期的奇異電力公司領導人，與伊梅特同屆角逐執行長大位的失利者之一，離開奇異後到家得寶擔任執行長。

吉姆・麥克納尼（Jim McNerney）
曾任奇異噴射引擎事業領導人，與伊梅特同屆角逐執行長。

大位的失利者之一，離開奇接掌 3M 工業集團。

約翰・萊斯（John Rice）
奇異塑料在新加坡亞太地區部門的主管、集團副董事長。

丹尼斯・戴默曼（Dennis Dammerman）
威爾許時期擔任奇異金融服務公司財務長、佛蘭納瑞時代則擔任奇異集團副董事長。

貝絲・康斯塔克（Beth Comstock）
奇異集團公關主任，伊梅特時期提拔為奇異行銷長，之後晉身為奇異副總。

肯・蘭格尼（Ken Langone）
奇異集團董事之一，家得寶共同創辦人。

蓋瑞・溫德（Gary Wendt）
威爾許時期的奇異金融服務公司執行長。

丹尼斯・奈登（Denis Nayden）
伊梅特時期的奇異金融服務公司執行長直到二〇〇二年。

桑迪・華納（Sandy Warner）
奇異的董事會成員（金融委員會）、摩根大通前執行長。

羅傑・潘斯基（Roger Penske）
奇異的董事會成員（金融委員會）、億萬富豪企業家暨專業賽車手。

詹姆斯・班布里奇・李二世（James Bainbridge Lee Jr.）
摩根大通所向披靡的銀行家，也是奇異集團的核心理事會。

凱斯・謝林（Keith Sherin）
伊梅特時期的奇異集團財務長、二〇一三年調任奇異金融服務公司執行長。

賴瑞・卡普（Larry Culp）
丹納赫集團前執行長，在佛蘭納瑞時代加入奇異董事會，二〇一八年空降成為奇異執行長。

麥克・尼爾（Mike Neal）
伊梅特時期二〇〇七至二〇一三年的奇異金融服務執行長。

洛伊・托特（Lloyd Trotter）
伊梅特時期的奇異集團副董事長。

吉姆・柯利卡（Jim Colica）
伊梅特時期的奇異金融服務風險長。

羅倫佐・希莫奈利（Lorenzo Simonelli）
伊梅特時期的先後任職奇異運輸、石油天然氣公司執行長。

安德魯・維伊（Andrew Way）
伊梅特時期的奇異主管，也是離岸設備專家。

琳達・柏夫（Linda Boff）
伊梅特時期的奇異集團行銷長。

約翰・克雷尼基（John Krenicki）
奇異集團副董事長、電力公司的前執行長，據傳與伊梅特不合而被迫離職。

傑夫・比蒂（Geoff Beattie）
奇異集團董事。

保羅・麥克爾希尼（Paul McElhinney）
服務合約部門首長，是把激進的會計法引進了奇異電力公司的人。

羅素・史托克斯（Russell Stokes）
佛蘭納瑞時代的奇異電力公司執行長。

潔米・蜜勒（Jamie Miller）
在佛蘭納瑞時代從運輸部門主管升任集團財務長，對佛蘭納瑞謹小心的做法頗感擔憂。

布雷奇・丹尼斯頓三世（Brackett B. Denniston III）
伊梅特個人與奇異集團總顧問。

馬克・里托（Mark Little）
奇異研發部門領導人。

大衛・普樂夫（David Plouffe）
奇異於金融風暴期間聘僱的品牌顧問，時任民主黨聯邦參議員、曾是巴拉克・歐巴馬競選總幹事。

史蒂夫・施密特（Steve Schmidt）
奇異於金融風暴期間聘僱的品牌顧問，曾任共和黨總統候選人約翰・麥肯（John McCain）的選戰策士。

安・克立（Ann Klee）
奇異環境事務律師，過去曾任美國環保署，代表奇異集團與美國環保署探討哈德遜河清汙的責任歸屬。

比爾・魯（Bill Ruh）
之前任職思科，被伊梅特延攬到奇異數位公司擔任經理，後升任執行長。

銀行業、華爾街

比爾・葛洛斯（Bill Gross）
人稱「債券天王」，知名太平洋投資管理公司共同創辦人。

史蒂夫・圖薩（Steve Tusa）
摩根大通負責奇異集團的分析師。

漢克・鮑爾森（Hank Paulson）
曾任投資銀行高盛集團的主席和行政總監，二〇〇六年至二〇〇九年擔任美國財政部長。

大衛・所羅門（David Solomon）
高盛集團的頂尖顧問。

約翰・溫伯格（John Weinberg）
高盛集團的頂尖顧問。

大衛・魯賓斯坦（David Rubenstein）
私募股權投資公司凱雷集團創辦人。

吉米・李（Jimmy Lee）
摩根大通的投資銀行家。

艾德・嘉登（Ed Garden）
特里安基金管理公司投資長兼合夥人，也是佩爾茲的女婿。

納爾遜・佩爾茲（Nelson Peltz）
特里安公司執行長兼合夥人，嘉登的岳父。

卡洛琳・弗洛里（Caroline Frawley）
紐約聯邦準備銀行團隊的主任，主持查核奇異金融服務的帳款與資產負在表。

報章媒體、影視界

鮑伯・萊特（Bob Wright）

全國廣播公司董事會主席，美國電視傳媒界的一棵長青藤。

朗・邁爾（Ron Meyer）
環球影業公司總裁。

斯泰西・斯奈德（Stacey Snider）
夢工廠執行長。

喬・諾塞拉（Joe Nocera）
《紐約時報》商業專欄作家。

鮑伯・萊特（Bob Wright）
NBC環球前副董事長暨執行長。

喬安・盧柏林（Joann S. Lublin）
《華爾街日報》資深記者，搶先取得奇異出售金融服務事業的機密消息。

政治相關部門

麗莎・傑克森（Lisa Jackson）
歐巴馬政府任內首位環保署長，就哈德遜河清汙一事與伊梅特談判。

提姆・蓋特納（Tim Geithner）
紐約聯邦儲備銀行總裁。

希拉・貝爾（Sheila Bair）
美國聯邦存款保險公司的領導人。

合作、競爭夥伴

班・考夫曼（Ben Kaufman）
新創公司 Quirky 創辦人，與奇異聯手合作平台上新產品發表與銷售可能。

艾瑞克・萊斯（Eric Ries）
矽谷創業家，著有商業暢銷書《精實創業》。

派屈克・克朗（Patrick Kron）
阿爾斯通執行長，任內公司前景黯淡，於是著手推動公司出售案，期待能滿足股東以及法國政府的需求。

喬・凱颯（Joe Kaeser）
西門子公司執行長，曾想併購阿爾斯通。

史帝夫・鮑爾默（Steve Ballmer）
伊梅特在寶潔公司的同事，後來成為微軟執行長。

伊梅特 2012 年起主要事業體組織圖

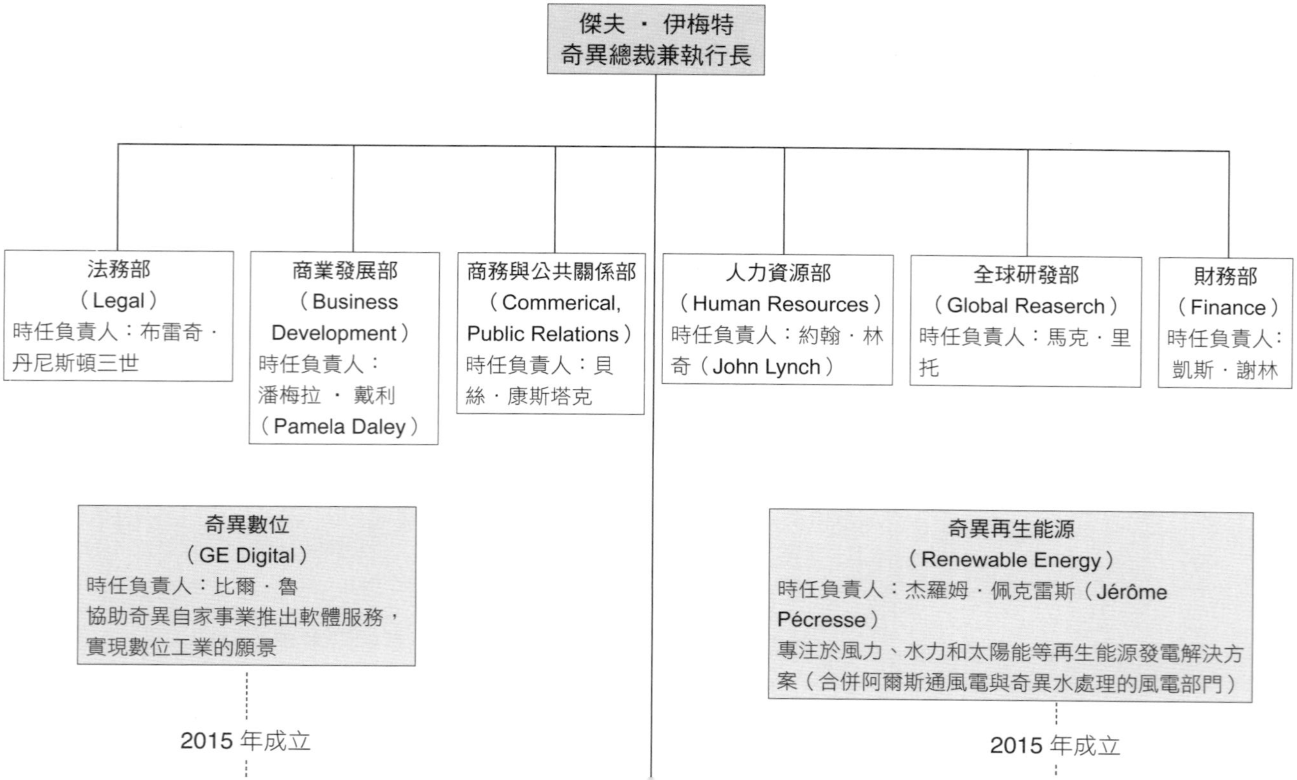
傑夫 · 伊梅特
奇異總裁兼執行長
法務部
（Legal）
時任負責人：布雷奇 · 丹尼斯頓三世
商業發展部
（Business Development）
時任負責人：潘梅拉 · 戴利（Pamela Daley）
商務與公共關係部
（Commerical, Public Relations）
時任負責人：貝絲 · 康斯塔克
人力資源部
（Human Resources）
時任負責人：約翰 · 林奇（John Lynch）
全球研發部
（Global Reaserch）
時任負責人：馬克 · 里托
財務部
（Finance）
時任負責人：凱斯 · 謝林
奇異數位
（GE Digital）
時任負責人：比爾 · 魯
協助奇異自家事業推出軟體服務，實現數位工業的願景
2015 年成立
奇異再生能源
（Renewable Energy）
時任負責人：杰羅姆 · 佩克雷斯（Jérôme Pécresse）
專注於風力、水力和太陽能等再生能源發電解決方案（合併阿爾斯通風電與奇異水處理的風電部門）
2015 年成立

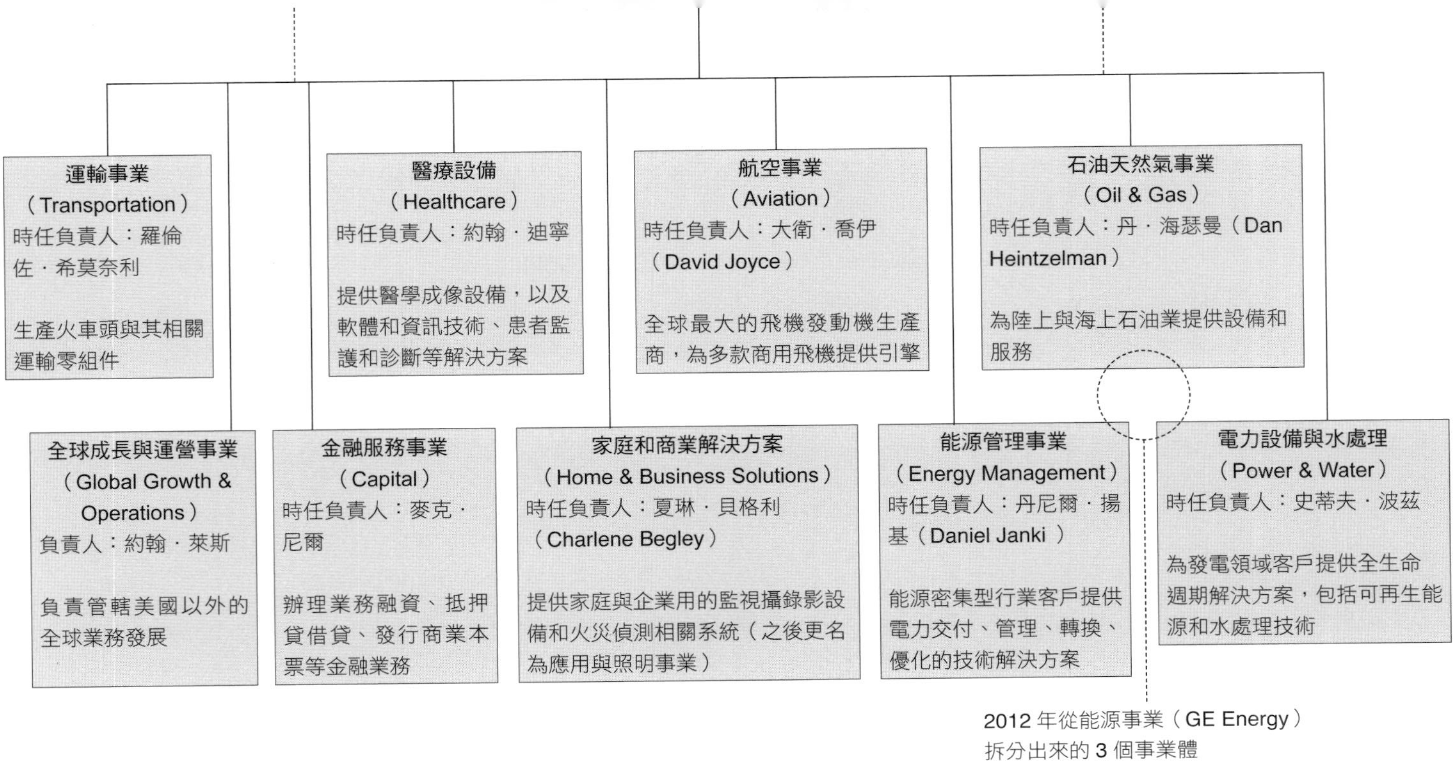
運輸事業
（Transportation）
時任負責人：羅倫佐．希莫奈利
生產火車頭與其相關運輸零組件
醫療設備
（Healthcare）
時任負責人：約翰．迪寧
提供醫學成像設備，以及軟體和資訊技術、患者監護和診斷等解決方案
航空事業
（Aviation）
時任負責人：大衛．喬伊（David Joyce）
全球最大的飛機發動機生產商，為多款商用飛機提供引擎
石油天然氣事業
（Oil & Gas）
時任負責人：丹．海瑟曼（Dan Heintzelman）
為陸上與海上石油業提供設備和服務
全球成長與運營事業
（Global Growth & Operations）
負責人：約翰．萊斯
負責管轄美國以外的全球業務發展
金融服務事業
（Capital）
時任負責人：麥克．尼爾
辦理業務融資、抵押貸借貸、發行商業本票等金融業務
家庭和商業解決方案
（Home & Business Solutions）
時任負責人：夏琳．貝格利（Charlene Begley）
提供家庭與企業用的監視攝錄影設備和火災偵測相關系統（之後更名為應用與照明事業）
能源管理事業
（Energy Management）
時任負責人：丹尼爾．揚基（Daniel Janki）
能源密集型行業客戶提供電力交付、管理、轉換、優化的技術解決方案
電力設備與水處理
（Power & Water）
時任負責人：史蒂夫．波茲
為發電領域客戶提供全生命週期解決方案，包括可再生能源和水處理技術
2012 年從能源事業（GE Energy）
拆分出來的 3 個事業體

組織圖是以 2012 年為基準製作，從本書內容可知，隨著時間更迭各個事業體陸續出售、分拆重整。執行長卡普於 2021 年更宣布，將把奇異集團分拆成三家上市公司，2023 年先分割醫療保健業務，接著 2024 年將再生能源、電力和數位合併成一個事業，剩下的事業重心放在航空上，並保留「奇異」公司名，以奇異航空繼續經營。

出處：https://jackwelchge.weebly.com/organisational-structure.html 改製而成

重要事件年代表

一八九二年奇異公司整併成立

一八九二年創始人之一的查爾斯．科芬（Charles A. Coffin）擔任總裁，並始終擔任董事長直到一九二二年退休。其將奇異打造成技術與管理兼具的公司，市值從創始三五〇〇萬美元上升到一．八四億美元。

一九〇七年穩定且持續成為道瓊工業指數成分股之一

一九一一年併入國家電燈公司創辦照明事業

一九一九年，應政府的要求，歐文．楊（Owen D. Young）創建了世界最大的美國無線電公司（RCA，奇異子公司），確立了美國無線電技術的領先地位

一九二二年總裁歐文．楊（任期一九二二－一九三九）上任，他將事業轉向廣泛的家用電器領域，確立了公司領先地位，加速美國電氣普及化

一九三〇年奇異塑料事業成立，後來發明聚碳酸酯更改變塑料界

一九四〇年菲利普．里德（Philip D. Reed，任期一九四〇－一九四二；一九四五－一九五八）執行長兼任總裁上任

一九四二年因第二次世界大戰，里德借調為美國政府在倫敦創建的經濟事務使團服務

一九四五年菲利普．里德回任

一九五六年於紐約奧新寧成立可羅頓維爾成立主管訓練中心（如今更名為「威爾許領導力中心」）

一九五八年雷夫．科迪納（Ralph J. Cordiner，任期一九五八－一九六三）擔任董事長兼執行長

一九六三年杰拉德．菲利普（Gerald L. Phillippe，任期一九六三－一九七二）擔任董事長兼執行長

一九六七年佛雷德．伯奇（Fred J. Borch，任期一九六七－一九七二）擔任董事長兼執行長，任職期間主要巨資投入計算機、核能和商用噴氣引擎巨資三大領域。在噴引擎的收入從五〇億美元增加到一〇〇億美元，為奇異電氣帶來了豐厚的回報。

一九六八年瑞格．瓊斯成為公司的財務長

一九七二年瓊斯（任期一九七二－一九八一）擔任董事長兼執行，任職期間推動公司進一步擴展全球市場，在位期間公司銷售額翻了一倍多

一九七七年由於環保意識抬頭，集團工業事業不敢再將氯聯苯排入哈德遜河

一九七九年美國下令禁止生產氯聯苯

一九八一年傑克．威爾許（任期一九八一－二〇〇一）擔任董事長兼執行

一九八二年，威爾許積極簡化和整合組織，解散瓊斯組建的大部分管理層

一九八四年以逾一〇億美金收購雇主再保險公司，隨後又併購多家再保險業者，深耕再保險事業

一九八六年以六五億收購美國無線電公司

一九九八年四月威爾許拒絕環保團體的河川清汙提議

本書故事開始

一九九五年開始採用六個標準差管理法

二〇〇一年

- 威爾許因漢威收購案失敗求去（在位期間公司市值從一九八一年的一二〇億美元到他退休時增加四一〇〇億美元，其中收購高達六〇〇次，是當時美國市值最大的公司）。
- 傑夫．伊梅特（任期二〇〇一－二〇一七）接任
- 九月十一日威爾許自傳上市當天美國發生恐怖攻擊

二〇〇二年三月二十二日債券天王葛洛斯拋售一億美元奇異債券，並宣稱其存在巨大風險而導致股票狂瀉

二〇〇三年

- 以一四〇億收購維旺迪公司電視與電影資產
- 收購維旺迪公司電視與電影資產併入全國廣播公司組合ＮＢＣ環球集團
- 以二四億收購芬蘭衣料設備製造商 Instrumentarium
- 以九五億收購英國生命公司阿麥斯罕
- 以五四億美元收購荷蘭全球保險集團旗下泛美金融公司大部分股權
- 伊梅特拔擢康斯塔克為奇異集團第一任行銷長
- 中國政府與其簽署九億美元的採購合約，同時為中國第一個商用航空公司打造引擎，預計產生三〇億美元利潤

二〇〇四年

- 奇異再保險事業大多數股份轉移到新成立的展維金融
- 奇異金融服務公司以約五億美元收購了ＷＭＣ房貸公司

二〇〇五年

- 以三二億美元購得雅頓房地產公司

二〇〇六年

・把其餘再保險股份大部分出售給瑞士再保險公司
・金融服務公司總資一九九五年不到二千億美元，截至房貸風暴前的二〇〇六年暴增到五千六百五十億美元
・將歐洲地區的矽膠等先進特殊材料事業以三八億售予阿波羅集團
・以五億美元收購紐西蘭超級銀行的房貸組合

二〇〇七年

・證券交易委員會通知奇異集團，他們將著手調查金融服務事業商業本票工具
・WMC 房貸因次級房貸風暴裁撤四千多人，變賣三七億美元資產，累計損失近一〇億美元
・證券交易委員會下達正式調查命令
・以一九億美元買下製造鑽探設備的柯威公司，並將其併入石油產業設備製造商新皮尼奧內公司
・塑料事業以一一六億出售給石化產品製造商沙烏地基礎工業公司

二〇〇八年

・以五四億元美元價格把 Lake 消費金融公司售給日本新生銀行，協議共同承擔 Lake 損失。
・九月十五日雷曼兄弟倒閉
・十月股神巴菲特危機入市以三〇億美元購買奇異特別股，使股價止跌反升
・借助政府擔保售出近一千三百一十億美元短期債券籌措現金
・由於產量縮減，加上受金融服務、照明和醫療器械事業經營下滑影響，第四季度利潤較去年同期下降四四％而計畫裁員

二〇〇九年

・三月標準普爾、穆迪修正奇異信用評級，從3A降至2A+
・出售 NBC 環球公司

二〇一〇年

・監管當局批准 NBC 環球公司售予康卡斯特
・奇異同意清理汙染

二〇一一年三月十一日福島核災導致奇異核能工業事業遭受抨擊

二〇一三年

・以三三億美元收購德州拉夫金工業公司
・投資人大會上宣布組織重組，事業化繁為簡、共享事業後台

二〇一四年

- 收購阿爾斯通事案啟動
- 芝加哥奇異退休員工示威退休金福利大幅縮減
- 法國政府批准阿爾斯通收購案

二〇一五年

- 以九〇億美元出售醫療保健金融部門給第一資本
- 成立數位事業布局工業物聯網，目標於二〇二〇年成為十大軟體供應商
- 公布出售奇異金融服務事業，首先將奇異資本銀行線上存款平台及平台存入之款項約一六〇億美元出售給高盛集團
- 歐盟與美國當局同意阿爾斯通收購案

二〇一六年

- 斥資一四〇億美元組構奇異石油天然氣石油天然氣事業併入貝克休斯公司（奇異貝克休斯公司），奇異僅持股五成，隨後更轉手三分之二股權
- 以五四億美元售出全部家電業務給中國家電製造龍頭海爾集團

二〇一七年

- 年初股價來到三〇美元以上，五月卻反向下跌，當年度跌幅高達一一%
- 約翰．佛蘭納瑞接手執行長（任期二〇一七～二〇一八），伊梅特退為董事會主席身分
- 伊梅特卸任董事長一職退出奇異集團
- 與加拿大魁北克儲蓄投資集團（Caisse de dépôt et placement du Québec）以三二億歐元收購水處理事業一〇〇%股權

二〇一八年

- 隱藏多的長照保險業務曝光，監管當局要求七年內備妥一三〇億儲備金
- 賴瑞．卡普出任奇異董事
- 以一一一億美元將運輸業務一部分股權售予西屋制動
- 從道瓊工業指數成分股除名
- 宣布拆分集團醫療事業、出售油田服務公司
- 佛蘭納瑞下台、卡普上任（任期二〇一八年至今）
- 信用評級再次降至BBB+
- 標普道瓊斯指數服務公司公布新一輪道指成份股，將奇異剔除
- 以三二．五億美元出售旗下大型工業發動機製造子公司給私募股權投資公司安宏資本（Advent International）

本書故事結束

二〇一九年

以二一〇億美元出售生物製藥事業給丹納赫集團

二〇二〇年

出售照明事業給智慧居家自動化系統商 Savant Systems

二〇二一年三月

- 奇異飛機租賃部門與愛爾蘭飛機租賃公司 AerCap 合併，奇異獲得四六%股份。
- 宣布將分拆成三家上市公司，二〇二三年先分割醫療保健業務，接著二〇二四年將再生能源、電力和數位合併成一個事業，剩下的事業重心放在航空上，並保留「奇異」公司名

各界好評

一份扣人心絃、深入報導有史以來最具標誌性公司之一奇異集團的潰解事件。對於所有人來說，奇異集團像是突然失寵，本書詳細講述了這件事情如何發生。

——莉塔．麥奎斯（Rita McGrath）哥倫比亞大學商學院的教授、《瞬時競爭策略》作者

格利塔和曼講述了一個振奮人心的故事，有關公司腐敗、無能和短視交易。這是沒有英雄的寓言，但對想知道二十一世紀視股價高於其他價值衡量標準的企業管理如何變成災難性錯誤的人來說，這是一個教訓。

——安德魯．萊斯（Andrew Rice），紐約雜誌每日情報員

本書是美國商業巨頭迷失方向的決定性故事。格利塔和曼的精心報道讓我們坐上了奇異集團領導人為公司命運而掙扎的包廂和專機，不僅詳盡敘述了這家公司，還道出人性的複雜、貪婪和傲慢。

——伊凡・瑞特里夫（Evan Ratliff），暢銷作家

美國企業的這一重要歷史警告我們，當一家公司為了收益追求成長、而其領導人卻難以理解他們能控制什麼時會發生什麼事。

——大衛・古拉（David Gura），MSNBC主播兼通訊員

格利塔和曼對奇異集團過去二十年的專注觀察，凸顯了在二十一世紀商業中生存的殘酷事實。

——《出版商週刊》（*Publishers Weekly*）

格利塔和曼不斷擴大《華爾街日報》報道篇幅，以描述巨人如何在這本有力且引人入勝的讀物中巨大隕落。

——《書單》（*Booklist*）

對客戶、員工、前僱員和投資者以及二十一世紀企業管理感興趣的人來說，奇異集團螺旋式下降的結果與事後分析是廣大受眾的重要參考資料。

——《圖書館雜誌》（*Library Journal*）

推薦序

奇異的隕落

湯明哲
麻省理工學院企管博士
曾任台大副校長，現任長庚大學校長

奇異集團的市值從一九九九年的五千億美金衰到二〇二一年的一千億美金，何以致之？大型公司通常都是管理良好，底子深厚的公司，從全世界市值最大的公司跌掉八〇%的絕無僅有。值得大家探討。本書剖析奇異二十年的衰敗，提供詳細的解釋，但研究公司衰敗的主因會因人而異，讀者還是要根據書中提供的資料，自行判斷哪些是真正的理由。

先從五千億美金說起，奇異的管理在上世紀的美國，就是管理學界的典範。一八七八年由發明電燈泡的愛迪生創立，繼任愛迪生的CEO（執行長）查爾斯・柯芬（Charles A.Coffin），建立了奇異CEO的選任系統，不僅能培養出該公司傑出的CEO，也替美國大公司培養出很多CEO，讓奇異成為「CEO的產出工廠（CEO Factory）」。

二〇〇三年，《財星》（*Fortune*）雜誌將柯芬評為「有史以來最偉大的CEO（the greatest CEO of all time）。奇異歷屆CEO進行多角化，從電燈泡進入機電業、家電業、飛機引擎、醫療設備、主機電腦（失敗）等行業，一百年後，成為大型跨國多角化的企業，其中佼佼者是威爾許（Jack Welsch）。在一九九九年被美國《財星》雜誌評為「二十世紀最偉大的CEO」。威爾許擔任二十年總經理，從整頓公司事業組合，大量裁剪、併購、建立公司文化、建立人事制度、消除官僚、實事求是、提高生產力，一九九九年奇異的股價在十八年間長了三十倍，成為當時全世界市值最高的公司，達到五千億美元。（見筆者《商業周刊》一六八六期「二十世紀最偉大執行長逝世，看威爾許危機掌舵四課」文章）。

『當時』威爾許最為人稱道的策略決策是創立奇異金融服務公司，利用奇異的良好債信，在市場上發行奇異公司短期債券，用比銀行還要低的成本吸收資金，然後對企業融資。舉例而言，奇異生產飛機引擎，奇異金融服務公司就對購買奇異飛機引擎的航空空司進行融資。同樣，奇異金融服務公司也對醫療設備、發電機等事業提供融資服務。由於奇異對行業的深入了解，融資業務做的比銀行要好，奇異金融服務公司成為集團獲利的金雞母。曾經貢獻奇異五〇%的利潤。但成也蕭何，敗也蕭何。

威爾許的繼任者伊梅特上台就面對九一一事件，飛機引擎與財務金融業務受創嚴重，二〇〇八年金融危機爆發，奇異金融服務公司由於資產超過一千億美元，被美國政府列為「太大不能倒」（Too big to fail）公司，必須補足自有資本，不能再以發行短期商業本票來募資。在資金壓力下，只能出售奇異金融服務公司。但出售所得的資本要償還早期不當長期保險合約的虧損。

隨後誤判石油業的發展，進入石油探勘設備業，在二〇一四年油價從美金一百二十元一桶跌到每斤二十六元時損失慘重。然後，又併購錯誤，高價買到法國天然氣發電渦輪引擎公司。

二〇一三年伊梅特又宣布進入數位軟體公司。由於電晶體的進步，感測器（Sensor）的體積和成本大幅下降，因此奇異生產許多工業用機器設備，例如飛機引擎、發電機、磁共振成像、火車頭、超音波等等設備都可以裝上各式各樣的感測器，並從賣到世界各地的機器中收集到大量資料。這些資料可以幫助顧客改善使用機器的效率，伊梅特認為奇異設計這些機器，維護這些機器，對這些機器瞭若指掌，因此最知道如何解釋這些資料，並運用資料來預測機器的維護週期，像是哪些重要零件需要維修，如何調整機器運作的參數來達到最佳效率。伊梅特認為奇異應該轉型成以大數據（Big Data）為基礎的製造業，而這些所有的大數據可以在奇異發展的軟體平台Predix上運行，這是工業互聯網（Industrial Internet）的未來，奇異會成為數位化工業（digital-Industrial）公司。換言之，奇異的未來在軟體和演算，而不只是製造。伊梅特宣稱奇異會成為全世界前十大的軟體公司，沒想到，投資一百億美金到奇異數位事業的命運和奇異金融服務事業一樣淡出市場。（見筆者《商業周刊》一七一〇期「7年前發願做工業界蘋果，奇異領先變崩壞啓示」文章）

本業遭受虧損，股票一定大跌，為了挽救股價，奇異又大量購回股票，保證現金股利水準，造成現金不夠繼續投資新設備和研發。

奇異能夠在美國製造業稱霸百年，多角化幾乎無往不利，關鍵在他能吸收美國中西部最好的人才，但網路（Internet）興起後，人才都往西部走，奇異的人才優勢不再。

缺乏人才加上一連串的決策錯誤，造成奇異的殞落。

我認為書中說的會計政策問題不是主要原因。

對於大型公司的衰敗，公司經營不好，CEO一定怪大環境不佳，孤臣無力回天，董事會一定怪CEO能力不行，沒有策略，CEO一定接著怪部屬執行不力。股東只好兩手一攤自認倒楣。從奇異隕落的案例可以看出最該負責任的是董事會。當董事會察覺CEO犯下的一連串錯誤時，應該早點止血，撤換CEO。但張忠謀董事長曾經面告筆者：強勢的CEO會有弱勢的董事會。因為績效好的CEO，董事會不會去管他，等到積非成是，犯下重大錯誤，已為時太晚。奇異的案例就是一戒。奇異給大型公司的治理上了一課。

第 1 章

急轉直下

二〇一七年七月底

滿心掛慮數據的約翰．佛蘭納瑞（John Flannery），驅車來到紐約州莫霍克河（Mohawk River）畔的小城市斯克內克塔迪市（Schenectady）。當他穿過大門進入奇異集團（General Electric）誕生地暨精神堡壘時，鞋盒樣式的龐大三十七號建築（Building 37）頂上巨幅的奇異商標熠熠生輝。這個居高臨下的電動招牌曾經獨領風騷，如今早已被許多更高聳的建物比下去。

斯克內克塔迪被稱為「電力城市」（electric city），是昔日愛迪生機器製造廠（Edison Machine Works）坐落之處。早期的發明家曾在此地創建多家公司，卻未能把最高明的想法化為商業模式，最後在若干銀行家出面協助下，這些公司於一八九二年合併成為奇異公司。奇異的傳奇企業文化——發明、製造、量產和勢不可擋的成長——遂於電力城市遍地開花。現今在這碩大的舊工業基地，那一切已成過眼雲煙。昔日當奇異集團處於鼎盛時期，光是電力城市就有四萬多名男女職員，然而到了二〇一七年人數已減為十分之一。

儘管奇異集團往日在最知名企業之列而且廣受敬重，但佛蘭納瑞此行並不是要回顧歷史。他必須專注解決集團內部問題。

佛蘭納瑞將在數週後接掌奇異集團，而位於電力城市的奇異電力公司（GE Power）是集團旗下最大、歷史最悠久的子公司。這位候任執行長此行旨在會見奇異電力的領導階層，整體評估奇異集團的核心事業。

他將是奇異集團第十一任最高層領導者。在人事案正式宣布後，佛蘭納瑞隨即著手組織自己的團隊，準備承擔職業生涯裡最艱鉅的挑戰。

對局外人來說，這只是另一個精心籌畫、按部就班的權力移交過程，勢必像奇異先前引以為傲的交接過程那樣平順。傑夫．伊梅特（Jeff Immelt）把職權交給佛蘭納瑞，他也負責監督整個過程，好為集團內部升上來的新領導人鋪平道路，使奇異各項傳統得以延續。

然而，旁觀者往往只看到表象。奇異集團幕後的實情是組織失能，以致陷入混亂狀態必須捨棄傳統、求新求變。在平靜的表面下，奇異實已兵荒馬亂。而一切真相要到數週後才會廣為人知。

佛蘭納瑞被選為奇異集團新任執行長後幾乎沒有時間深思。他在接下來一週匆忙召開了數場記者會，並接受多家媒體專訪，還舉行了內部員工大會、廣泛聽取主管簡報。在他接管備受矚目的奇異集團之前，這一切是準備過程中不可或缺的步驟。

嗜讀如命的佛蘭納瑞確實做好了接班準備。從其言談始終可以看出，他是博覽群籍的人。他不像某些企業領導人那樣趾高氣揚，反而時時如分析家一般檢視自己的種種盤算和決策。他擁有銀行家的直覺，總是不停地尋找新角度來衡量各種選項，並不厭其煩地精算各種數據。他也熱愛冒險，時常偕夫人一同跋涉泥濘道路、探索奇妙祕境。他更擅長高獲利交易，而且精於揭露當中隱藏的風險。

佛蘭納瑞體格壯碩，身高超過一百八十二公分，喜好穿著深色西裝，這點頗符合他來自金融服務業的背景。他不是羞怯畏縮的人，但也不像某些對手那樣長袖善舞。競逐奇異集團執行長職位的幾位主管攻勢猛烈，積極程度不輸國會議員候選人，而佛蘭納瑞雖胸有成竹卻虛懷若谷。在投資人大會和記者會上，他始終面帶微笑，與那些一本正經的同僚形成強烈對比。

然而，在自詡為商業王國的奇異集團擔任類似國王的角色，佛蘭納瑞無論如何必須努力調適。他理當習於在安全人員簇擁下匆忙走訪全球各地，而且要安於旅程中時常更換座車、飛機或直升機。他的前任伊梅特時常訪查海外各處機構，而且抵達目的地會議室前總是有人預先準備好各式果品和他喜愛的健怡汽水。股市分析家甚至口耳相傳說，他的跑步機向來跟其運往全球各地，以免下榻處健身設備不合用。至於佛蘭納瑞愛喝哪種汽水則無人知曉。他實在和那些排場格格不入。

當佛蘭納瑞走訪奇異在波士頓的辦公大樓時，有位接待人員急忙趕到電梯旁按住下樓鍵，並為了沒有事先讓電梯候著而頻頻道歉。佛蘭納瑞透露說，雖然心懷感激，但他也認為這種皇室般的待遇似乎有些過火了。

佛蘭納瑞曾與伊梅特密切共事，自然見識過不少派頭，而如今他發現種種排場有時令人感到窒息，甚至覺得有點愚蠢。儘管如此，他的職位終究講求體面，因此行程總是滿檔，身旁始終有助理和隨扈，而且免不了舟車勞頓。雖然他難以擺脫隨行人員，但至少有理由離開總部訪視電力城市等地。沒有人會質問這類旨在了解集團業務的行程。

此次訪程有助於他理清思緒。佛蘭納瑞是在六月十二日獲宣為奇異新任執行長，就在十二天後，他已從康乃狄克州西哈福特（West Hartford）一家銀行退休的父親過世了。他及時向父親告知了升職消息，對他來說，父親辭世前得見其飛黃騰達，有某種程度的慰藉。但失去至親仍令他深感悲痛，使他功成名就的滿足感和自豪感蒙上了陰影。

佛蘭納瑞打敗三名奇異高層主管方贏得集團執行長寶座。即將卸任的伊梅特掌理奇異已有十六年，而且在集團正式宣布執行長輪替訊息前，伊梅特絲毫未曾對外展現準備退休的跡象。

奇異傳統上對領導人才敬重有加。佛蘭納瑞是奇異金融服務事業老將，曾在財金界呼風喚雨，因此成為競逐執行長職位的黑馬。奇異董事會深明集團亟需開創新局，而伊梅特卻只知墨守成規又極度盲目樂觀。

佛蘭納瑞接手後第一時間就認清不可因循守舊。他寧願將集團一些潰爛的病灶攤在陽光下。意味著，不論實情如何嚴峻，也要不計後果地實事求是。他很清楚奇異必須改弦易轍，而且為達此目標理當開誠布公。先前伊梅特掌理奇異時種種作為時常禁不起詳細檢驗，還不斷折損員工與華爾街金融界對集團的信任。

雖然奇異董事會將給予佛蘭納瑞充分時間，但他必須一開始就立下新標竿，並且即刻著手推行必要變革，甚至採取行動清理革新的障礙。他明白改革之路著實道阻且長。

因此，他時時在波士頓的嶄新辦公室宣告：「不會再有成功劇場。」

在正式上任前，他就緊鑼密鼓重新評估奇異集團。像其他執行長一樣，他期望熟悉自己的新領域好按照策略做出決斷，並依據對工廠、辦公室、盈虧報表和公司負債的第一手觀察，判定奇異集團整體表現。他在數週之前已陸續會見一百多名投資人和財務分析家，當下則要和奇異電力部門主管會談，之後還將轉往辛辛那提訪查奇異航空設施。

他並非孤軍奮戰，畢竟獨自思考事情終究難以形成周全的見解，而看清形勢也不是易如反掌。與外界認知大相逕庭的是，奇異諸事業皆各自獨立運作。佛蘭納瑞歷練過奇異多個部門職位，而且於集團旗下金融服務業任職最久，並有在印度等亞洲國家和拉丁美洲地區經營業務的經歷。當奇異買下國際發電設備業最大競爭對手之一後，佛蘭納瑞還曾領導過集團收購電力事業的交易團隊。

不過，他不曾在奇異電力公司任職。

因此，他並不了解發電設備市場、產品、業界人士，也不明白能源業景氣循環如何錯綜複雜。他不清楚電力主管們將各項數據上報公司高層之前，在會計帳上進行調整、推算各種估計值，或權衡風險的五花八門方法。即使是終身奉獻給奇異集團的人，若想了解奇異電力公司的實況，也只能親自去其總部細探究竟。於是，佛蘭納瑞帶著他的團隊來與奇異電力管理團隊面對面開會。而雙方與談者討論公事時的神情各異其趣。

佛蘭納瑞向來精通數據，尤其熟稔財務報表，於是從這方面著手試圖摸清奇異電力公司。他很快就發現：奇異電力的現金不知何故已經用罄。他感到震驚更深覺不可思議。奇異集團旗下最大工業公司竟然被榨乾了。經仔細檢視，其利潤只存在帳面上。歷年的財務報表顯示，從渦輪發電機和售後服務獲取了相當豐厚的利潤，但事實上，來自客戶的實質收益相對稀少。更糟的是，在國際市場對渦輪發電機的需求趨緩後，奇異電力竟然還製造更多龐大且昂貴的機器、擴增存貨。佛蘭納瑞後來向一位觀察家指出：「這就像是開車衝下懸崖，而且沒留下任何剎車痕跡。」

燃氣渦輪發電機是奇異電力核心產品，有著巨大的機體和同樣碩大的葉片，而且與發明家愛迪生（Thomas Edison）率先在下曼哈頓區裝置的早期發電機並無太大差異，其原理基本上也和飛機渦輪噴射引擎大同小異。渦輪機是發電廠的中樞，而奇異電力的渦輪發電機產量舉世無雙，全球約有三分之一發電廠使用奇異電力生產的設備。

佛蘭納瑞二〇一七年視察奇異電力公司時，其管理團隊已汰舊換新。奇異電力先前十二年的領導者史蒂夫・波茲（Steve Bolze）和佛蘭納瑞一樣長年為奇異集團效力。而在競逐執行長職位失利後，波茲隨即申請退休。

這是意料中的事。然而，沒想到奇異董事會竟搶在波茲退休前決議剝奪其領導權，使他措手不及。波茲身形高大，生著一張國字臉，具有常春藤盟校美式足球隊四分衛那種個人魅力。他在董事會做出決議前幾天還堅稱自己能保住職位。

紙媒曾把波茲塑造成理所當然的接班人選，畢竟他掌管奇異旗下最大的公司，還完成了歷來最大規模的併購案，而且以他的資歷出任執行長當之無愧。波茲像其他胸懷大志的奇異主管一樣，歷練過集團多個事業部門的職位，並掌理過奇異醫療公司（GE Healthcare）海外業務，也曾在併購案的交易團隊任職。他在董事會還有一些盟友，並在領導奇異電力公司十二年間交出了令人滿意的成績。這一切都有助於他擠進執行長決選名單。

然而，佛蘭納瑞檢視奇異電力公司的會計帳冊後，開始懷疑波茲時代的成長數據究竟有多少是真實的成果。波茲真的認為奇異電力公司可永續經營嗎？他真的相信發電設備市場會復甦嗎？或者他計畫成為集團執行長後再來處理奇異電力的種種問題？畢竟呈報壞消息會扼殺他登上大位的機會。

或者是，他對奇異電力的實際狀況並不知情，一直到為時已晚才發現事態嚴重？奇異旗下各公司承受著無所不在的業績壓力，未能達標的後果極為嚴重。即使波茲是奇異電力公司領導人，他也不必然知道手下如何達成業績目標，況且這對他來說真的不重要，因為那些數據細節是可以變通的。不管怎樣，波茲已經去職，佛蘭納瑞必須在隨行的財務長傑夫．伯恩斯坦（Jeff Bornstein）協助下盡快處理好這件棘手的事情。伯恩斯坦在某些方面正好與波茲相反，他的個頭不高、精力旺盛、為人風趣，在公司內部安置了許多資深財務主管，觸角延伸到集團各角落。伯恩斯坦也是執行長決選落敗者，不過他選擇留在奇異集團，並且承諾會襄助新任執行長重振集團昔日雄風。

奇異電力公司財務艱困令佛蘭納瑞疑惑不解。他愈深入挖掘財報數據就發現愈多更棘手的問題。奇異電力不僅實質業績表現不佳，而且欠缺可用來化解難題的現金，並以虛假的財報數據使投資人相信其有豐沛的利潤。這些會計上的欺騙伎倆實際上就是借用未來收益來掩蓋當下的問題。

奇異電力售予許多客戶為期數十年的售後服務合約，藉由微調這些合約未來履約的成本估計值，把財報利潤做大。佛蘭納瑞無法相信奇異旗下最大的公司竟然如此自掘墳墓。隨著全球電力來源日趨多樣化，形同奇異電力公司金牛的燃氣渦輪發電機銷量漸減，相關服務也隨著縮小。多年來，風力發電與太陽能發電競爭力持續升高，能源市場戰況日益激烈，燃氣渦輪發電機後續需求勢必持續降減。與此同時，奇異電力公司囤積了過多庫存貨，資本運用效率極低，而在市場低迷的情況下，這些庫存很難消化掉。

因董事會和高層主管普遍未能察覺，奇異電力公司這個致命的問題不斷惡化。直到佛蘭納瑞爬梳財報後才發現，攸關集團存亡、理應現金充裕的奇異電力公司竟深陷財務泥淖。他彷彿看到地平線遠處一場災難正逐漸迫近。

佛蘭納瑞在奇異集團歷練三十年，如今登上了職業生涯巔峰，而整個集團竟然即將墜入深淵。如果奇異電力財報上的利潤不是騙人的數字該有多好，但那終究只是欺瞞大眾的會計伎倆，而且紙畢竟包不住火。

佛蘭納瑞心情低落，甚至不知所措。但他仍努力讓會議室裡所有人明白他的想法。他把視線從財報轉移到已相識二十年的財務長身上，然後質問說：「你知道這該死的情況嗎？」

第 2 章

肉丸子

二〇一九年，波士頓

奇異集團商標的辨識度在全球數一數二：圓框裡有藍底白字的名稱縮寫，旁邊以四根細緻的小羽毛裝飾，讓人聯想起上世紀中期桌上型風扇的葉片。在商標中央，書寫體的G和E兩個字母緊密相連，其字型過去數十年來只有細微變化。

奇異正式稱為「花押字」（Monogram）商標，而老資格員工則暱稱它是「肉丸子」（meatball）。

逾百年來，這個商標反映出奇異開創和併購的各項事業，以及淺嘗即止的種種生意。在噴射引擎、超音波掃描儀、風力渦輪機、電視機、企業貸款協議書、帶時鐘的收音機、烤麵包機、核能發電機組、燈泡、保全系統、密封膠、機翼下掛載的轉輪式機炮、火車機關車以及洗衣機等產品上，都可見到奇異商標的蹤影。曾有人估計，這個商標代表的品牌價值近三百億美元。

自一八九二年創立以來，奇異就不只是間企業而已，更是美國的代表性機構。對奇異數十萬員工而言，進集團服務就像是贏得樂透彩。對持股人來說，奇異就如同一張財務安全網。對於主管們，則有如商業菁英培訓所。也有一些主管靠奇異累積了大筆財富。奇異為美國供應電力，使龐大的機器得以運轉，更做到一般企業難得辦到的事情，與美國社會融為一體。奇異甚至享有等同於美國政府的金融信用。奇異將湯瑪斯·愛迪生的發明本領與銀行家約翰·摩根（J. P. Morgan）的金融實力相結合，創造出促進中產階級、軍事力量和金融財富的強大企業。奇異的發展與現代美國的崛起步調一致。

在美國逐漸壯大的過程中，奇異日益成長並與時俱進，當進入二十一世紀時，該集團的實力更是前所未見。奇異集團於二〇〇〇年達到事業巔峰時，總市值估計約為六千億美元，在全美企業裡拔得頭籌。而且奇異事業觸角深遠，廣及已開發世界民眾生活各領域。

奇異的產品撐起美國電力網，也滿足了美國消費者居家生活需求。它生產的噴射引擎使美軍戰鬥機、商用民航機甚至「空軍一號」總統座機飛上青天。它的放款機構讓速食連鎖店遍地開花，並使北美地區載送石油、穀物和木材的鐵路運輸暢行無阻。它的超音波掃描儀使準爸媽得見胎兒影像，X光機幫醫師看清傷患碎裂的骨頭，磁振造影（MRI）設備為患者找出癌症部位。美國人習於在家中奇異冰箱裡找零食，然後回沙發上用奇異電視機觀賞《歡樂單身派對》（*Seinfeld*）與《六人行》（*Friends*）等奇異集團製做的影集。雖然奇異屬於工業集團，但它的產品幾乎應有盡有。

然而，不到二十年後，奇異的商標雖仍隨處可見，但集團的昔日盛況已不復見。

雖然奇異仍是擁有數百設施的龐大事業體，但其股價與巔峰時期有天壤之別。它不再是媒體寵兒或市場分析師的最愛，股票不再被列為道瓊工業平均指數成分股，而且往日慷慨發放股利的作風也已成前塵往事。奇異股票曾是股市新鮮人投資組合裡的基本要項，如今則成了投機客的賭注，而這在三十年前是不可思議的事。

奇異集團龐大的市值和員工人數彷彿轉瞬即逝，退休員工無法及時換股，只能眼睜睜看著退休金一夕蒸發。眾多奇異員工失去了工作，而留下來的人也是前途未卜。許多在第一輪裁員未遭解雇者，卻因部門被出售以換取急需的現金，轉眼間不再是奇異雇員。無論如何，奇異集團早在急劇沒落之前就已走上窮途末路。

奇異的衰敗並非股價直落、員工的悲痛與失望所能深刻反映的。它曾是多個世代美國企業效法的榜樣，如今卻殞落成了美國商界難解的重大課題。許多公司曾努力向奇異取經、尋求獲致同樣的成功，然而奇異集團真的名副其實嗎？奇異的傳奇事蹟有多少是憑空想像出來的？

據傳，奇異公司延續了多產發明家愛迪生的志業，而二者的連結瞬間使奇異在美國歷史上引以為榮的創意生財站穩地位。事實證明，與愛迪生搭上關係確實讓奇異集團受益匪淺。

●●●

然而，奇異的誕生和發展主要繫於營利而非發明。它是金融業巨擘合併多家相互競爭的早期電力業者組成的公司，而愛迪生對此並無太多貢獻。畢竟電力事業的技術發展需要宏大的規模，更重要的是要有雄厚的資本。

關於奇異集團之父，比較恰當的說法應是摩根大通，而不是愛迪生。當年陷入財務困境的愛迪生別無選擇，只好接受幾家公司併購交易。愛迪生本人在奇異公司第一屆董事會僅為有名無實的領導者。他只是頻繁地在奇異公司行銷活動上現身，可說是公關方面受用的門面。而且愛迪生在奇異董事會任期很短，後來更在奇異成立數年後脫手所有持股，因此未能分享奇異後來異軍突起的成果，以致沒有資金挹注他失利的礦業實驗。

儘管如此，奇異的研發文化傳承了愛迪生的貢獻，在解決難題與發明上注重群策群力。愛迪生對奇異的關鍵意義就在於他能啟發靈感，這是奇異獲致成功和聲望的重要因素之一。奇異的實驗室數十年來推動過許多開創性研究，也取得諸多專利，並造就了多名諾貝爾獎得主。許多美國企業亦紛紛仿效奇異，資助實驗室與科學家，並把他們的研究成果轉化為有利可圖的商品和機器。這也促使美國民間企業的研發進入鼎盛時期。

奇異也讓同業見識了公關、權錢交易和創造神話的威力。作家馮內果（Kurt Vonnegut）小說裡虛構的伊里安城（city of Ilium）即是以奇異誕生地「電力城市」斯克內克塔迪為藍本。馮內果曾為奇異撰寫公關文章，對奇異知之甚詳。他的兄長是奇異的科學家，曾研發人工造雨方法。雖然奇異受限於反托拉斯法，未能共同催生美國龐大的無線廣播電台網，但在電視黃金時代藉由贊助實況節目，找到了打進大眾文化的門路。奇異還請來事業開始走下坡的電影演員羅納德·雷根（Ronald Reagan，後來美國第四〇任總統），借助他吸引消費者購買奇異家電產品，並幫熱中以新發明改變世界的奇異員工加油打氣。當今矽谷的新創公司莫不矢志要改造世界，而奇異在這方面領先了至少四分之三個世紀。

在對抗工會組織、優先保護股東利益上，奇異率領同行打贏了嚴峻的戰役。投資人最關切的無非是公司股價和股利。奇異負責勞資關係與社區關係的副總裁萊繆爾·博爾韋爾（Lemuel Boulware）與製造部門藍領勞工談判時採取好鬥的立場，堅持資方開出條件後決不容許討價還價。這種毫不妥協的作風後來被稱為「博爾韋爾主義」。許多人相信奇異的做法使雷根從民主派好萊塢普通演員，轉變為第一個在全美各地都有選民支持的右翼政治人物。而且奇異對形塑雷根的新角色引以自豪。①

奇異在二十世紀的美國歷經潮起潮落，包括見證第二次世界大戰後美式資本主義和工業集團的崛起。奇異集團的觸角似乎廣及各商業、投資、傳播與影響力領域。股市散戶把資金投入奇異集團顯然是明智之舉。奇異的股票就像政府公債那樣獲得投資人信賴，因為它使人聯想到全美引以為傲的發明傳統，而且除了經濟大蕭條時期之外，它發放的股利總是令人意足。奇異雇用傑出的工程師與管理人才，以及數十萬訓練有素的技工，即使旗下某個部門垮了，其他工業環節仍有能力把整個集團撐起來。奇異抱持保守的立場，理直氣壯地賺錢，而其最終的殞落讓人難以置信。

對許多投資人來說，奇異就像公用事業那樣穩當，它的股價可以預期，也不太可能一飛衝天，而他們需要的正是這樣穩健的股票行情。

在最成功的時期，我們幾乎看不到奇異將陷入困境的絲毫跡象。那時的領導人、來自麻薩諸塞州堅強的愛爾蘭人後裔傑克．威爾許，更被視為同世代裡最卓越的企業執行長。

①博爾韋爾的談判方式是，每次都會答應勞方提出的一半以上條件，讓勞方覺得資方似乎能夠體恤勞工，接著就一步也不退讓，甚至以遷廠來威脅勞工，主導談判權。

第 3 章

中子傑克

二十世紀最具影響力的執行長威爾許，出生於大蕭條時代中期，他的父親是火車駕駛員，母親為家庭主婦，雙親都未完成高中教育。由於父親長時間離家在波士頓與緬因鐵路公司（Boston & Maine Railroad）工作，威爾許從小與頗有抱負的母親建立了深厚的親情。

他的母親葛瑞絲．威爾許（Grace Welch）言語尖刻，時常怒吼說「別自欺欺人」「人生就是這樣」，而這些都成了他最喜愛的話語。

威爾許也從母親那裡學會自信，而且在職業生涯中受用無窮。他們經常在家玩競爭激烈的紙牌遊戲，母親還常在公共場合斥責他，例如在他的校隊隊友面前指責他缺乏運動員精神。結果，威爾許被母親訓練成為充滿自信、勇往直前的人。個頭不高的威爾許極具競爭力，就讀麻薩諸塞州賽勒姆（Salem）高中時曾任冰上曲棍球隊隊長。母親總是緊盯著他學習。完成高中學業後，他進了麻薩諸塞州大學阿默斯特（Amherst）分校化工系，一路攻下碩士學位，後來又在伊利諾大學拿到化工博士學位。

不過，精力充沛的他對學術工作沒興趣，嚮往有朝一日成為揚名立萬的商界人物，於是在一九六〇年進入奇異塑料部門服務。

威爾許說話很快，聲音高亢刺耳，並且帶有父親新英格蘭藍領階層的口音。儘管他昔日常受口吃問題困擾，甚至被迫在高中校隊更衣室裡虛張聲勢，如今他終於能在企業界闖出一片天。對他來說，世上只有贏家和非贏家，因此與他人相處一直處於競爭狀態。下班後，他總是樂此不疲地透過開玩笑、打高爾夫球、拚酒等方式，向同事和競爭對手展現男子氣概。

與威爾許同處一室的人都能感受到他充沛的熱情；他的一些前主管還記得，當有重要事情宣布時，他那雙藍色的眼睛總是炯炯有神。某位奇異主管曾形容他「像雷雨雲那樣隆隆作響並散發出能量」。威爾許也受不了別人稱他為博士，要人直呼其名。

他愛裝腔作勢，有時也難免誇誇其談。進入奇異集團任職二十年後，他的領導才能依然未能贏得所有人認可。在一九七〇年代晚期，威爾許甚至未被列入集團執行長瑞格．瓊斯（Reginald Jones）接班人選名單中。

出生於英國的瓊斯是典型的奇異執行長。身體精實的他備受景仰，而且曾二度榮獲卡特（Jimmy Carter）總統邀請入閣。但他為人謙恭，並不愛出風頭。根據奇異內部傳聞，瓊斯把總部從紐約市遷到康乃狄克州費爾菲爾德（Fairfield）後，有一次向鄰近的橋港市（Bridgeport）市長自我介紹時，因為過於恭謹，使那位市長起初誤以為他是當地辦公室經理。在瓊斯有禮貌地澄清之後，那位市長驚奇地問道：「該死，你是整個奇異集團的領導人嗎？！」

相較之下，威爾許不像典型奇異主管那樣儒雅和拘謹，他自年輕時起就是個急性子的人，從不讓人覺得自己不是重要人物。雖然行事風格迥異，但威爾許的策略謀畫能力還是令瓊斯印象深刻。最後，瓊斯親自把威爾許納入了接班人的決選名單裡。

在瓊斯治理下，奇異股價表現不如人意，但他仍被視為奇異集團和當時的美國商界主要領袖之一。人們普遍認為，當年奇異股價疲弱不振是無法控制的外部總體經濟力量所導致，而且那時奇異集團實力依然不容小覷。在瓊斯擔任執行長九年期間，奇異的收益和利潤增加超過二倍。當一九七〇年代晚期經濟動盪時，奇異仍持續穩定發放股利，並保有廣大的散戶投資人。

勇往直前的威爾許持續在主管圈裡力爭上游。在離開塑料部門轉到奇異總部策略規畫團隊後，威爾許首度得與瓊斯碰面。威爾許所屬團隊負責提出集團未來幾年的發展、收購與精實計畫。雖然他覺得這個團隊很沉悶，但瓊斯對其卻深深引以為榮。威爾許後來又獲得升遷機會，被拔擢去管理大眾消費產品生產部門。

而這只是他攀上顛峰的踏腳石之一。在奇異服務二十年後，威爾許終獲提名出任集團第九任執行長。

贏得這個寶座後，威爾許決心整頓奇異集團，節縮過度支出的成本，而核心要務是簡化公司的複雜程度，清理疊床架屋的科層體系，使龐大的集團能夠更加靈活敏銳。為了排除進步的阻礙，威爾許始終全力以赴，其企業哲學定義了一九八〇至九〇年代的奇異集團，他也因而聲譽鵲起。

一位奇異主管回憶說，在威爾許擔任執行長之前的二十年間，奇異策略會議向來要開一整天，而且龐大的文件和各式投影片支配著整場議程。威爾許認為，在瞬息萬變的商業世界講求不斷更新資訊，以及優化和調整事業、產品及人員組合，而現行無可救藥的開會方式只會推延一切。對之前的瓊斯等執行長來說，五年計畫是持盈保泰的基本策略籌畫工具，有助於訂出新產品研發和上市所需的資金額度。然而，威爾許卻斥其為「瞎扯」。

他避免廣泛的策略謀畫，還縮編策略規畫團隊。他鼓勵各事業個別做決策，同時敏銳地觀察各事業的特性。他也敦促中階經理別再撰寫長篇備忘錄，並要求他們拋開厚重的企畫書。他常說：「我不需要企畫構想，我需要的是各種具體方案。」威爾許的支持者指出，他具有不可思議的能力，可從範圍深廣的各業務資訊裡提綱挈領，同時還能密切關注全球商業大勢所趨，比如說委外代工、貿易政策以及日本的崛起等。

他也要求主管團隊找出管理上政出多門的弊端、設法解決問題。在某次視察麻薩諸塞州林恩（Lynn）的奇異航空設施時，威爾許與鍋爐室工人聊天發現，有四個層級的管理人員負責監管鍋爐室的運作。對此他難以置信並且決心整治繁複的管理架構。

威爾許倡議奇異集團建立新信仰：旗下所有事業都應力爭在各業界名列前茅。他出售了一些奇異發展史上的主要核心事業，終結了製造與販售電視機和烤麵包機的時代，並且積極地在新領域找尋利潤，這包括於一九八六年以六十五億美元收購美國無線電公司（RCA，全國廣播公司NBC的母公司）。

這項大舉進軍媒體業的交易是現今幾乎無法想像的事。事實上，收購異業公司在任何時期都會遭受質疑，因為量產重型機器與推出頂尖的電視情境喜劇，需要的能力截然不同。尤其當今時興股東行動主義，而且華爾街普遍認為專注事業具有更高的價值，多角化經營並不受青睞。

理論上，事業多樣化而且容易取得資金的企業，股價比較不會波動。但在線上交易手續費較便宜、指數型基金盛行的年代，所謂「多角化企業折讓」（conglomerate discount）①已不再划算。

①描述股市估價一間多角化經營的企業集團時，其總資產會低於各別事業估值的總和。

威爾許時代的奇異集團瞬息萬變。他曾於任內第一年發表題為〈在慢速成長的經濟中快速成長〉（*Growing Fast in a Slow-Growth Economy*）的著名演說。拜奇異品牌力量之賜，威爾許的經營策略具有可信度，執行長任內二十年間完成幾近一千件收購案，大約相當於每個月四件，成交金額達到一千三百億美元。

在一九八五年（威爾許任奇異執行長第五年），他斥資八十億美元徹底翻修了奇異各工廠，大舉採用生產機器人、推行生產自動化。他也善加利用當時的奇異信貸公司（GE Credit Corporation，奇異金融服務公司的舊稱）開創重要的新利潤來源。他還投注一百億美元讓奇異信貸公司添購資產與商務設備，然後再轉租給其他企業。

這啟動了奇異史上最大獲利引擎的組構過程。構成此龐大獲利引擎的業務單位，不但運用奇異扎實的資產負債表籌措消費產品生產資金，也為自身追求利潤。威爾許最傑出的創新在於擁抱金融服務，而且對其注重程度不下於管理訓練和效率。這將改變奇異集團的結構以及命運。到了一九八五年底，金融服務占奇異年度利潤已達六分之一，與威爾許上任之初相比堪稱大躍進。在一九七〇年代，金融服務對奇異利潤的貢獻僅約七%，在威爾許掌權之初也大致如此。然而迄一九八〇年代中期，奇異放款業務已與美國某些首屈一指的金融業者難分軒輊。

奇異金融服務公司（GE Capital）全盛時期創造的利潤約占集團總利潤一半以上。以工業集團著稱的奇異基本上變成了美國最大、也最高深莫測的金融業者之一。

●●●

對威爾許和他的助手來說，數據就是他們光榮獲勝的最佳證明。但勝利的榮耀是犧牲許多人換來的。每當條件允許時，惡名昭彰的威爾許就會大砍工作，令許多原以為可在集團做到退休的員工人心惶惶，導致公司內部氣氛緊張。他在一九八〇年代裁掉了逾十萬員工，約為全體員工的四分之一，他還把數萬個工作外包給沒有工會、工資低廉的國家。批評者質疑他除了刪砍成本別無其他管理策略，同時也擔心他造成員工士氣低落而帶來惡果。工會和其他反對者給了他一個綽號，稱呼他為「中子傑克」，因為他能折損人員、同時使建築物安然無事。儘管享有執行長的盛名，威爾許始終擺脫不了這個令他痛恨的綽號。

他另一個著名又具爭議的手法是「考績定去留」（rank and yank），也就是由管理階層評比員工年度表現，考績殿後的一〇%會被列入觀察名單，如果之後考績未見改善，最終會被解雇。這種不斷施壓的策略只會使員工與資方關係進一步緊張。

在奇異各項收購案中，「考績定去留」獲得了成效，因此成為集團厲行精實和榨取利潤的方法。然而，某些管理者不認為它有效用，尤其是施行數年後，竟然有一些能幹的員工考績落在最後一〇%。此外，有些人認為這個方法會使員工為了生存而激烈互鬥，並且抑制管理者促成員工為公司利益團結合作的能力。甚至有管理者為了保住員工，竟然試圖把剛去世的一名員工列在考績最差的一〇%名單裡。

然而，威爾許爭論說，集團仰賴具有競爭優勢的員工，因此必須鍥而不捨地維繫考績有一定水準的員工，並且有效地把考評制度化，幫助管理階層克服墊底員工必然的抗拒、提升他們工作表現。

這是華爾街樂見的事情。在威爾許時代開始後，奇異股價扶搖直上，而且在這二十年間，奇異還進行過五次股票分割。威爾許勝過前任者瓊斯或之後繼任的伊梅特，他領導奇異集團進入了史上最欣欣向榮的時期。

有些批評者認為，威爾許的策略之所以成功，主因是當時美國經濟繁榮昌盛。威爾許的支持者則嘲諷這種說法，並把奇異當時蒸蒸日上的榮景全然歸功於威爾許。有些人甚至主張，奇異的成功進一步推動了美國當時的經濟擴張。

奇異集團股價持續上漲，使得員工轉為愛戴威爾許。從一九八〇年到二〇〇〇年，奇異的收益自十五億美元提升至一百二十七億美元，而營收則增加五倍以上，達到一千二百九十九億美元。此期間股價揚升四十倍以上。

在一九六〇與七〇年代，奇異過於龐雜以致行動遲緩的組織，宛如笨重的巨獸。威爾許管治下的奇異集團擺脫了早年的格局，不再被投資人和廣泛的美國文化運動嫌棄。

奇異努力設法在其他同業無法存活的世界中茁壯成長。

奇異的長期對手西屋公司（Westinghouse Corporation）②等大型集團當時已走向衰敗，而其他像是美國電話電報公司（AT&T）③等，則在競爭日趨激烈和政府祭出管制措施下四面楚歌。奇異在這樣的處境下獲致成功，因而更加堅信：集團能突破困局大放異彩是因擁有更優越的人員、文化和傳統。威爾許時代的奇異把分拆公司視為荒謬的事，而且認為只要持續實現收益目標及超越社會的期望，集團將能免於市場法則制約，延續老牌大企業最後一條命脈。

投資人因獲得滿意的報酬而未能看清，自鳴得意的奇異集團潛藏諸多矛盾糾葛。自一九八〇年代起，奇異不光彩的事情陸續被揭發，當中包括一九八五年遭控在政府合約項目上浮報加班時數，以及一九九四年旗下基德與皮博迪證券公司（Kidder, Peabody & Company）爆發債券交易醜聞④。

在威爾許時代，奇異也被迫開始面對工廠過去數十年來造成的

② 1886 年創立的美國電氣設備公司、世界 500 強企業，廣泛活躍在能源發電設備、交通、通訊、軍事、航天、環境健康領域。1999 年西屋分析將核電項目售給一家英國公司，隨後該公司又售給東芝，由於 2011 年日本福島核事故打亂建設核電站的計畫，加上美核電建設嚴重拖期超支，導致巨額損失而聲請破產保護。

③ 1984 年美國司法部依據《反托拉斯法》拆分美國電話電報公司。

汙染問題。積極的環保運動經長年努力，終於催生出諸多環保法規，要求奇異等汙染源頭付出代價、推行大規模環境復原計畫。

美國環保署敦促奇異，協助清除多年來傾倒進紐約哈德遜河的大量多氯聯苯，然而威爾許態度輕蔑地激烈抗拒。昔日將這種化學物質傾倒於河川屬合法範圍，但在一九七七年已被法律明文禁止，而且在威爾許接掌奇異時，多氯聯苯已被視為可能致癌的化學物質。但威爾許仍主導公司強烈抗拒，不願出錢清理哈德遜河底的多氯聯苯，還煽動沿河多家小型工廠公開反對環保署。他怒氣沖沖地質疑多氯聯苯有害健康的說法，還堅稱哈德遜河的水流強勁，足以自行淨化。

威爾許別樹一幟的作風，某種程度令華爾街甚至商業街為之傾倒。他因直言無諱、挑戰公權力還鼓勵他人跟進而名噪一時。隨著威爾許的職涯進展，奇異持續有出彩的表現，使得各界愈來愈難挑戰他的堅決意志。

威爾許成為了真正的名人。他在股東大會上獲得明星般的待遇，許多景仰他的投資人爭先恐後要求他在財務報表上簽名。他的個人神話也在這些年間應時而生。人們用奇異的財務成果證明他英明睿智、毅力非凡，並宣稱奇異集團的日常管理已成為某種「硬科學」。

---

④基德與皮博迪證券的政府債券交易室管理者約瑟夫傑特（Joseph Jett）利用公司估值和計算盈虧的漏洞，在兩年內產生 3.5 億美元的虛假收入，結果該銀行因內線交易被罰款 2600 萬美元，最後被奇異出售。

到了一九九〇年代中期，奇異和威爾許仍時常受到媒體與金融業界推崇，幾乎在各方面很少遇到實質的抵制。當奇異負責投資人關係的部門嚴厲批評某些研究報告時，華爾街的評論家將難逃奇異集團的死纏爛打。其他公司高層主管紛紛來到紐約州克羅頓維爾（Crotonville）管理學院朝聖，第一手見習奇異集團著名的領導力訓練方法⑤。該學院的培訓項目包含鍛鍊身體、練習建立團隊、嚴酷地剖析商業提案、下班後充滿男子氣慨地飲酒狂歡作樂，而這一切塑造出來的盡是符合威爾許形象的領導人才。

奇異董事會在威爾許時代鮮少扮演監督角色，畢竟威爾許別開生面，董事會對他少有怨言。而且他們把獲任命為奇異集團董事視為一項榮譽、一種受人尊敬的成就。

奇異董事會大多時候聽從主席領導。某位新進董事對威爾許主宰董事會議、幾乎無人爭辯深感訝異。他曾於會後問資深董事說：「奇異董事會的角色功能是什麼？」

老練的董事答道：「鼓掌。」

伴隨強大形象而來的是自我中心和逾越界線。擔任奇異執行長近二十年後，威爾許於尋覓接班人選之際貿然推遲退休計畫，決定留下來努力推動

---

⑤ 1956年奇異在克羅頓維爾創立教育訓練中心，是全球第一所企業大學，除了培養自己的人才，也為全球企業訓練人才。

奇異收購對手公司漢威（Honeywell）相關事宜。他的動機旨在阻止漢威與聯合科技公司（United Technologies）的合併計畫，因為聯合科技是奇異在噴射引擎市場的主要競爭對手。然而，威爾許這次做得過頭了。

對他來說，那似乎是能為任期畫下完美句點的收購案，但對歐洲的監管當局而言，卻是輕率且危險的合併案。況且歐洲人受威爾許魅力影響的程度遠低於美國的權威人士和政治人物。雖然奇異殫精竭慮想說服歐洲監管當局，但收購案終究還是鎩羽而歸。威爾許得知消息時簡直氣炸了。

於是，風向開始轉變。在威爾許執行長任期最後十八個月間，奇異股價大跌三三％，而之前奇異股價長年飆漲，集團市值甚至一度成為全球之冠。這時即使威爾許精挑細選出接班人，奇異集團也在劫難逃。

威爾許和奇異集團真的名實相符嗎？威爾許經常說，他能否留給集團值得傳承的事物將取決於繼任者，因此其職涯最重要的事就是選對接班人。

他像前任執行長一樣，在計畫退休之前幾年就開始尋覓接班人選。他從不同的途徑來物色人才。當年和他激烈競逐執行長寶座的其中兩位決選對手，都是在奇異總部任職的高層主管。而另一位候選人愛德華・伍德（Edward Hood）當上了副董事長直到一九九三年，而其他人則留在他們原本顯赫的職位上。

威爾許知道奇異高層主管在企業界備受珍視。他相信這些頂尖人才都足以掌理其他大型公司，就某些方面來說，奇異執行長角逐戰是參選者為下個職位行銷自己的良機。

奇異在一九九四年就準備了一份接班人選名單，並在隨後多年間逐漸汰除其中的二十四名候選人。有些被剔除的人後來在其他公司成就非凡，比如當上漢威（Honeywell）董事長兼執行長的大衛・考特（Dave Cote），以及歷任尼爾森（Nielsen）執行長、黑石集團（Blackstone）資深執行董事和波音公司執行長的大衛・卡爾霍恩（Dave Calhoun）。

威爾許理所當然地主導權力移交過程，而奇異董事會並沒有置身事外。奇異董事都是威爾許過去多年來親自挑選的人馬，他們很少反抗威爾許。同時董事也不遺餘力地保密，不讓外界得知執行長接班人選名單。他們花時間與所有競逐者相處，有時威爾許也會一起來。他努力促成董事與候選人交流，時常讓他們一起打高爾夫球、一同出席各式聚會，而且他總是親自精心安排座位。

到了一九九七年，奇異接班人選已縮減到八人，後來又於二〇〇〇年進一步減至三人，當時奇異在這三人手下各配置了一名營運長，這表示此三人就是最終決選候選人。

他們分別是掌理奇異電力公司的鮑伯・納德利（Bob Nardelli）、噴射引擎事業領導人吉姆・麥克納尼（Jim McNerney），和三人中最年輕的奇異醫療公司（GE Healthcare）掌門傑夫・伊梅特（Jeff Immelt）。伊梅特是熱情洋溢的銷售奇才，各界廣泛認為他是最有可能勝出的候選人。

第 4 章

大傑夫

一九八〇年代末，年輕又奮發上進的傑夫．伊梅特任職於奇異塑料部門，當他思忖著自己的升遷之路時，一個意想不到的晉升機會浮現了——奇異家電部門的電冰箱壓縮機需求突然暴增。

鑒於日本競爭對手正力圖動搖奇異在家電市場的主導地位，集團管理階層設想了應對方法，基本上是以新型迴轉式壓縮機取代傳統活塞式壓縮機。

奇異宣稱，這項轉變有助於電冰箱節能效果，可減少消費者電費支出，同時也能使冰箱擁有更大容量。奇異的設計師有信心促成此革命性變革，因為先前奇異生產的冷氣機已採用類似設計。家電部門於是略過常態的例行試驗步驟，並把行之多年的新產品籌備時程縮短，迅速量產新型冰箱。

新冰箱最初大發利市，未料後來有許多壓縮機運轉幾個月後陸續發生故障。陷入慌亂的奇異工程師更預料，已售出的新型冰箱有三分之二將在一年半內接連出問題。

家電部門管理階層說服威爾許採用新式壓縮機後還爭取到建造新工廠的經費，如今新產品成了一場災難，要怎麼向脾氣暴躁的執行長交代？他們竟然另闢蹊徑，在數據上動手腳，使保固期屆滿前故障的新冰箱不致達到臨界量。

這個不算高明的手法最後並未得逞。威爾許發現問題後，解雇了整個家電部門管理團隊。他下令，即使必須大規模召回也要把這些冰箱修好。他想到頗有抱負的伊梅特能夠勝任此事。伊梅特在奇異塑料任職期間把數百名銷售與行銷人員管理得很好。

於是他把伊梅特調任到路易斯城（Louisville）碩大的家電生產園區，讓他說服七千名員工盡快修整逾百萬已售出的新冰箱。

伊梅特埋頭苦幹努力解決問題，還向工程師學習如何更換壓縮機。當服務人員開車去維修故障冰箱時，他時常押車隨行。這位從塑料部門借調來的年輕幹才，挨家挨戶拜訪顧客，蹲在他們家中廚房裡協助維修技師。

為百萬憤怒的消費者修整新冰箱，對奇異季度收益絕無好處，不但維修曠日廢時而且成本相當高昂。伊梅特還要定期向威爾許報告整件事還需要多久時間完成，以及須耗用多少經費。最終，伊梅特通過了這次考驗。他確實是解決難題的高手。

伊梅特達成使命後又回到原來的塑料部門崗位。他明白，在通過重大的管理考驗之後，威爾許將會適時提拔他。伊梅特很快就晉升新職，負責業績達六十億美元的整個塑料部門營運，從而逐步獲得榮登大位的機會。

●●●

一九五六年二月十九日，伊梅特出生於辛辛那提。他的母親唐娜是學校教師，父親在奇異集團任職近四十年，最後成為奇異航空公司（GE Aviation，總部在伊梅特家鄉附近）部分事業管理者。

伊梅特以兄長史蒂芬為榜樣。他的哥哥曾任芬尼鎮高中（Finneytown High School）美式足球隊長和學生會長。小四歲的伊梅特後來也分別擔任過該校美式足球和籃球隊長。

他們藍領背景的父母親教導小孩：自己解決問題、要當領導者、不當犧牲者，凡事應「往大處著想」，還要自在地做自己。

伊梅特後來進了達特茅斯（Dartmouth）學院，在校仍熱中美式足球運動，還擔任兄弟會長，暑假則到家鄉的福特工廠打工。最後他於一九七八年在該校取得應用數學和經濟學學位。

像那個時代許多有抱負的商界人士一樣，畢業後他於入消費日用品巨擘寶潔（Procter

& Gamble）公司任職，並與日後成為微軟（Microsoft）執行長的史帝夫・鮑爾默（Steve Ballmer）分享一個小辦公隔間。伊梅特後來常講述他與鮑爾默工作時如何偷懶的故事。他的下一站是哈佛商學院，而在一九八二年完成學業後拒絕了摩根士丹利（Morgan Stanley）給予的華爾街工作機會。

他決心跟隨父親的腳步為奇異集團效力。這是個明智的選擇，因為奇異員工的職涯確定會有光明前途。奇異的薪資待遇和福利極佳，以致某些員工稱東家為「慷慨電氣公司」（Generous Electric）。

進入一九九〇年代後，伊梅特持續在奇異集團步步高升（主要於塑料部門）。他覺得頻繁的職位調動會使人力資源部門摸清他的強項和弱點。與此同時，伊梅特生活逐漸與職涯融合。有一回他以地區銷售經理身分赴達拉斯參與當地限量銷售活動，認識了同集團的安德莉亞・艾倫（Andrea Allen），兩人發展出戀情，最終締結連理。當他們唯一的小孩出生後，伊梅特夫人便辭去了工作專心當家庭主婦。

伊梅特仍然馬不停蹄地工作。他每月上二十四天班，其中六成時間四處出差，通常只能在傍晚和週末時勉強擠出時間陪妻兒。相對於四處視察工廠的威爾許，伊梅特到處銷售產品，他知道這才是自己的強項。伊梅特熱情又擅長營造戲劇效果、擁有拉近人際距離的魅力、言語中喜愛運用美式足球來隱喻，而且總是滿臉笑容，令同事折服不已。眾所周知，他曾經說笑著單膝跪地懇求客戶而成交一筆生意。對於建構團隊的訓練和凝聚主管合作關係的靜修活動，他總是全心投入，畢竟集團通常會在這些場合物色未來領導者。因此，在緬因州佩諾布斯科特灣（Penobscot Bay）颶風島（Hurricane Island）領導力中心，時常能見到高大魁梧的伊梅特身穿黃色救生衣、戴著藍色頭巾，於霧氣騰騰的冰冷水域積極學習。在集團主辦的一項外展教育（Outward Bound）訓練活動上，各團隊必須在一日內以木頭、木桶和空啤酒瓶打造出救生筏。壯碩且擔任過美式足球隊線衛的伊梅特是其八人團隊要員，據說他還把團隊命名為「八爪章魚」（El Pulpo）。在一次帆船競賽時，一開始就落後的八爪章魚團隊力圖加速追趕，結果伊梅特划槳過猛、濺起太多浪花，以致惹惱了集團勞資協調員丹尼斯．侯瑟洛（Dennis Rocheleau）。他向伊梅特大吼說，「你再把水濺到我身上，我就把槳捅進你屁股再從你嘴裡穿出。」此舉使得全船的人目瞪口呆。此時伊梅特一躍而起，不服氣地當面怒視侯瑟洛，後來在眾人排解下才平息紛爭。威爾許樂見手下在競爭時與對手激烈交鋒，而在火爆氣氛淡去後，大家又能一起喝啤酒放鬆心情。威爾許從此事看出伊梅特的特色，更把這位年輕氣盛、不畏挑戰的幹才列入未來管理階層名單中。幾天之後，侯瑟洛在攀岩時偶然遇見卡在一處岩縫中的伊梅特，看到他身上有傷痕，白色運動服染著鮮血。侯瑟洛於是伸手示意要幫伊梅特脫困，然而遭到斷然拒絕。

在一九九四年，伊梅特接下塑料部門製造方面新職位，在營運上他還有許多必須學習的事物。當講述所受的主管教育時，他時常提及這一年學到的教訓，因為當年他差點遭奇異解聘。至於當時發生了什麼事，眾說紛紜。根據伊梅特的說法，塑料部門當年被固定價格的合約綁住，結果在原物料成本上漲、利潤縮減的處境下進退維谷。奇異塑料製造的利潤成長目標為二〇％，結果伊梅特當年只達成七％，比預定目標短少了五千萬美元。當一九九五年初奇異即將在博卡拉頓（Boca Raton）召開領導階層年度會議時，伊梅特想方設法避開老闆，以免被質問業績不佳的根本原因。他每天很早即就寢，不參加夜間酒聚，白天也不去打高爾夫球。但在會議前一天晚上，當他不動聲色地去搭電梯時，有人伸手按住他的肩膀。毫無疑問，威爾許找到他了。

「傑夫，我是你最大的粉絲，但是你今年在公司的表現卻最糟，」威爾許說道，「雖然你今年表現最差，但你仍是我的愛將，我知道你能有更好的表現。然而，假如你解決不了問題，我會把你淘汰出局。」伊梅特只好使出說服人的本領，他告訴威爾許：「如果我拿不出應有的成果，不須你來開除，我會自動請辭。」威爾許當然不會只是口頭警告部屬。與伊梅特同齡的年輕管理奇才大衛．考特，正是因奇異家電未能達成營運目標而喪失接班機會。

奇異集團的多數事務都比表象複雜許多。在伊梅特接掌之前，塑料部門製造事業的管理階層一直沒有按照法規做事。他們在業績壓力下操弄數據，包括謊報庫存量以降低已售出貨品的成本。藉由短報庫存量造成收益提高的假象，塑料製造部門表面上達到了威爾許要求的業績。

這個問題並非出於某個人的劣行，而是十多個生產廠集體做帳所致。他們反其道而行，從預訂利潤目標著手回推必須呈報多少銷售額，而不是努力營運以求每季上報的成果能實現利潤目標。

●●●

伊梅特掌理塑料部門製造業務最初幾個月並沒有財務長輔助。他不清楚那些複雜的內情，直到數個月後才發現庫存量有蹊蹺。然而，當他明白真相後即陷入進退兩難的困境。一方面上頭有人施壓要他別把事情鬧大，另一方面如果向總部全盤托出塑料部門呈報虛假數據的情況，勢必損及伊梅特的管理幹才形象、不利日後在集團更上層樓。

伊梅特心想既然他能處理好維修百萬台冰箱的難題，當然也能擺平這件事情。於是他自己暗自吞忍，設法不動聲色地改正虛假的會計帳。對奇異的主管來說，財務預測是少數幾件真正意義重大的要務之一，攸關部門下一季或下個年度能為公司貢獻多少銷售額與利潤。由於塑料部門先前操弄數據使呈報的成果比實際亮麗，伊梅特現在必須在一年內達到原應以兩年達成的收益目標，才能使塑料部門的實績與財務預測保持一致。

面對公司執著於數據造成的憾事，壓力沉重的伊梅特只能忍辱負重。威爾許執行長或許會辯稱，他是督促手下拿出成果，沒讓他們造假欺瞞。然而，他施加的壓力實足刺激部屬欺上瞞下。他嚴厲要求紀律也迫使伊梅特這樣的主管，在深陷困境後難以把實情全盤托出。他們固然應誠實以對，但肯定會因此葬送或重挫升遷機會。他們很清楚若不能達成威爾許的要求，他會找其他辦得到的人來取代他們。

伊梅特覺得，與其整頓先前的管理階層虛報的假帳，不如在既有的財務預測上盡力而為。他當然達不到業績目標，因而留下了一個汙點，但最終這沒有成為太大的問題。而且，如果當時舉報了塑料部門多年來蒙混過關的醜事，他的職涯可能會面臨重大變化。他對部門未能達標提出了解釋：原物料成本上漲導致利潤縮減，因為奇異簽的都是固定售價的供貨合約。結果他存活了下來，得以繼續在集團裡奮鬥。

這位銷售奇才具運動員鍥而不捨的精神，但積極進取難免也有不利的一面，甚至還差點觸發另一場災難。他試圖提振業績，於是力促重要客戶通用汽車公司（General Motors）接受更高的塑料組件售價。在某次與通用汽車主管餐會談判時，一心求成的伊梅特差點毀掉奇異與通用汽車的關係。伊梅特對於這次事件一貫地一笑置之。他的行動確實惹來麻煩，但仍得到了想要的結果。因為有過這些經歷，他徹底重新調整了優先要務，此後絕不再輕忽各項數據上的種種小細節。

由於威爾許自己嚐過身處困境的滋味，因而寬恕了伊梅特犯下的一些錯誤。威爾許早年在塑料部門任職時曾負責新產品量產任務，在建立先導工廠期間發生了主要料槽爆炸意外，廠房屋頂被炸出一個大洞。

當被召喚到總部時，他料想自己可能被革職，結果他意外發現老闆更在意的是了解事故原因，以及提出解決方法。威爾許常說，他從此事學習到落井下石全然無濟於事。儘管他以冷酷著稱，卻不是無情的人。他明白傑出的教練何時該停止說教，讓學員從實際經驗記取教訓。

而伊梅特實地學習的成果相當豐碩。這位年輕人後來接掌了奇異塑料南、北美洲業務。奇異塑料在美洲各地和法國、英國的工廠，供應著集團所需的基本料件。但奇異亞洲地區塑料業務部門並不生產公司料件，而是由奇異其他地區生產供給。抱負遠大的伊梅特從集團組織的不足之處看到了種種機會。

奇異塑料美洲部門把料件運至亞洲部門，並不會為公司帶來實質收益。但在公司會計分類帳上，這類轉移可記錄為地區銷售額。奇異在新加坡的亞太地區部門主管約翰・萊斯（John Rice）於某些季度即將結束時，總會接到伊梅特致電請求幫忙。伊梅特需要一些內部訂單來達成收益目標，以便藉此更上層樓。

第 5 章

接班競賽

隨著威爾許接班人選競爭日趨激烈，決選候選人被賦予新的職位，進行另一輪考驗他們經營龐大企業的能力。伊梅特此時被任命為奇異醫療系統公司（GE Medical Systems）執行長。該公司是奇異集團的核心事業之一，也是電腦斷層掃描、磁振造影等醫用設備市場領導廠商。伊梅特因應新職遷居威斯康辛州最大城市密爾瓦基西邊數哩的沃科夏（Waukesha）。他將管理那裡約二萬名的奇異員工，轄下人數是塑料部門時期的四倍。

對某些人來說，伊梅特是這個新職的不二人選。他具備威爾許喜愛的特質，自信有能力完成任何任務，表現得像個昂首闊步的贏家，不愧是威爾許珍視的幹才。

伊梅特憑藉其銷售與行銷能力在新職上大顯身手，並且深耕他的事業新版圖。他斥資研發新產品，總是以擴展公司全球醫療設備服務能力為目標。雖然公司使命是供應醫療院所需要的大型設備，但真正賺錢的是長期售後服務，這創造了穩定且可預期的營收，並使銷售團隊與客戶緊密相連。對銷售人員來說，經營客戶關係是一項重大挑戰。依奇異集團高層的想法，客戶一旦對銷售人員熟悉到互以名字相稱，就不易轉去購買其他公司的產品和服務。

除了提供維修服務之外，伊梅特也推動奇異醫療系統來與客戶建立夥伴關係、提升生產力。這不但有助加深客戶對公司的整體印象，也能使他們樂意隨時與奇異做生意。此外，伊梅特還致力拓展海外業務。

與此同時，伊梅特也像一九九〇年代多數商界主管那樣愛上網際網路，並想方設法善用網路的充沛活力和媒體熱度。

在伊梅特做出成果而步步高升之際，美國正經歷一場逐漸擴及各經濟領域的革命。諸如eBay和亞馬遜（Amazon）等新科技公司遍地開花。它們不像奇異、國際商務機器（IBM）、杜邦（DuPont）等傳統藍籌企業那樣穩定且可長期預期，也不確定未來數十年能否賺錢。但這些乘著網際網路與軟體創新浪頭而來的公司，具備奇異欠缺的動能、氣魄和光環。

那時即使僅與網際網路沾上一點邊的公司，也會在宣傳品上提到「達康公司」（dot-coms）和「網路」（webs）。大家期望利用這些時髦字眼分霑一些網際網路風潮帶來的商機，而且有時也會收到一些成效。某些企業就算核心事業不涉及網際網路，只要能與特定網路潮流扯上關係，股價依然大漲。

威爾許對新風潮並不感興趣。他甚至嘲笑把達康公司引進奇異集團的想法。威爾許等老派人士似乎認為，這些網際網路公司只是奇異主宰的飽和市場裡另一批競爭者，終究可能遭各種經濟法則淘汰。縱然亞馬遜等新創公司正興建倉庫、打造配銷系統、建構製造廠，但奇異在這些方面早已達到完美狀態，而且深諳如何確保最重要的利潤。

但這並不意味奇異不想利用網際網路。對伊梅特等注重行銷的奇異領導者來說，只要能捕捉到世人的想像力，奇異理當竭盡所能與網際網路攀上關係。威爾許也敦促奇異各事業領導者不要落於人後，他甚至還施壓要求各部門建置網路並提出網際網路策略。

在一九九八年，奇異集團年報僅八次提及網際網路，然而隔年的報告頻繁提及次數高達五十六次。不過，在達康公司熱潮帶動的股市行情成為泡沫幻影後，奇異隨即不再提。直到二〇〇一年，網際網路又於奇異年報裡出現十次，但此後又再度銷聲匿跡。

然而，網際網路熱潮以另一方式對奇異產生長期影響。它使伊梅特在威爾許接班人選中顯得更加勝任。當新商業世界逐漸成形、熱門科技公司領導人摸索著管理風格之際，奇異集團裡相對年輕的伊梅特顯然更符合領航的基本條件。伊梅特出掌奇異醫療系統公司時年僅四十歲，而威爾許大約是在這個年齡當上奇異集團執行長。

伊梅特不只在年齡上具有優勢，其經營成果也大有助益。他掌理奇異醫療系統公司不到三年，就使營收從四十二億美元增加到六十億美元，其中部分來自他所收購的一些小公司。

然而，對懷疑其能力、與他競逐領導地位的人來說，伊梅特還沒通過考驗而且可能準備不足。他的經驗主要在銷售和行銷方面，而且大多是在塑料部門累積取得。雖然那曾是奇異公司最大的部門，發明過聚碳酸酯（Lexan）這類工程塑料，但終究不是奇異集團未來所繫。

伊梅特在關鍵的電力事業方面毫無經驗，而且對他父親曾從事的航空業務方面也無歷練。為集團貢獻四成利潤的奇異金融服務公司，更對他沒有金融服務相關經驗感到憂心。此外，他自一九八〇年代初期以來不曾在奇異總部任職。貶低他的人認為，理當由經驗更豐富、稍年長一些、不那麼野心勃勃的人來接任奇異集團執行長。也就是說，他們期望下屆執行長不要那麼像二十年前的威爾許。

理論上，奇異權力交接過程祕而不宣，集團內部盡可能守口如瓶。但威爾許是國際名人，媒體與大眾在他任期將屆、接班競爭熾烈之際，自然殷切地拭目以待。在一九九九年，進入決選的三名接班人選已經明朗，他們分別是掌理奇異電力公司的納德利、向來言簡意賅的噴射引擎部門領導者麥克納尼，和三人中最年輕、已執掌奇異醫療系統公司三年的伊梅特。

麥克納尼和伊梅特同樣具有常春藤盟校教育背景。麥克納尼擁有哈佛和耶魯大學學位，在校時擔任過棒球校隊投手，而且與美國前總統小布希（George W. Bush）同為兄弟會成員。他來自大家族，父親曾任醫保組織「藍十字藍盾協會」（Blue Cross/Blue Shield）執行長。他屬於冷靜的經營者，行事較競爭對手低調，大部分時間用來增進奇異與波音的關係。他同時也與其他公司洽談領導職位，以備一旦在奇異發展不順遂時有條後路。

三人中最直言不諱的納德利業績表現極佳，總是能達到利潤目標，而且長期懷抱著榮任集團執行長的夢想。他來自藍領家庭，父親是奇異的老將，此背景與伊梅特相同。

納德利賣力地競逐奇異集團大位。在一九九九年，威爾許曾率一些主管視察奇異電力公司，當他們來到公司所在的紐約州「電力城市」時，經過了一處居高臨下、讓眾人看得目瞪口呆的巨型納德利肖像看板。那是納德利親自委託的廣告，除了表達奇異對在地慈善事業的支持之外，也明確宣告納德利正競逐要職。

奇異董事會將進行最終投票選出下任執行長，但真正拍板定案的人仍是威爾許。儘管花了五年多籌畫、評估和分析，威爾許也難以說清他為何選擇伊梅特當接班人。集團內部口耳相傳說，或許是出於伊梅特較年輕這個因素。威爾許當年出任執行長時也相對年輕，因而在領導職位上有充足的時間學習成長，並能親睹長程的投資獲致商業上的成果。又或者，他可能只是偏好與他相似的接班人——帶有一些小缺點且非正統派的人，而不是公司精心培養出來的老練人才。但威爾許終究與眾不同，說到底他是憑直覺選擇了伊梅特。

董事會從伊梅特種種條件和各項業績上看到一個警訊：他在收購案上總是花太多錢。伊梅特傾向一開始談判就出很高的價錢，有時甚至讓對方大感意外，這使得他失去了充裕的談判空間。董事會審批伊梅特的收購案時，常聽他要求准予提高收購價格以利成交。這反映出他勢在必得的心態，而奇異集團並不在意多拿出一點錢。

《紐約時報》（*New York Times*）二〇〇〇年一篇人物側寫，形容伊梅特是不能接受交易破局的人。有一次，他搭機趕赴一家醫院力勸其主管不要採購競爭對手的醫療設備。為了拿下這筆生意，伊梅特最終「在價格上沒有讓步，但多給了一些額外的服務和功能。」

這是傳統的成交方式，就像汽車銷售人員會額外給買家一些腳踏墊。然而，腳踏墊也有成本，同樣地，額外的醫療設備功能和售後服務也會耗費成本。

在二〇〇〇年感恩節那個週末，伊梅特與醫院正式敲定了這筆交易，奇異董事會最後也無異議支持伊梅特。而當時美國舉國正密切關注著仍未塵埃落定的總統大選①。

在挑選企業執行長上並沒有科學方法可供運用。大概只有使用時光機器才能夠預測，某個人在瞬息萬變、諸事難料的全球市場能否獲致成功。各大型企業通常是由董事會提名執行長接班人選，然後做出最後決定。然而在奇異集團，執行長兼任董事長因此對接班過程有更大的影響力。在這樣的企業文化下，一旦做出了錯誤的決定或採取了有瑕疵的策略，事態將會極其嚴重且難以挽回。

奇異集團多數董事和顧問支持威爾許的權力交接過程，即使是那些曾高聲批評伊梅特的人也鑑於當時掌握的資訊而承認，選擇他來接班是正確的決定。

威爾許親自向伊梅特告知好消息，並要他前往威爾許的棕櫚灘自宅，與威爾許家人和公司高層主管一同慶祝。他們必須對此消息守口如瓶，因此慶祝會不在餐廳舉辦。為防消息走漏，他們甚至沒有動用高層主管專用的飛機而另行包機。在旅客名單上，伊梅特被列為一名資深董事的兒子。

那個週末，威爾許先搭機旋風般拜訪兩位落敗的接班候選人，親自告知壞消息。在他的回憶錄裡，威爾許鉅細靡遺地詳述了與他們對話時心裡如何飽受煎熬。在下雨又起霧的夜晚，麥克納尼於辛辛那提一處隱密機場的機棚接受了決選結果，並稱讚威爾許讓整個精選過程運作順遂。後來麥克納尼回憶說，那是他職涯裡最失望的時刻。

納德利得知消息的方式大同小異，但他在紐約州電力城市附近民營

①二〇〇〇年美國總統大選主要參選人是德州州長、共和黨候選人喬治·布希，以及當時的美國副總統、民主黨候選人艾爾·高爾（Al Gore），這次選舉結果是史上最接近的幾次之一，經過三十六天才最終定案，由獲得較多選舉人票的小布希當選總統。

機場會見威爾許時，沒像麥克納尼那樣平靜地接受結果。他立刻反彈並且要求威爾許說明其落敗原由。納德利爭論說，他達成甚至超越了每項業績目標，而且伊梅特欠缺他所具備的經營知識和技能。

奇異集團接班人選公開與私下的競爭激烈又漫長，他們都卯足全勁拚搏大位，而敗下陣來的人難免心懷怨恨。他們甚至沒有太多選擇，只好辭職求去。就像總統選舉一樣，第二名什麼都不是。

無論如何，奇異集團只留具備機構知識的領導人才。在伊梅特雀屏中選後，失利的競爭者獲得許多其他企業提供的跳槽選擇。威爾許甚至在幕後與其他公司執行長會商，期望他們接收奇異集團敗北的接班人選。這些公司自然不會錯失獵取威爾許麾下幹才的機會。在得知結果後不到幾天，納德利就辭去奇異集團的工作，轉而出任家得寶（Home Depot）執行長。而麥克納尼也離開了奇異接掌3M工業集團。

在奇異集團當指揮體系的二把手並不足以自保，只有最頂尖的領導人值得留下來。

奇異集團二〇〇〇年十一月宣布新任執行長的記者會上，身高六呎四吋的伊梅特站在矮小的威爾許身邊，宛如一座巨塔。伊梅特和威爾許都身穿藍色襯衫、黑色西裝外套，而且兩人都沒打領帶。他們宣稱沒有事先說好當天穿什麼。

在場的還有兩位副董事長，分別是奇異金融服務公司的丹尼斯・戴默曼（Dennis

Dammerman）與全國廣播公司的鮑伯・萊特（Bob Wright）。他們現身是要傳達一項訊息：四十四歲的伊梅特不是單獨執掌龐大又複雜的奇異集團。

伊梅特雖被宣布為奇異集團第十任執行長，但他還沒能完全接掌奇異集團。威爾許為了做成任內最後一筆大生意而推遲退休計畫，讓伊梅特尷尬地在一旁等候了數個月。

在伊梅特頂著總裁與董事長當選人頭銜之際，威爾許力圖完成收購漢威的龐大計畫，期能大幅提升奇異在航空市場的地位。在這十個月期間，伊梅特盡力幫忙，頻頻上電台節目高談收購漢威對奇異的種種好處，或駁斥甚囂塵上的全國廣播公司即將被拍賣的傳聞。他善用自己的技能發動媒體閃電戰，並建立自己的關係網絡。他馬不停蹄地拜會客戶、與華爾街分析師視訊對話、發布新聞稿、參與視訊會議，準備來日展翅高飛。

而威爾許收購漢威的努力最終意外地失敗了。觀察家向來慣於假設威爾許總能找出方法得償所願，即使他的執行長任期即將屆滿，無法監督漢威收購案最終階段的業務與人力整併、裁員與改組，也享受不到它為奇異帶來新營收的勝利滋味。但是，威爾許太不了解歐洲對美國大型航空公司併購案的抗拒程度，以及歐洲聯盟監管當局提出種種讓步要求的嚴重性。奇異原以為此事十拿九穩，某些部門甚至已著手與漢威的對口部門合作，部分漢威員工也開始向奇異這邊的新老闆報告工作。然而最後威爾許震驚地發現，如果在漢威收購案上接受歐洲提出的讓步要求，不論奇異如何向華爾街宣傳，都無法使收購案成為商業上合理的事情。

威爾許，奇異史上最知名的執行長，深受此事打擊。因遭歐盟阻撓，奇異與漢威正式取消了併購案，威爾許沒等到集團宣布，就自行於二〇〇一年九月七日去職。

於是伊梅特開始在奇異集團獨當大任。

第 6 章

炒熱氣氛

伊梅特上任奇異集團執行長首日，四千名奇異員工分乘巴士來到密爾瓦基市的布萊德利中心（Bradley Center，曾為ＮＢＡ密爾瓦基公鹿隊主場館），魚貫進入偌大的會場準備聆聽新任執行長發表就職演說。

多數出席的員工來自奇異醫療系統，也就是伊梅特榮登大位前領導的公司，其總部就在演說現場數哩外。四十五歲的伊梅特當天並沒有親臨會場，而是在奇異位於紐約州的克羅頓維爾管理學院以視訊方式向眾人致詞，而會場實況影像也會回傳到管理學院。另外，奇異在全球各地約三十萬員工中有三分之一觀看了伊梅特的首次演說影片。伊梅特穿著開襟襯衫與毛衣背心發表了兩小時談話，內容觸及擁抱網際網路、克敵制勝、使奇異集團突飛猛進等要點。

在伊梅特開講前，有兩名年輕女性先進入會場炒熱氣氛，她們像電視脫口秀節目的工作人員那樣，舉著指示牌帶領現場眾人高聲歡呼、為伊梅特加油打氣。這是企業界極罕見的事情。

●●●

威爾許在奇異任職四十年，有一半的時間擔任高層管理工作，如今帶著名人的光環退休了。他移交權力後頭一週待在紐約川普國際飯店（Trump International Hotel and Tower）四十七樓寬敞又奢華的公寓。奇異是在川普集團名號下重新開發並擁有此大樓，坐落於紐約中央公園一隅，景觀美不勝收。

威爾許日前召集了任內最後一次董事會，並完成他的最後一項任務，正式任命伊梅特為接班人。奇異隨後在克羅頓維爾為威爾許舉辦退休派對，那是昔日威爾許再造奇異企業文化的地方。

二〇〇一年九月十一日星期二那天早晨，紐約的天空湛藍明亮。對於威爾許來說，那是漫長的一天。他的著作《傑克．威爾許自傳》（*Jack: Straight from the Gut*）預定當天上市，可能是歷來最令人期待的商業書籍。威爾許將參加晨間電視節目《今日秀》（*The Today Show*）為新書上市揭開序幕。由於他是節目主持人馬特．勞爾（Matt Lauer）獲得此工作的推手（威爾許自傳裡有提到這個故事），必然備受歡迎，而且沒有人會問他關於漢威收購案等難堪的問題。鑒於所有人都想聽奇異集團這位智多星講述一些內幕故事，威爾許自傳是作者動筆前就注定熱銷的書。

威爾許的事蹟已成為傳奇，他總是被身邊的人竭盡所能地讚美。儘管漢威收購案失利、奇異股價接連下挫數個月，人們依然津津樂道威爾許過去的成功故事，並把他封為商業界的典範。紐約證券交易所曾舉辦晚宴與雞尾酒會向他的職涯成就致敬。擁護者認為，奇異集團十年間的勝利成果，證明了威爾許的管理機制效能卓著。他們還主張，威爾許是終極領導者，足以成為下個世代領導人的楷模。

據威爾許指出，奇異集團市值在一九八〇與九〇年代節節高升，連高中程度的工廠員工也能成為百萬富翁。奇異集團股價表現實質優於多數股票，而且給予員工買股優惠，因此他長期鼓勵員工在股價好時持有更多自家股票。

威爾許身為家喻戶曉的傳奇人物，為奇異集團增添了神祕魅力。媒體與華爾街推崇他，人們樂意聽他上電視講述百年老企業的妙聞軼事。

當天第一架飛機撞擊紐約世貿中心時，威爾許正在奇異大樓對街的洛克菲勒廣場二號大廈等待上《今日秀》節目。受到這起九一一恐怖攻擊事件影響，威爾許終究未能上電視宣傳新書。

全球各地電視頻道不斷播放著紐約、華府與賓州陸續遭攻擊的新聞，曼哈頓的行動通訊網一時滿線打不通了，震驚不已的威爾許於是走出大樓來到四十九街的街角。他與無數的紐約人一起含著淚、默默地凝視著南邊遠處大樓衝向天際的巨大濃煙與烈焰。他走在第六街人行道上，像周遭眾人一樣無法與親友取得聯繫。電視新聞跑馬燈傳送著各式猜測與傳言，但很少有人知道究竟發生了多少起攻擊案？還會不會有更多恐攻？數架軍機發出轟隆巨響劃過紐約的湛藍晴空。

威爾許心想，這時宣傳新書似乎是「最愚蠢也最微不足道的事了。」

●●●

那是伊梅特出任奇異集團執行長後第四天，當時他在太平洋時區內的西雅圖出差，主要會見最重要客戶之一、全球最大飛機製造商波音公司的高層。伊梅特當天早晨踩著StairMaster跑步機運動時，電視上正報導著第二架飛機撞進紐約世貿中心北塔的新聞。此時，各媒體已意識到稍早時南塔遭飛機撞擊不可能是意外事故。伊梅特也逐漸明白，當局已無限期中止航空旅行，他和在各地出差的高層主管都被困住了。

他迅速聯絡了各事業單位領導人和董事會成員，並致電威爾許熱切地徵詢他的建議。伊梅特深知，這起重大事件勢必嚴重衝擊公司各個層面，而他的回應方式將影響股市與社會大眾回過神後採取的任何措施。對於經歷過戰爭與和平仍蓬勃發展的奇異集團，這又是一次重大考驗。

伊梅特第一時間就明白奇異集團會遭受重創。奇異的保險部門是恐攻事件中被撞毀的大樓承保業者之一。另外，奇異的電視事業報導成本大增，廣告收入則驟減。而且航空旅行無限期中止將扼殺奇異的噴射引擎維修收入與零組件銷售額。

九一一恐攻事件的實質衝擊還會更深入。美國當時正走向十年來首見的經濟不景氣，使得奇異承受無比的壓力，而恐攻案將使經濟更加低迷。

●●●

與此同時，威爾許的個人行情也逐步走低。在卸任奇異執行長後，威爾許一團糟的離婚官司被媒體炒得沸沸揚揚，當中揭露了許多令他萬分尷尬的細節，包括以傳真方式送交離婚文件，以及花大錢從歐洲進口新鮮花卉等。這些非但不利於富裕的威爾許夫妻形象，也讓時常為他們買單的奇異集團難堪。就像他被稱為「中子傑克」時那樣，這些近距離觀察所描繪出的威爾許形象十分惹人厭。更令人惱怒的是奇異股價跌跌不休，人們開始質疑，究竟是「創造性會計」（creative accounting）①還是威爾許的才幹造就了奇異集團昔日的黃金時代。奇異集團終究必須把那一系列讓人費解的收益成長解釋清楚，而釐清真相的義務現今落在伊梅特身上。

像威爾許一樣，伊梅特也具有擺脫批評和尷尬問題的能力。他們能迅速從麻煩脫身無非是因為奇異集團過去的財務成功。伊梅特必須效法當年的威爾許，採取堅不可摧的防禦措施，為全球經濟動盪下處境不變的奇異集團引領出路。

伊梅特為求快速調適新職位，閱讀了大量書刊以及新聞報導（主要是商業和體育新聞），並憑藉同理心與不藏不掖的態度，維持集團員工對他的支持。他保持著俄亥俄州人的本色，並巧妙運用高中時代學會的體育行話使言談生色不少，比如他對投資人演說時，經常興奮地以美式足球賽用語「攔截與擒抱」（blocking and tackling）來說明投資的基本功夫。

他信賴美式足球戰術所蘊含的智慧，並借助它逐步登上了奇異集團的大位。即使是在職涯初期，同事已能感受到伊梅特對奇異集團深具信心。他相信集團營運上的優勢會對任何經理、顧客和員工產生潛移默化的影響，而單憑優異的管理機制和積極進取的管理者威嚴，即能化解諸多危機，並帶領團隊獲致成功、更上層樓。這就是奇異集團經營之道。

奇異這個龐大組織底下有許多獨立運作的部門，管理等級制度具有多

①在不違背會計準則和法規的條件下，為達到某種目的而有意選擇會計程序和會計方法。不同於做假帳，其本身並不違法，卻使公司財務報表嚴重失真。

層次、複雜、彼此牽連的特性。奇異員工通常向多位上司回報工作。比如說，一個事業部門的財務長要向部門領導者，以及集團財務長領導的財務部監管者報告。

伊梅特是從奇異銷售與行銷的隊伍裡崛起，甚少負責處理製造、營運、研發或財務方面的複雜問題。不過，他同威爾許一樣，勇於憑直覺行事。然而這可能成為他的弱點。據同僚指出，當必須敲定交易或採取行動時，伊梅特很少調整自己初始的立場，而且集團內部分析師呈遞的報告若與其看法相左，必然會惹惱他。此外，他也傾向對壞消息置之不理。

伊梅特會說：「那只是你的見解，而且你的看法並不正確。」

如今時移勢轉且情勢瞬息萬變。九一一恐攻使得美國進入了充滿恐懼、不確定的新時期。一九九〇年代的繁榮安定無疑已成過眼雲煙，奇異集團的權威與穩定也備受考驗。

●●●

困在西雅圖的伊梅特只能與顧問群研究奇異集團各項數據。奇異租借給全球各地航空公司的數千架飛機均已停飛、生產的數萬飛機引擎也都停擺，唯有民航班機復航，奇異航空部門才能賺取利潤。全球動盪也導致奇異保險事業搖搖欲墜，並重挫奇異電力和醫療設備部門重大投資的前景。

九一一恐攻事件發生後數日，奇異投資人關係部門呈報說，恐攻事件造成的直接成本達六億美元，這意味奇異下個季度的收益將略低於分析師的預估值。

一如多數美國公司，奇異集團嚴重受創（且有二名奇異員工因恐攻喪生），不過它在行銷方面卻因禍得福。四十一歲的集團公關主任貝絲・康斯塔克（Beth Comstock）是此事的功臣。她原在全國廣播公司新聞部負責對外溝通，後來被即將交棒的威爾許延攬到集團總部。對於接班的伊梅特而言，康斯塔克顯然適得其所。當九一一事件發生後，她協助策畫了一項企業形象廣告，以宣示奇異的愛國情操，並表明集團支持重建工作。在那個廣告案裡，自由女神挽起了衣袖著手重建家園。

伊梅特喜愛這廣告並指示康斯塔克積極推廣。然而，奇異的長期合作廣告商BBDO與奇異絕大多數人痛恨這個廣告。這些異議終究未被採納。

康斯塔克在她的回憶錄寫道：「我們聆聽了每個人的看法，最終駁回了那些反對意見。」結果這則廣告獲得廣大回響，成為伊梅特一項重大勝利。他信賴自己的直覺並堅持到底，終於贏得此一戰果，同時也為康斯塔克日後在奇異集團的發展軌跡定了調。

伊梅特接手奇異集團後隨即危機臨頭，而且挑戰似乎鋪天蓋地而來。

他於上任數週後表示：「在成為奇異集團董事長後第二天，集團出租的一架使用奇異引擎的飛機，撞進了一棟奇異承保的建築物，而奇異旗下媒體報導了這則新聞。」

伊梅特沒有坐以待斃。儘管恐攻使全美航班停飛四天，更令旅客接連數年怯於搭乘飛機，奇異團隊仍努力協助各航空公司調適低迷的景氣，並給予關鍵的財務奧援，除了允許其推遲付款期限，還直接提供五十億美元融資。

他學習到，在時局艱難時，奇異集團執行長可以仰仗奇異金融服務公司。當股市恢復交易、各公司慢慢重新開業後，危機依然四伏，而想要恢復常態，奇異必須大刀闊斧採取進擊行動。奇異在引擎、保險、整體營運等各方面都因恐攻而蒙受重大損失。而且，因投資人不了解奇異的金融事業，擔憂奇異可能不再值得投資，導致集團持續處於不確定的狀態。儘管這可能造成投資人拋售奇異股票，卻也可能使公司重新啟動——做出合理的調整，甚至開創新局。

不過，奇異集團僅試圖緩和衝擊，後來才發現，九一一事件對集團的傷害顯然超過當時的認知。

奇異在二〇〇一年第四季收益提高近一〇%，與華爾街修正後的預估值相符。雖然引擎部門與全國廣播公司都受到嚴重打擊，但金融服務的強勢表現適時彌補了那些損失。

伊梅特於隔年一月在《福斯新聞網》（*Fox News Channel*）宣告勝利，並歸功於奇異在艱難時期多角化經營的策略。他說，奇異集團採行數位化以及六標準差（Six Sigma）管理策略[2]，「我認為這個策略奏效了。傑出的財務紀律使奇異得以在經濟不景氣的循環中，完成許多收購案並持續成長。」

然而，多角化經營終究未能抵擋經濟下行，也難以阻止奇異各項產品需求日趨減少。大舉裁員已是勢所難免。

②用於流程改善的工具，目的在利用品管、統計等科學方法，有效辨識與移除潛在的錯誤或瑕疵，將產品製程的變異降到最低。其中 sigma 是統計學上的專有名詞，指在流程中的變異程度，以 σ 表示。

第 7 章

愛迪生導管

在二〇〇一年初，奇異金融服務公司於全美各地收購多筆不動產，每筆交易金額均達數億美元。這些是威爾許執行長任內最後的幾筆交易。藉此，奇異開始貸款給漢堡王（Burger King）連鎖速食店、餅乾桶（Cracker Barrel）連鎖餐廳、萬達汽車服務連鎖店（Midas Muffler Shops），以及OK連鎖便利商店（Circle K）等。不動產相關收購案為奇異帶來無數貸款業務，而此業務與飛機引擎、家電生產大相逕庭，並且使奇異金融服務公司的火種綿延不絕，成為全球最大非銀行金融機構之一。

然而一年後，穆迪公司（Moody's）將奇異一億六千四百萬美元資產擔保證券（asset-backed securities）列入信用評等降級觀察名單，並指出「這裡頭不良貸款的比率正節節攀升」。但奇異認為資產規模更重要，因此並未放緩收購房地產的腳步。

伊梅特出任執行長後並未阻止奇異大舉購入不動產。在二〇〇一年十二月，奇異金融服務公司又以四億美元併購證券資本集團（Security Capital Group），從而再添一筆資產股。之後還與Kimco不動產投資信託（Kimco Realty Trust）合資買下一些社區購物中心。到年底時，奇異的商用房地產已增至約二百四十億美元。

奇異傳奇的管理體系有個複雜機制，運用這類交易案來幫助集團達成利潤目標。然而，奇異看重的是可取悅華爾街的每股盈餘而非現金流。在二〇〇一年夏季，伊梅特於《全國廣播公司商業頻道》（CNBC）宣稱，在不遠的將來，奇異不會再讓華爾街失望，「奇異的收益不會再有差池。」。

伊梅特自信滿滿的原因在於背後有奇異金融服務公司撐腰。這並非奇異集團獨一無二的營運方式，但奇異集團仰賴金融服務的程度卻與眾不同。相較之下，奇異比其他企業更把季度最後關頭忙於會計微調和交易視為理所當然。

這種靠金融手段管理業績的方式並非伊梅特的創舉，而且也不算是奇異集團的祕密。奇異主管承認，他們努力藉此確保收益持續穩定成長。威爾許得力助手、奇異前財務長戴默曼向《財星》雜誌表示：「我們認為維持一貫的、不令人意外的收益是極重要的事。」

身形圓胖的戴默曼來自愛荷華州，他在一九六七年進奇異集團任職，後來於一九八四年出任財務長，長年監管奇異金融服務業務。有些人認為，戴默曼是保護奇異金融服務免於失控的安全網。他喜好收藏經典車與賽馬，而且是高層主管群裡最常使用集團專機的人。曾與他共事的人說，「他相當積極進取，」而且嚴於管束手下員工。他常對提專案計畫的屬下咆嘯說：「他媽的，這是前所未聞最蠢的想法。」聞言大驚的部屬不得不申辯，但只要他們的論點能說服人，戴默曼的姿態就會軟化。只是他粗暴的作風常令下屬怯於提出未經全面檢驗的新想法。

戴默曼以近乎傲慢的自信守護著奇異不透明的事業結構。只有奇異核心人士了解集團賺錢的方法，而且他們認為投資人只須快樂地享受奇異的業績。

戴默曼指出：「奇異是極複雜、多角化經營的集團，因此沒有外人能明白它的整體細節。我們告訴投資界，奇異的事業非常多元異質，而將各事業統合起來能帶來一致且可靠的收益成長。」

奇異集團會先設下業績目標，然後決定達標方法。整個集團的業績就是許多事業和衷共濟所造就的成果。

以穩定步調進行收購案有助於為集團收益創造動能。奇異可用其高本益比的股票來支付各項交易。藉由收購股票本益比較低的公司，奇異集團的收益必然會提高。

舉例來說，如果奇異股票的本益比為四十，這意味當股價為四十美元時，其每股盈餘為一美元。假如奇異收購一家股票本益比高十倍的公司（其股價四十美元時，每股盈餘為四美元），那麼奇異基本上光靠此舉就能以一美元收益賺取三美元收益。

此手法就如同併購獲利率高過奇異借貸成本的公司。但奇異無法永遠靠這種方式把股價維持於高檔。它必須完成更多收購交易或使用其他方法來產生收益。其中一種方法是扭曲會計法規，讓收購案看來比實際上更有利可圖。比如說，奇異可買下擁有大批不動產、且在資產鑑價時價值被低估的公司，再高價轉手圖利，即使不動產貶值，奇異的收益也不會受到太大衝擊。這策略只在轉售不動產時買家願意出高價才管用，而奇異金融服務公司自有辦法讓買家慷慨地掏腰包。

在此之際，美國最大企業之一的安隆公司（Enron）正土崩瓦解。這家德州能源公司原本經營輸油管線，後來轉往能源交易與寬頻網路交易，其營收曾超越一千億美元，從而在巔峰期成為獨創性企業楷模。然而，安隆最終因爆發大規模會計舞弊幾乎於一夕之間灰飛煙滅。

安隆高層主管違法內線交易還操弄收益數據，公司會計帳更是混亂不清。他們以複雜的結構來隱藏負債，而且各項資產鑑價根本不切實際。安隆公司還任意地決定投資案未來產生收益的時間點，然後據此計算公司現值。當醜聞爆發後，投資人與各企業紛紛拋售安隆股票，致使其股價狂瀉崩盤。

可直通白宮當局的安隆公司原本看似堅不可摧，自誇的網路時代高獲利創新策略曾經廣受各界肯定。然而在安隆公司瓦解後，會計界發生了天翻地覆的變化。

安隆並非不折不扣的造假企業。它擁有許多房地產和事業，其中不少在公司潰敗後倖免於難。安隆是因一些惡劣的人與行為而四分五裂，當中罪魁禍首包括財務長安德魯·法斯陶（Andy Fastow）。他偽造商業夥伴來與公司交易還中飽私囊，最終騙局揭穿而遭起訴判刑、鋃鐺入獄。但安隆還有更多看來完全合法的經營與會計手法，其中另有玄機。某些人因而疑慮，其他企業也可能暗藏弊端而面臨著風險。

奇異並非安隆，但它也有一些不為人知的花招。對於多數投資人與分析師來說，奇異像安隆一樣疑雲重重。雖然奇異解釋過某些會計操作，但多數作為仍屬黑箱作業。

奇異集團的詭計之一被稱為「愛迪生導管」（Edison Conduit）。愛迪生導管是理論上獨立於奇異之外、且不列入資產負債表的龐大特殊目的實體，問題是它受奇異控管並由奇異金融服務公司提供擔保。這意味奇異承擔其所有風險，而投資人甚至不知道它的存在。

愛迪生導管通常是用來出售「商業本票」（commercial paper，最短數日、最長不逾九個月的短期債券），而買家一般是有多餘現金且尋求短期回報的公司。有些企業會投資商業本票做為營運資金。一些大公司，錢是來來去去，而且不會總在需要的時候進帳，也不會剛好是夠用的數量。能快速變現的商業本票值得信任，於是成為支付供應商、發放員工薪資等方面的基本金融工具。若透過愛迪生導管購買商業本票，因有奇異集團與其3A信用評級背書，買主能獲得進一步保障。同時，愛迪生導管有多樣化的資產可產生收益，奇異即用這些收益來支付到期的商業本票。

無論如何，愛迪生導管還有一個更重要的目的：奇異集團透過此管道，以高於帳面價值的金額向奇異金融服務公司購買資產，從而使金融服務公司產生利得，然後再藉此提高集團收益。然而，這種做法在當年並不違反會計法規。

在康乃狄克州斯坦福（Stamford）的愛迪生導管運作團隊對此深感自豪，因為它產生了龐大且不為投資人所知的收益。由於奇異集團為這個機制背書，一旦發生問題，奇異集團本身必須透過愛迪生導管即時以現金償付投資人的商業本票，金額可能高達數十億美元。但奇異金融服務公司認為這是不可能發生的事情。他們自認聰明，不會錯估形勢，而且奇異集團信評極佳，終究有法子籌得所需現金。

奇異集團有許多沒列在資產負債表的特殊目的機構，而且它們都與集團有交易，彼此之間互通有無。不過，在爆發安隆案、會計法規改革確立之後，奇異必須遵循法規著手廢除這些特殊目的機構。

在二〇〇〇年的年報裡，奇異堅稱未從事資產負債表外融資。然而一年後，隨著安隆徹底崩潰，奇異年報不得不揭露其特殊目的機構資產超過五百五十億美元。這同時警示著，調降集團信用評級將迫使奇異支出同額現金償付已發行的商業本票。奇異年報也公布，集團透過特殊目的機構交易資產帶來十三億美元收益。當奇異最終在二〇〇三年把這些資產負債表外機構納入表內後，其資產增加了三百六十三億美元。奇異並稱各特殊目的機構早已不再從事任何新交易，而且奇異並沒有不顧一切地大舉交易、求取高額利得來增加利潤。由於奇異是經由愛迪生導管進行資產交易獲取利得，它可用含糊不清的重組成本來抵銷這些利得。特殊目的機構固然喜聞利潤驟增，但這並非股票上市公司樂見的情況。因為公司若在強勢表現一年之後接連數年業績不佳，將給予股東不好的觀感。更好的情況是，各年度有較為一致的利潤，如此投資人才會留下公司運作良好的印象。奇異確實營造了這樣的好印象，但它使用的並非人們所想的方式。這就是奇異收益管理的本質。

奇異財務長戴默曼承認以重組等手法，來抵銷特殊目的機構交易資產所獲意外之財。他向《財星》雜誌表示：「奇異的紀錄一貫顯示，我們酌情以重組等方式來抵銷這些鉅額利得。」

奇異擅長以會計手法處理類似的利得。有時則會利用來年預期成本，為未來利潤提供更多緩衝。雖然奇異否認運用「誘捕蜜罐」（honeypot，以大筆現金來掩蓋業績不佳的事實），但其會計手腕產生了相同的結果。

員工退休基金也是奇異用來增添收益的一項重要工具。企業藉由估計員工退休儲備基金未來報酬和回推員工退休基金現值，來決定提撥多少員工退休準備金。以拉高員工退休基金預期投資報酬率，既可使公司看來似乎不須提撥那麼多錢支應未來義務，又能把結餘款項記為利潤。奇異集團甚至在市場表現不佳時，也會抬高員工退休基金預期回報率。

奇異還用員工退休基金買自家股票，當股價飆漲、投資利得大增時，便有了更多利潤來支撐股價，於是形成了正回饋循環。

●●●

雖說此手法大致上符合會計與公司治理原則，但仍涉及迂迴的收益管理，而且對投資人來說，奇異的操作毫無疑問並不透明。

《財星》雜誌記者凱洛・盧米斯（Carol Loomis）指出，她曾告訴威爾許這是糟糕的做法，而威爾許不以為然並激動地質問說：「除非公司有可預期的收益，否則哪個投資人會買奇異這種大型集團的股票？」

但風向改變了。安隆與其他公司的會計醜聞促使當局推動會計法規改革，要求股票上市公司必須向投資人分享資訊。股東有必要知道他們投資的企業究竟在做什麼。更透明化是奇異集團責無旁貸的事。美國證券交易委員會[①]（SEC）主席亞瑟・李維特（Arthur Levitt）警告說，許多公司為了達成利潤目標做出了錯誤的決策，「他們打的如意算盤壓制了『忠實表述』[②]（faithful representation）的會計原則。」

《沙賓法案》③（*Sarbanes-Oxley Act*）於二〇〇二年簽署生效，對美國公司治理與企業內部管控進行大刀闊斧的改革。法條明訂更多會計審查、訊息揭露措施，並提高弊案罰鍰金額，還要求企業高層主管擔保各項報告如實陳述。這大幅降低了奇異操弄利潤報告的能力。

正如奇異一位董事所言，「伊梅特遇上的最嚴重事情不是九一一恐攻，而是《沙賓法案》。」

---

①美國證券交易委員會（United States Securities and Exchange Commission）是根據《1934 年證券交易法》成立，直屬美國聯邦政府的獨立、準司法機構，負責監督和管理美國證券。

②會計忠實表述指財務資訊應與公司想要表達的經濟現象完全一致，並具備以下三特性：完整性、中立性、免於錯誤。

③沙賓法案大幅修訂美國《1933 年證券法》、《1934 年證券交易法》，在公司治理、會計監管、證券市場監管等方面出台許多新規定，並建立獨立公眾公司會計監管委員會（Public Company Accounting Oversight Board；PCAOB）。

第 8 章

倚老賣老

伊梅特的要務在於確保奇異有穩定的收益，以凸顯集團不論由誰領導都會有好表現。他和顧問團明白，奇異已失去威爾許時代的某些優勢，尤其是不能再利用奇異金融服務這個強效工具，玩財務把戲來美化艱困季度的數據、輕易達成利潤目標。

奇異不再像昔日那樣被毫無疑問的推崇，而且一些關於奇異金融服務操作手法的新傳言開始甚囂塵上。伊梅特顯得綁手綁腳，處境愈發艱難。

因此，伊梅特某日向董事會提出全新的優先要務時，董事會既欣喜又感到意外。伊梅特想找一些德高望重的企業執行長組成一個團體，探討執行長面臨的種種陷阱和獨特問題。他認為，強大的執行長集思廣益或可同蒙其利。

奇異集團董事之一肯・蘭格尼（Ken Langone）是身價億萬的家得寶共同創辦人，他覺得伊梅特的想法實在不可思議。在他看來，奇異集團新領導人理當專注於集團的事業，而不應與其他企業執行長過從甚密，況且伊梅特正面臨巨大的經濟阻力。

這位長者後來板著臉孔把伊梅特拉到一旁，然後告訴他說：「我了解你想做的事，但恕我直言，我認為你最好把時間投注在集團最有潛能的領導人才或客戶上。」

伊梅特靜待蘭格尼把話說完，然後堅定地看著他說：「我很清楚自己在做什麼。」

格蘭尼眉頭緊鎖，心想真是該死，他才上任兩個月就開始倚老賣老。

奇異當前所處的世界已經天翻地覆。九一一恐攻後的經濟衰退與不確定性重挫奇異各項事業所仰賴的全球成長。然而，安隆醜聞爆發後會計法規發生變化，外部要求奇異金融服務清楚交代資產負債表上龐大的金融控股，使得奇異難以在艱難時期用未實現帳面利潤來美化數據。

伊梅特明白他必須找財源解決燃眉之急。他理當為奇異產品找到新市場、資助新產品研發，並增進銷售額以助奇異重振旗鼓。他也應說服迷惑的投資人，使他們了解奇異不同於安隆。

伊梅特還須重新思考前任執行長功成名就的方法。威爾許任內長達九年的二位數收益成長率，究竟有多少出自精心的數據管理？（如果不是操弄數據的話。）假如奇異昔日榮景是仰賴如今導致多家企業潰敗的會計手法，那麼奇異的成功光環豈非海市蜃樓？

奇異當下正經歷重大而且激烈的變化。過去奇異長年獲投資人廣泛信任，其與投資人的關係頗受稱道，在一九九〇年代還被某本商業出版品稱為「股東導向型」企業。在那時，它甚至沒比照競爭對手召開季度財報電話會議。其收益報表通常簡短也沒有太多細節。奇異傾向於讓投資人自己揣摩，奇異到底是用什麼方法達成營運目標。

奇異股價終究沒讓投資人有太多怨言。多數股東對奇異股票投資報酬率心滿意足，因而沒有深究它為何總是能交出傲人的業績。奇異股價飆漲且隨著面值大增進行股票分割，股利更是源源而來。在安隆突然爆發做假帳醜聞以致崩毀後，深感震驚的投資人開始質疑奇異集團亮麗的季度業績，並懷疑威爾許時代以來風風光光的成就能否持久。

交棒後的威爾許依然被視為成功的化身，而其接班人的領導團隊則承受著與日俱增的壓力，必須努力證明奇異集團仍穩如磐石。伊梅特務必得找出自己的功成名就之道。問題是他在促進集團成長方面經驗有限，而且領導一個部門與掌理整個集團終究有著天壤之別。於是他開始辯稱：「對於不在其位的人來說，所有工作都是輕而易舉。」

伊梅特的部分難題出自奇異集團的企業結構。他擔任主管時須為其部門設定積極上進的銷售與利潤目標，並偕同僚全力以赴。至於艱難的日常財務決策則非部門領導分內的事。部門領導不須擔心什麼樣的投資策略能確保集團成長，也不必煩惱新產品研發經費，亦無庸設想因應需求建造新廠事宜。奇異管理階層菁英們甚至不用負責某些基本決策。他們只須向集團總部要求所需資金。

某位跳槽到其他公司擔任財務長的奇異前主管很快就發現，奇異的職場教育訓練有許多缺失。他先前在奇異從來不必思慮現金問題，因為向來是集團財務部門收取各事業季度現金收入，然後再分配給各事業。而他到任新職後第一週即猛然醒悟，奇異的做法致使他的職能有所欠缺。某日他手下財務主管慌亂地告知，公司可能沒有足夠的現金來發放薪餉給員工。他無法想像會發生這種狀況，因為他全然不知道自己的職責包括監督公司日常金流管理。

威爾許執掌奇異時總是親自管理資產負債表等，因此他手下的主管們基本上無須承擔相關風險。如今，接班的伊梅特必須解決這個問題。

這可不比更換冰箱壓縮機。在接掌奇異集團後頭一個月，伊梅特就向友人透露，他覺得自己快窒息了。他曉得人們會像看待威爾許那樣，用奇異的股價表現來評量他的功過和事蹟。但他還是有自信，而且確信股價下挫只是一時的行情。他只須加把勁讓投資人明白其願景。到了二〇〇二年初，伊梅特不遺餘力鼓吹兩大目標：促成奇異改弦易轍尋求新的利潤與成長源頭，以及開創新局公開會計帳冊證明其業績無庸置疑以安撫投資人。

他向《華爾街日報》（*Wall Street Journal*）指出，「假如年報或季報像紐約市電話簿那般厚實，那也無可厚非。」

在當年三月某日，一百二十位股市分析師與投資人應邀來到克羅頓維爾管理學院，在偌大的禮堂裡聆聽伊梅特團隊說明奇異走向透明化的各項新措施。然而，其邀請的一位極重要賓客卻不見蹤影。

●●●

太平洋投資管理公司（PIMCO）著名的共同創辦人比爾・葛洛斯（Bill Gross）沒有到場，也沒派其他人前來。伊梅特很快就得知箇中原因。

葛洛斯於三月二十二日上午在太平洋投資網站上貼文，給了奇異過去與現在的領導人一記當頭棒喝。他表明已賣掉一億美元的奇異債券並解釋原因說：「奇異集團的誠信依然令人存疑。」葛洛斯的文章早已名聞遐邇，他經常思索一些人生與人性話題，偶爾也對各家公司、高層主管和政治人物的缺失提出嚴厲評判。

他這次嚴詞抨擊了奇異集團的透明化問題，而此際伊梅特正努力向各界（尤其是太平洋投資等奇異債券投資者）說明奇異將採取的透明化措施。葛洛斯責備奇異集團在日前出售一百一十億美元債券，接著又於三天後宣布準備再出售五百億美元債券，造成那些搶購首批債券的投資者損失慘重。他並議論說，此事凸顯出奇異主事者不稱職，更顯示集團存有更深層的問題。

他還告訴《全國廣播公司商業頻道》，「奇異集團多年來隱藏於謎團之中，機構投資者百思不解，為何奇異能年復一年、一季接一季地保持一五%的收益成長。」

他認為奇異可能以假亂真。

管理二千五百億美元資產的葛洛斯指出，奇異透過收購來獲取穩定的收益，而資金大多數來自集團股票與商業本票，鑒於過去威爾許時代的成功可能只是夢幻泡影，他不會再買奇異的長期債券，因為它的殖利率並不足以彌補潛在的風險。

人稱「債券天王」（Bond King）的葛洛斯接著對奇異發行的商業本票拋出震撼彈。他表明不會再向奇異買商業本票，因為其信用額度不足。奇異商業本票的基礎建立在市場的信任上。如果市場不再信任奇異，奇異金融服務公司將因無法償付商業本票而倒閉。

葛洛斯這些話對於奇異金融服務公司無疑是致命一擊。奇異金融服務公司是「全球最大的商業本票發行機構」，主要藉由商業本票與短期債券借取大筆資金，然後再將資金轉借出去以獲取鉅額報酬。在葛洛斯重擊奇異集團之際，穆迪的信評報告指出，奇異金融服務公司的商業本票與短期債券總值一千二百七十億美元，而其中僅有二四%（三百一十億美元）是由銀行授信。也就是說，奇異金融服務公司只有三百一十億美元的信用額度來償付到期的商業本票和短期債券。依葛洛斯的看法，當危機來臨時，奇異將因無法償付借款而陷入嚴重的險境。他也指出，投資人通常會要求企業說明一些財務數據，而奇異竟能豁免。

葛洛斯的話再度撼動市場。華爾街對奇異的黑箱作業憂心忡忡，惟恐一旦經濟或金融體系動盪，奇異將難以自保，於是奇異集團股價應聲暴跌。

不過，並非所有人都贊同葛洛斯的看法。奇異當時正逐漸走出九一一事件後經濟衰退的困境，並準備進軍新市場。伊梅特和奇異已向投資人保證，在全球調適新歷史時期之際，保全、水資源、能源與金融等領域的新市場將欣欣向榮。葛洛斯對奇異集團所涉風險的見解，以及他不再投資奇異金融服務公司的做法，未免失之偏頗。

於是，伊梅特發動了反攻。他透過《全國廣播公司商業頻道》駁斥任何針對奇異集團會計帳的質疑，並誇口說多角化經營的奇異集團有能力防止衰退，集團旗下正茁壯成長的事業將能撐住任何陷入困境的部門。奇異還在網站上推出長篇貼文，並於《紐約時報》刊登全版廣告，極力反駁葛洛斯的分析。同時伊梅特也藉由一對一談話和團體會議安撫心生疑慮的投資人。結果證明葛洛斯的看法有誤。奇異集團挺過了這波考驗。

經歷這一切之後，伊梅特笑逐顏開，還開玩笑說他這樣頻繁上電視為奇異集團辯護恐怕會適得其反。奇異一位高層主管承認，集團錯估了投資人對於透明度的要求。至於奇異若要撲滅葛洛斯引燃的疑慮火苗，還得要再下功夫。

第 9 章

最後一搏

奇異金融服務公司對伊梅特始終難以放心。

在過去二十年間，金融服務為奇異集團的利潤成長貢獻良多，前執行長威爾許很清楚其勞苦功高。即使威爾許具備金融知識，卻也了解自己對複雜的金融業務所知有限，因此把至關緊要的金融服務事業託付給了值得信賴的金融服務公司執行長蓋瑞・溫德（Gary Wendt）和財務長戴默曼。到了伊梅特時代，他們仍持續盡職地回報各項金融服務業務。

但對奇異金融服務公司來說，伊梅特是個未知數。他從未在金融服務公司任職，而且似乎更關心行銷及擴大集團版圖的方法，對金融業務興致缺缺。

威爾許選擇了擅長銷售與行銷的伊梅特接班，自有他的用意。奇異集團相信，在全球撤除貿易壁壘、拓展新疆域的時期，企業應積極地在各式新市場尋覓各種商機，而此際最適合出任奇異執行長的人莫過於伊梅特。然而，奇異金融服務公司懷疑伊梅特是否真的了解或在乎金融服務業務。

據奇異內部人士指出，集團在過渡期間專注於行銷而輕忽了風險管理。但伊梅特認為，在銷售額提高的條件下，金融服務公司對於升高的風險會有較大耐受能力，因為大量的交易可以沖淡少數失利買賣帶來的衝擊，鉅額的利潤足以分散人們對失誤的關注。無論如何，高投資報酬率必然伴隨著高風險。對老派的人而言，伊梅特的想法說好聽一點是天真，說嚴重一些則是危險至極。這類邏輯謬誤的想法曾毀掉許多公司，而且受害者當中不乏金融服務業者。

奇異金融服務飽受葛洛斯事件、安隆潰敗、經濟趨緩等因素衝擊，逼得伊梅特不得不採取大刀闊斧的措施。他在接掌奇異集團頭一年就大砍萬名金融服務人員，並把金融服務公司全面改組，分割出商務金融、消費金融、設備管理與保險業四個個別部門。

伊梅特還推派丹尼斯・奈登（Denis Nayden）出任金融服務公司執行長，並要求四個部門領導人直接向他本人和戴默曼回報工作。

為說服華爾街相信奇異並未陷入困境或隱瞞任何事情，伊梅特釋出訊息表明會進一步監督奇異金融服務公司。他堅稱向來想與金融服務團隊建立「更直接的聯繫」。這明確地宣示了：如今是我當家做主。

金融服務公司資深員工因而怒不可遏。他們抱怨說，奇異金融服務是工業部門長年仰賴的功臣，如今卻遭到懲罰。

他們指責伊梅特一登上大位就翻臉不認人，並稱他若不是不了解就是不在乎金融服務公司是菁英金融組織，足與摩根大通和高盛集團分庭抗禮。而且，整頓行動使他們愈發覺得伊梅特不挺金融服務公司。

儘管伊梅特想開創新局，卻依然必須倚重金融服務公司。事實上，在他擔任集團執行長第一年期間，金融服務公司的業務日益擴大。如同威爾許，他也發現金融服務能輕易地為公司帶來現金，而且他難以抗拒金錢的魅力。奇異當前業績與股價都低迷不振，且比昔日任何時期更需要金融服務公司來獲取穩定收益。

奇異金融服務公司與信評機構曾有一些口頭協議。當年威爾許承諾會節制集團對金融服務公司的依賴，並把金融服務對集團收益的貢獻度上限設定為四成。威爾許並非強烈想要限制金融服務公司，而是因為需要關鍵的信評機構持續給予3A信用評級，實屬不得不然。

到了伊梅特時代，金融服務公司的這些限制已全然消失，部分原因出於他治理初期形勢艱困，必須權宜變通，以利金融服務公司帶來更多利潤、推升集團的總體收益。某些質疑者認為，這意味著伊梅特不清楚自己所作所為的利害關係。假如奇異集團的整體收益過多來自金融服務公司，信評機構將施壓敦促奇異處理結構風險問題。這可能嚴重衝擊奇異的獲利祕訣，也就是憑藉3A信評等級以較低利率貸到款項（因為奇異被視為工業集團而非金融機構）。

伊梅特的支持者則不以為然。他們相信他是因電力設備市場需求大減，不得不借重金融服務公司。電力設備過去幾年鴻圖大展，曾經是奇異首要產品，如今成長趨緩導致看似過度倚重金融服務公司。

在鬆綁金融服務公司的管制之際，伊梅特不動聲色地削減了董事會參與金融服務的複雜事務。他於二〇〇二年解散了董事會的金融委員會，卻沒有說明理由。該委員會的功能在於監督「員工退休方案、外匯曝險、航空公司融資，以及集團基金重大運用事宜。」

他甚至沒有事先通告此事，而這個委員會成員包括具有重大風險管理經驗的董事，其中有摩根大通前執行長桑迪．華納（Sandy Warner）和億萬富豪企業家暨專業賽車手羅傑．潘斯基（Roger Penske）。

儘管推行種種透明化新措施，奇異集團仍須利用複雜的手法來維持穩定的收益。然而，安隆、泰科電子（Tyco）與世界通訊（Worldcom）金融詐欺案接二連三爆發後，企業經營環境格外險峻，況且新的會計法規已確立，美國證券交易委員會日益頻繁地要求各上市公司公開訊息。因此，伊梅特與奇異集團財務長凱斯．謝林（Keith Sherin）不能沿襲舊例，而必須簽名認可集團各項財報、證明其準確無誤。

無論如何，比監管當局的新壓力更令奇異集團擔心的是：投資人日漸感到不安。他們愈來愈難以忍受奇異掩蓋短期問題的金融手法。

在二〇〇二年秋季，奇異高層終於明白，集團核心事業多半無法達成預定的銷售額與利潤目標。只要奇異的季度會計誠實無欺，財報就會見到大筆的支出和費用，而且集團的利潤將低於投資人的預期。幾乎可以確定的是，投資人將失望地出脫奇異股票、造成股價下挫。

奇異並未坐以待斃。它還有隨手可得的「小豬撲滿」，當中包括意想不到的退稅款，以及客戶取消訂單而來的損害賠償款等零零散散的收入。此外，奇異電子商務部門有筆買賣將帶來三億美元盈利。這將使奇異集團達到季度收益目標，問題是買方還未能籌到足夠資金，好讓這筆交易在該季度結束前成交。最後，奇異金融服務公司找到了突破口，買進對方二億三千五百萬美元債券，終於適時促成了交易。

奇異集團因此達成了季度盈利目標。在過去威爾許掌理時期，奇異即曾憑藉如此的精心策畫贏得富創意和金融手腕高明等美名。但過去和現在都有人質疑，這樣做的風險頗高，而且終非長久之計。威爾許昔日這麼做不致受到懲罰，但如今伊梅特若效法威爾許，至少會飽受分析師和名嘴抨擊。

此外，「加州公務人員退休基金」（CalPERS）等大型投資者對奇異集團也頗有微詞。CalPERS這個全美最大退休基金甚至採取法律行動，要求奇異集團依據實質業績來決定高層主管的薪酬。

奇異集團歌舞昇平的日子顯然即將終結。

第10章

買進賣出

由於未能維持成長動能，奇異集團股價陷入泥淖，令投資人懊惱不已。威爾許時代難以置信的成長一去不復返。伊梅特每回上電視節目總會被問到如何重振股價，畢竟股價是衡量企業領導人成敗最重要的準繩。

在二〇〇三年秋季，奇異股價比起伊梅特上任當天已大減二三％。伊梅特認為必須像威爾許時代那樣，藉由收購來為集團收益開啟新紀元。那年十月間，他緊鑼密鼓於三天內完成三筆重大交易，積極展現奇異集團重振旗鼓的宏大抱負。

奇異以一百四十億美元收購了維旺迪公司（Vivendi）的電視與電影資產，並把它與全國廣播公司合併成為ＮＢＣ環球集團（NBC Universal）。

接著，奇異於翌日敲定以二十四億美元併購芬蘭醫療設備製造商Instrumentarium，期待藉此深化奇異醫療公司的科技能力、進一步擴展病患監護設備商機。

然後，奇異又在隔天以九十五億美元收購英國的生命科學公司阿麥斯罕（Amersham）。

由於奇異集團重振業績困難重重，而且年輕的執行長上任還不到兩年，這些大手筆收購案令外界難以置信。然而，數個月後，奇異又同意以五十四億美元收購荷蘭的全球保險集團（Aegon）旗下泛美金融公司（Transamerica Finance Corporation）大部分股權。

有些人認為這看來像是鋌而走險的策略。《經濟學人》（*The Economist*）在十月中旬指出：「全然看不清楚伊梅特究竟是想突破困境，還是在自掘墳墓。」

就策略來看，奇異的收購交易似乎有些道理。併購阿麥斯罕將使奇異醫療公司取得尖端技術。伊梅特也表明這是長期投資醫療事業的未來發展。

然而，奇異是以每股溢價四五％的收購價成交，以致有些人難以接受。雖然伊梅特與謝林極力申辯，但市場分析師仍不斷公開質疑此事。華爾街認為更糟的是奇異為了成交而發行新股，進一步稀釋股東權益，並且增加了每股股利成本。

這引起奇異集團監管者的注意。奇異董事會某些成員後來表示，此事使他們對伊梅特的決策能力留下不好的印象。伊梅特在此事上受到打擊，因他隨俗浮沉，又錯失時機，以致所費不貲。伊梅特的對手甚至笑稱這是「隨波逐流的管理方式」。

但這並不意味威爾許時代的收購案完美無瑕。舉例來說，也曾有人質疑威爾許收購全國廣播公司究竟有何實質價值。威爾許喜愛《全國廣播公司商業頻道》，這是美國全境各企業執行長、金融市場交易員、投資機構普遍收看的電視頻道，而且在提升奇異集團形象上頗有貢獻。威爾許曾親自向《全國廣播公司商業頻道》建議報導方向和方式，還說《全國廣播公司商業頻道》是個「寵物專案」，並稱其主播們是他的朋友。

伊梅特抱持自行其是的決心推動收購案。特別是在他上任初期的一些交易案最有成效，比如說在安隆的破產拍賣會上，奇異以三億五千八百萬美元搶購到風力渦輪發電機製造部門。該部門後來成為奇異主要電力事業的骨幹，並使奇異在可再生能源產業占有重要的一席之地。然而，伊梅特也有不少錯誤的投資。在九一一事件後，他著手推動奇異建立保全事業部門，提供家庭與企業用的監視攝錄影設備和火災偵測相關系統。這個部門從未獲得成功，最後被奇異集團脫手賣掉。

然後，伊梅特又透過一系列收購交易，力圖進軍水資源處理業。他夢想在世界各地建構濾水基礎設施來創造利潤，然而奇異的銷售大軍向潛在客戶推銷各式濾水技術時卻備感艱難。

看著這些狂熱的收購行動，某些奇異主管懷疑伊梅特是否誤解了集團神奇管理術的意義與侷限。奇異以訓練傑出管理階層為傲，管理人才分別在各自的部門努力提升業績，然而再優秀的管理階層也無法達成不可能的任務。奇異亦不能期望他們解決宏大的策略問題，尤其是攸關收購案的策略。奇異的管理體系不必然精通策略基本原理。

但伊梅特沒有耐心考慮這些問題。當一位主管明白指出，奇異此時收購的都是沒太大價值的公司時，集團的士氣大受打擊。以往威爾許積極地推動收購交易，帶著奇異進出多種事業，戰戰兢兢地為集團尋找具有更高價值的事業。而相較之下，伊梅特被批評為捉摸不定，總是追逐著亮眼的新事業，又無暇兼顧現有事業。伊梅特則辯稱他是為集團汰換「投資組合」，剔除那些可能以意想不到的方式傷害集團的成分。

伊梅特是不屈不撓、令人信服且無往不利的銷售奇才，他像運動員般熱情地衝刺，只是這樣的勇往直前精神自有不足之處。據伊梅特的同僚指出，只要判斷收購案合理，他更在乎的是成交後妥當的故事行銷策略，至於收購價格對他來說並不那麼重要。他著眼的是併購標的如何整合進奇異集團、如何為集團開啟新市場所有門扉。這就是他的策略基本原理。縱使得力助手認為不應堅持到底，伊梅特也罕見半途而廢。對他來說，領導力是在面對質疑時仍堅持不懈，而反對他的領導方式比意見分歧更糟糕。他甚至認為這形同背叛。

●●●

伊梅特不僅大手筆花錢收購許多公司，也大舉出售奇異集團旗下事業。

奇異做為營利企業必須提高資本公積，以備承擔未來財務預測過於保守時的財務責任。在威爾許交棒後，奇異龐大的保險事業日漸衰敗，伊梅特在執行長任內頭五年必須為保險事業挹注九十四億美元，以增加資本公積。

問題是出自再保險——保險公司把承保的風險向再保險公司投保以分攤風險。

再保險保單可保護保險公司免於過度損失，而保單定價必須精確才能產生利潤，且溢價所得現金可用來投資以獲取更多報酬。

威爾許於一九八四年看中此商機，以逾十億美元收購了雇主再保險公司（Employers Reinsurance Corporation），隨後又併購多家再保險業者，進一步深耕這個看似能輕易創造利潤的事業。他後來承認自己對再保險業不夠了解以致管理失當。奇異再保險保單因定價錯誤而埋下潛在的致命因素，到了一九九〇年代晚期，須增加數億美元準備金以彌補定價缺失。

然而，威爾許一度宣稱，跨足再保險業的經驗「使我們有信心做更多事情」。他的回憶錄也指稱，收購再保險公司「似乎為美好的奇異集團錦上添花」。但奇異的再保險事業終在伊梅特時代爆發危機，迫使伊梅特必須一面設法撐住它，一面思考退出之道。他語帶悲傷地戲稱，保險業近來都賣起寵物保險了，奇異不該繼續做這行。

伊梅特深知必須出脫一些事業和進軍新事業，證明自己值得接替威爾許執掌奇異集團。他認為奇異理當適時退出再保險業，不可等到重大金融危機發生了再來做。他的看法正確無誤。儘管奇異集團財務長謝林等人不斷宣稱再保險業的風險已平息，但更深層的信貸緊急事態正席捲而來。不過，伊梅特也曾致函《巴倫週刊》（*Barron's*）為奇異集團辯護說，「奇異在每年各季度都嚴謹地審查再保險理賠案和估算準備金」，而且這些都通過了稽核。

奇異集團在二〇〇四年將其再保險業多數股份轉移到新成立的展維金融（Genworth Financial），並於兩年後把其餘股份泰半售予瑞士再保險公司（Swiss Reinsurance Company）。這些交易有若干不容易注意到的細項。例如，展維金融一批長照險的再保險保單（涵蓋大筆的養老院與輔助生活相關給付）定價錯得離譜，最終使整個產業嚴重受創。最初奇異準備分拆出展維金融時，其內部銀行家曾建議不要納入長照險再保險業務，但集團最終還是承擔了展維金融長照險再保險保單的所有損失。這將帶給集團旗下金雞母奇異金融服務公司多大的風險？它究竟面臨著什麼樣的威脅？

第11章

夢想啟動未來

威爾許塑造了現代的奇異集團，而繼任的伊梅特計畫對奇異進行再改造，他想在集團留下個人特色，即使最初只是粗淺的印記。

伊梅特下令重新塗裝奇異高層專用的波音七三七機隊。根據奇異董事會的要求，集團執行長只能搭乘專機、禁搭商用民航機。這是為了確保執行長的安全，其他大企業也都有類似做法，而且罕見執行長提出異議。

奇異高層對伊梅特重新粉刷機隊一事感到費解。雖然這筆費用對奇異集團來說無關痛癢，但終究也是一大筆錢。況且機隊並不需要重新塗裝，而伊梅特這麼做的理由也不明朗。此事讓奇異高層主管學到一個教訓，那就是伊梅特想做的事必然會做到，他們最好不要有太多質疑。

在伊梅特治理下，多角化經營的奇異集團持續買進、賣出許多事業。他知道華爾街對此有所顧慮，但又亟欲在奇異集團留下個人印記，於是提出了新口號：有機成長。

這是華爾街行話，意味企業憑藉營運成果而非依靠併購來達到成長。葛洛斯等舉足輕重的投資人曾批評，威爾許和伊梅特都採取非有機的營運方式。於是伊梅特急著證明他不須靠收購來產生龐大收益——他可以重振奇異旗下各事業帶來更多收益，使財務報表上出現利潤。

市場分析師讚許奇異的新口號。不過，伊梅特和他的團隊須找出成本不高卻能帶來新收益的方法來實現此計畫。

伊梅特上任第一年遭遇的阻礙尚未完全排除——美國經濟依然欲振乏力、投資人仍小心翼翼、股市表現乏善可陳——不過有機成長確實是個可行之道。走上這條路，伊梅特就有理由專注於行銷這個強項。他相信這是奇異再創新猷的力量泉源。

他深信奇異品牌的能量和價值別具一格，集團單憑它在全球的高知名度和廣泛觸角就能大展鴻圖。他也力圖提升奇異在媒體與大眾心目中的地位，讓大家能更深入體會奇異與其產品的真正價值。而且，他知道哪位主管能做好這件事情。

那就是從全國廣播公司榮調至母公司、在媒體關係上表現卓越的康斯塔克。伊梅特於二〇〇三年將康斯塔克拔擢為奇異行銷長，這是集團過去二十年間未曾有過的職位，伊梅特相信康斯塔克身為「創變者」（change-maker），即使缺乏行銷經驗，依然有能力重塑奇異的公眾形象、襄助集團提振銷售額。康斯塔克熱切地投入伊梅特所說「改善集團表現」的行銷工作，她也研讀許多行銷學書籍，學習相關知識，並與其他企業行銷長聯繫交流。

伊梅特憑直覺選擇了康斯塔克。他需要的是積極進取且能「使集團的行銷恢復生機」的幹才。據估計，奇異商標體現的品牌價值高達數十億美元，而伊梅特亟欲在這個價值不菲的品牌上留下個人特色。雖然伊梅特覺得威爾許忽略行銷，但威爾許在執行長任內最後幾年，挹注了逾二億美元打行銷戰。

伊梅特認為有必要使奇異的品牌煥然一新：進一步現代化，更好地反映他努力塑造的二十一世紀奇異集團新形象。他首先著眼於變更奇異品牌的代表性要項：一九七九年沿用迄今的招牌廣告標語「我們為生活帶來美好事物」（*We Bring Good Things to Life.*）。

這個品牌主張長年來透過各式電視廣告已深植人心，但伊梅特想要更新穎、更活潑、更耐人尋味，且能凸顯奇異科技創新核心價值的廣告標語。眾所周知，伊梅特想使奇異更徹底地揮別威爾許時代，讓各界不再拿威爾許來與他一較高下。

他把這項重任委託給奇異數十年來信任的廣告代理商BBDO。奇異舊有的廣告標語與廣告音樂已家喻戶曉，其中音樂是由資深作曲家大衛．盧卡斯（David Lucas）創作，他也為許多大企業譜寫廣告音樂。盧卡斯亦是搖滾樂專輯製作人，還在藍牡蠣合唱團（Blue

Öyster Cult）名曲〈別怕死神〉（*Don't Fear the Reaper*）中演奏牛鈴。

BBDO認為奇異品牌力與可口可樂旗鼓相當，因此提出了令伊梅特大感意外的建議，他們期望奇異保留原先的廣告標語，畢竟改變它太不顧一切了。

然而，伊梅特想要的不是逐步演進，而是徹底的革命。他表明，如果BBDO不願為奇異構思更好的廣告標語，「那麼我就找別的廣告商來做。」

BBDO最後聽從伊梅特，提出了完美呈現伊梅特心目中奇異新形象的廣告標語：「奇異：夢想啟動未來。」（*GE: Imagination at Work.*）這標語將反覆告訴世人，奇異能實現顧客想像的一切事物。

這廣告標語很投合伊梅特的喜好，扼要地強調奇異將在高科技時代推動創新，而且傳達出新時代的理念和闡明其無窮潛能。奇異將不再是燈泡、渦輪機或引擎製造商，而是以新發明改造世界的企業。

但事實上，伊梅特終究未能如願超越奇異過往的成就。威爾許曾告訴奇異股東，集團對業績表現設定「延展性目標」（stretch goals），「意味著以夢想來推動目標，實際上並無達成目標的具體想法。」他和接班的伊梅特同樣相信，積極進取且堅定不移的員工能實現集團遠大的目標，而且他們會前仆後繼地全力以赴。新廣告標語代表伊梅特力圖促成奇異轉型，儘管他還沒有明確給予轉型一個定義。

他宣稱，「夢想啟動未來不只是廣告標語，而是奇異集團存在的理由。」

他還找人對奇異商標做了一些微調，添增了淺藍色調。品牌諮詢公司沃爾夫・奧林斯（Wolff Olins）的行銷顧問則把奇異集團三千五百種業務歸納進十一個行銷分類，以便顧客能更輕易了解奇異產品的新一輪疊代（iteration）。

奇異甚至委託人製做集團專屬的新字體，運用於廣告文字到新聞稿等一切宣傳品上。新字體是從奇異商標上的圓潤字型獲得靈感，並把它命名為Inspira字體。（奇異說：「有人不解這個字體圓潤流暢的本質，有人則覺得它充滿新鮮感與鼓舞人心的氣息。」）

隨著新廣告標語誕生，奇異展開了新一波廣告宣傳。BBDO將奇異過去與現在的形象混搭，並強調奇異的科技是形塑世界的一股力量。在新廣告中，一艘帆船借助奇異的風力渦輪機輕易超越一群賣力划槳的維京水手。萊特兄弟的飛機如今裝上奇異的噴射引擎在小鷹鎮上空翱翔。愛迪生也在廣告中登場，以奇異的醫用設備瞬間向醫生傳送數位化醫療監護資訊。

伊梅特認為重塑品牌的宣傳戰大獲全勝。不過奇異內部有些人不敢苟同。他們質疑：伊梅特是否在畫設自己的地盤？這一切真的能為奇異找出解決問題之道嗎？炫人耳目的新廣告是否流於膚淺？新廣告標語實質的意義是什麼？舊標語難道無法更進一步讓人一目瞭然嗎？

奇異金融服務公司對伊梅特的作為尤其不以為然。嚴格注重數據的他們認為，天馬行空的廣告只適合用在美式足球聯盟超級盃賽事，而奇異新廣告標語強調想像力，即使不致傷害卻也冒犯了會計強調的詳核與透明度原則。奇異這群金融菁英自視比華爾街銀行家優越，並相信他們的部門是撐起集團的中流砥柱。而他們的重責大任沒有想像力發揮的空間，也不需要任何想像力。

伊梅特則反駁說奇異需要想像力來締造新猷，因此他毫不考慮金融服務部門關切的問題，那些沒遠見的人將難以跟上他的變革步調，有遠見的人則將了解，光是銷售產品並不足夠，還要開創未來，而且故事力是企業發展策略的核心要項。伊梅特即使心情好也沒興趣聽人質疑他的判斷力。

他向報社記者表示：「我的職責在使奇異集團拿出業績，以及確保唯有我能為奇異集團下定義。」

●●●

質疑者很快就明白，「夢想啟動未來」不只是廣告標語。伊梅特意圖把行銷做為奇異企業策略核心，來決定奇異如何銷售產品，以及應生產什麼產品。康斯塔克與伊梅特想出新的術語來闡述他們寄望奇異走上的新路程。奇異旗下各事業領導人開會時必須提出「想像力突破」（Imagination Breakthroughs）計畫、構思能啟動未來且值得銷售的產品。

伊梅特要求各部門領導促成富想像力的新產品與新服務概念，以助集團創造新的有機收益。這是個很困難的任務：個別事業的各項新產品和服務須達到一億美元的銷售業績目標。更重要的是，伊梅特期許各事業行銷部門主導「想像力突破」計畫。原本行銷部門號令廣告和品牌經營的事宜，如今則須跨入產品工程師的角色範疇。伊梅特是從一篇文章獲得此靈感。那篇文章講述工業界規模較小的丹納赫集團（Danaher Corporation）內部成立了育成中心（incubator），以發展新想法來帶動營收和利潤。丹納赫的執行長賴瑞．卡普（Larry Culp）時年三十七歲，是個領導奇才，執掌集團時甚至比伊梅特還年輕。

伊梅特專注於行銷的做法在奇異集團隨處可見。他在集團內部成立了商務委員會（Commercial Council），成員都是「集團裡最優秀的銷售和行銷人才」。他本人還擔任商務委員會主委。伊梅特告訴《哈佛商業評論》（*Harvard Business Review*）說：「這是很重要的事。委員會成立要旨是分享最出色的營運方法和擘畫成長方案，但更根本的目的是著手具體落實那些能促進成長的想法。」

他責成這些行銷幹才執行奇異的成長策略。奇異因此大手筆推動廣告行銷。集團一切活動都須搭配一個故事，而且所有決策和策略都要符合集團更廣大的故事脈絡。

康斯塔克闡釋說，奇異集團的成長策略就是說故事。

●●●

要把故事說好須花費可觀的經費。伊梅特改變奇異的敘事主軸，力圖藉由降低成本來促進銷售收益、獲取利潤，然而落實這項策略的代價卻愈來愈高昂。在伊梅特管治下，奇異集團的保護傘——監督個別事業的階層——逐漸擴充，其規模、成本與複雜性日趨龐大。伊梅特認為，由一個強勢組織統一監督集團旗下各自為政的事業，才真正符合集團的利益。

奇異把這個組織稱為「博格」（Borg），它統合了研發、銷售、資訊科技和後勤部門的監管事權。「博格」一詞借用自電視影集《星際爭霸戰》（*Star Trek*）。影集裡的外星種族博格人同化其他種族，使其融入博格集體智慧的蜂巢思維（hive mind）之中，並抹除其個體特性。

伊梅特還借助威爾許時代的概念，號召員工追求「無邊無界的銷售」（boundaryless sales），也就是不僅銷售自己所屬事業的產品，更要銷售整個集團所有產品，甚至於產品組合。在德里銷售火車機關車的主管，必須到處尋覓X光機、電器開關設備或資產擔保商業貸款的潛在客戶。

而這些銷售人員都仰賴「博格」提供所需經費。他們銷售的產品，其研發與生產成本也由「博格」控管。這統合了奇異旗下數十個工業公司半數以上的財務源頭、研發與專利人才庫，期能在最終的銷售端發揮綜效。伊梅特深感這個策略完美地契合當下的商業世界。奇異須全力提升蓬勃發展的中東、中國、非洲與南美洲等地區的市占率。

不過，其挑戰在於確保銷售後的利潤高過行銷、研發、金融與其他種種奧援的費用。伊梅特相信，未來的銷售額將能彌補集團擴充指揮中心的成本。

伊梅特認為自己真正做到了創新，為集團打造了新的、一體適用的願景。然而，他採行的管理結構在其他企業其實已逐漸式微。比如說，丹納赫集團已改用規模不大的保護傘組織來監管旗下各公司。億萬富豪投資家華倫・巴菲特（Warren Buffett）的波克夏・海瑟威（Berkshire Hathaway）集團高層監管人數甚至更少。各企業常見把其他一切權能下放到各部門，使其適切地管理成本，並擔負控管責任。

相較之下，奇異集團的企業結構不但阻礙部門管理者發展獨立營運所需技能，更使他們不可能準確了解部門的表現或體質。部門管理者無法根據所有潛在成本等因素來衡量利潤，導致了部門業績和管理遭到扭曲。伊梅特逆轉了威爾許時代大砍監管高層的做法，而其充實監管高層其實只有利於向投資人畫大餅。至於這是否會成為奇異長期的實質策略，則較不明朗。

●●●

他的新願景還有一個要項，就是把集團的命運繫於攻占欣欣向榮的新興市場以增進利潤。因為在歐洲或美國已無法為發電設備、火車機關車、噴射引擎和醫療儀器等傳統主力產品找到關鍵市場。奇異集團在過去數十年努力將觸角延伸到世界各地，但泰半就只是留下足跡。如今伊梅特想要在西方以外的市場覓得新的成長源頭，以一勞永逸地改變集團的收益結構。簡而言之，奇異必須開拓中國市場。

奇異並非果敢進軍國際市場的先鋒，但其行動卻面臨了獨特的挑戰。挺進國際市場並不像設立海外辦公室那樣輕而易舉，因為這涉及深入與外國地方、區域和中央政府建立聯繫。此外，奇異銷售的產品不同於一般消費性產品。它的機器設備造價動輒高達數億美元，且往往能用上數十年。因此，奇異需要外國的在地商業機構協助其了解市場和打穩根基。

如果外國市場不穩定或者不歡迎美國企業進駐，進軍市場將很棘手甚至充滿風險。當伊梅特探查動盪地區的市場時，他通常睡在公司的專機上，因為他認為那才是最安全的地方。奇異在貪腐盛行的國家尤難做成生意，畢竟它堅持自身是正派跨國企業。

至於在開發程度低於新興市場的邊境市場（frontier markets），促進銷售成長的基本手段是不計一切代價搶市占率，以及建立商業據點。伊梅特認為一邊擴展業務一邊力求創造利潤不是難事，他相信在達到規模經濟且開發到新客戶之後，戰利品將源源不絕。

伊梅特經常穿梭世界各地。他曾向合夥人指出，在奇異執行長任內自己有四分之一的時間待在國外，而且他的外訪行程和隨行人員規格足與世界領袖相比擬。他的努力獲得了一些回饋。二〇〇三年美國和中國因貿易問題交鋒而關係緊張之際，中國國務院總理溫家寶於會見美國總統小布希前，先在紐約市停留並與隨扈參訪奇異大樓、觀賞了盛大的奇異產品秀——展出產品包括為中國量身打造的火車機關車、跨太平洋飛行所需的噴射引擎，以及北京奧運登場前維安必備的人群監控設備。中國政府已與奇異集團簽署九億美元的採購合約，項目包含渦輪發電機。中國也提供奇異為中國第一個商用航空公司打造引擎的商機，據估計奇異將可藉此創造三十億美元的利潤。

溫家寶轉往華府與小布希會談前表示：「依我看，中國企業和奇異集團之間的合作卓有成效。」

伊梅特和奇異集團想對世人述說的新故事似乎終於被聽見了。

第12章

大舉擴張

股市投資人未能意識到奇異集團的真正價值，這使得伊梅特焦急萬分。畢竟奇異的股價是衡量伊梅特任內表現的最終評分標準。

據證券商說，伊梅特沒有每天盯著奇異股票行情，但他採取的一些行動透露出他心急如焚。他為了安撫投資人而大談奇異未來銷售額將高度成長，而且他總是避而不談集團透明化問題。

在二〇〇六年初致股東函中，伊梅特寫道：「當前奇異股票本益比處於十年來低檔。而奇異傑出的團隊正藉由未來可望高度成長的事業，創造有價值的成果。鑒於奇異的股價取決於投資人，我們深知此時自當奮力一搏！」

伊梅特撫慰人心的能力早已膾炙人口。他沉著地展現信心，表明知道自己在做什麼。

面對挑戰時，他總能運用機智和屢試不爽的論點使人相信他能克服萬難。藉由高聲談笑和親切的肢體語言，他往往能讓商談氣氛和緩從而做成生意。

然而，這做法對華爾街已不再管用。過去安隆、世界通訊和泰科的領導人也擅長此道，結果徒留給股市投資人一時難忘的苦澀後果。投資人不再單純地相信伊梅特殷切的願景。他必須拿出實質的業績來推升奇異的股價。

但伊梅特仍嘗試訴諸承諾來助長投資人的信心，只是華爾街對他提出的樂觀預測時而感到困惑難解。

他宣稱奇異將持續達成有機成長——不靠收購只憑現有事業就能賺更多錢——而且成長率將達到全球生產總值成長率二到三倍。（根據世界銀行的資料，二〇〇五年全球總產值成長率為三．八％。）對多數觀察家來說，奇異集團根本不可能實現伊梅特預期的成長率。《哈佛商業評論》表示，「未曾有任何企業達成奇異追求的這種成長率，況且在一千五百億美元的營收基礎上，這肯定辦不到。」同時也指出，奇異沒有提出落實成長目標的明確方法。

儘管如此，伊梅特依然只廣泛且含糊地談論他的策略。其中一個環節是要求部屬提出具體想法。他扮演著類似「專案經理」的角色，而屬下則必須在他提供的平台上「實現夢想」。

他寫給投資人的信函說：「規模經濟能促進企業成長，給予我們發揮實力、擴大成果和學習教訓的契機。我們必須開發新產品以促進短期和長期的成長，如此方能落實以『夢想啟動未來』的新願景。」

他預測奇異未來每年將能產生逾一百億美元的自由現金流（free cash flow）。他還解釋說，這將是支付股利後的自由現金數量：「奇異旗下工業公司不需要太多投資來推動成長，因為奇異金融服務公司向來能靠股權獲取高額報酬。」他更承諾奇異將回購二百五十億美元自家股票，「在未來幾年奇異集團將漸入佳境。」

在二〇〇六年期間，奇異股價上漲了五．二%，標準普爾（S&P）五〇〇指數則揚升一五．六%。

對於總部設在諾沃克（Norwalk）的奇異金融服務公司來說，「夢想啟動未來」這個口號或是大刀闊斧改造奇異集團都是靠不住的。

他們日以繼夜尋找賺錢的方法，不斷地努力促成金融交易和買進資產。不論是平價速食店或是遠洋貨輪，只要有利可圖，他們就提供融資。

但奇異金融服務公司過去的成功留下了一個陷阱。隨著這個金融機構日益龐大，愈來愈難促成交易，唯有承擔更高的風險才能得到更高的報酬。它幾乎沒有其他選擇，只能訴諸收購或改變先前抗拒的立場著手開發新業務。

由於已達規模經濟，奇異金融服務公司有能力在新市場占有舉足輕重的地位。它可以憑藉奇異卓越的信用評級推動新的金融業務創造利潤。在二〇〇六年，房屋市場欣欣向榮，次級房貸市場隨之蒸蒸日上。當時，即使是信用不佳的借款人也能輕易獲得銀行和房貸業者提供貸款。

奇異金融服務公司也不落人後，跨入了次級房貸市場。而且鮮少有人認為此舉應三思而後行。奇異集團旗下事業之廣泛幾乎已達到荒謬的程度，不但從事工業生產，也製播《六人行》等電視影集、賣保險，還擁有吉普森吉他公司（Gibson Guitars）、澳洲焦煤公司和蒙哥馬利．沃德（Montgomery Ward）連鎖百貨公司等資產。

奇異金融服務公司業務原已龐大，對於增加房貸業務並無顧忌。

奇異金融服務公司於二〇〇四年斷然地以約五億美元，從阿波羅全球管理公司（Apollo Global Management LLC）收購了ＷＭＣ（先前為威爾豪瑟房貸公司）。ＷＭＣ公司曾由阿波羅全球管理公司擁有七年，最初則屬於美國最大房地產業者之一的威爾豪瑟林業公司（Weyerhaeuser）。威爾豪瑟林業公司當初為了簡化事業組合、專注於核心事業而脫手ＷＭＣ。如今奇異集團卻反其道而行。

ＷＭＣ向購屋者放款，然後把這些房貸高價轉賣給投資銀行，由投資銀行將它們包裝成房貸抵押證券，再賣給投資人。

奇異金融服務公司在一九九五年資產負債表上的總資產不到二千億美元，但當時已是美國由工業集團營運的最大金融公司之一。它在威爾許時代持續成長，而到了伊梅特時代，總資產已增至四千二百五十億美元。在二〇〇六年底，總資產更暴增三分之一，達到五千六百五十億美元。

●●●

奇異金融服務公司不但創造利潤，也培養出一些優秀的管理人才，其中包括來自緬因州劉易斯頓市（Lewiston）的傑佛瑞．伯恩斯坦（Jeff Bornstein）。他個頭不高、經常板著臉孔，是個工作狂，崛起於奇異的內部稽核小組（CAS），後來成為奇異金融服務公司財務長。他熱愛釣魚，而且非常不屑愚蠢的問題。伯恩斯坦從波士頓的東北大學（Northeastern University，不在常春藤盟校之列）金融系畢業後隨即進入奇異集團任職。在眾多常春藤盟校校友同事環繞的職場中，他始終相當自豪。

他服務於奇異電力部門時，加入了二年期的嚴格金融管理培訓計畫，後來輪調到奇異內部稽核小組。這個培訓計畫相當於奇異年輕職員的企業管理碩士學程，學成者將能在集團各事業快速升遷、擔當各種不同的角色。

這學程促成了奇異菁英的職位輪調，也守護了奇異的企業文化。同時也是抱負遠大、最終想要榮登大位者必經的第一步驟。奇異管理部門高層人員多數完成了這項培訓計畫。其根源可追溯到二十世紀初期，而且每年僅培訓數百人。該計畫期許參與者為公司和各項任務犧牲個人的時間安排、家庭義務與各種興趣，而且往往使學員精疲力竭。

奇異CAS團隊每隔數個月輪流稽核集團旗下不同事業的財務，而且不事先通知。CAS對奇異其他單位的會計帳扮演類似警察的角色，因而擁有不少權力。它直接隸屬集團財務長，且實質上是個情資網絡，掌握著集團財務長與極少數高層領導方能與聞的各事業內部運作實情。

CAS也和奇異逾百年來的外部稽核機構畢馬威（KPMG）會計師事務所密切合作。畢馬威通常以CAS的各項發現做為其審查奇異集團龐雜財務的指南。奇異在會計實務上慣於積極地冒險因而疑雲重重，但畢馬威與CAS二者關係始終融洽。奇異領導人常向媒體記者和市場分析師表示，CAS是奇異的獨立稽核單位，它的角色功能類似畢馬威。就實務來說，CAS與奇異集團利益與共。它像奇異某些事業的主管一樣肩負發掘新商機以創造利潤的責任。

如果說畢馬威很少質疑CAS的稽核結果，CAS實則更不會獨立地揭露奇異集團可疑的會計手法。事實上，有誘因促使它們盡可能尊重奇異集團的會計作業。CAS須確保集團各事業拿出實績，同時也要設法增加集團利潤。換言之，奇異既讓CAS做「稽核」工作，也要求它找出提振集團季度收益的方法。

CAS成員要獲取集團財務長青睞，最便捷的途徑是贏得CAS榮譽獎章。這個獎通常頒給那些找到對集團最有利的會計調整方法的人（辦法是在合法範圍內微調數字以抬高損益表利潤）。

參加CAS培訓計畫者若成功落實二年期的增量目標，可望在五年內成為真正的主管。此培訓計畫淘汰率刻意訂得很高，「參加者不是平步青雲就是落敗出局。」多數雄心勃勃的主管候選人被淘汰，只有少數人能堅挺到底。CAS會把刷下來的人造冊交給各工業公司人事部門主管。在CAS培訓過程表現還不錯的人即使最終被擠掉，他們還是有可能在奇異集團闖出一片天。

伯恩斯坦通過了最終考驗，隨後成為稽核部門執行經理。他在培訓過程中還認識了日後的妻子姬兒。她也完成了培訓學程並在信用卡部門獲得職位。

伯恩斯坦此後在奇異集團飛黃騰達。一九九六年時，他升任為奇異航空公司財務長，接著又於兩年後出任集團高管。在三十三歲那年，他已躋身奇異集團二百位頂尖主管之列。他的迅速崛起顯示，集團準備讓他擔綱最重要的高層職務之一。

伊梅特把奇異金融服務公司分割為四個部門、各自直接向他呈報工作之後，伯恩斯坦獲任命為商務金融部門財務長。那是奇異金融服務最大的部門，其管理的資產總值約一千八百億美元。

在二〇〇五年，伯恩斯坦晉升為奇異金融服務的財務長，多數時候會與所屬小團體一起在諾沃克頂樓奇異金融服務執行長辦公室外共進午餐。他與奇異金融服務執行長麥克・尼爾（Mike Neal）十分親近，兩人為躲開眾人耳目，常一同上大樓屋頂抽菸並談一些公事。

在十年間他們努力不懈地促成許多交易，使得奇異金融服務日益壯大。此期間，奇異金融服務收購了波音公司不再感興趣的二十億美元金融資產。然後，奇異金融服務又購得現代資本服務公司（Hyundai Capital Services）與迪勒全國銀行（Dillard National Bank）四成股權、龐巴迪（Bombardier）的存貨融資部門，並以十億美元買下CIT集團（CIT Group）的機隊，又以十八億美元取得土耳其第三大銀行二五％股權。

奇異金融服務接著於二〇〇五年底併購安塔爾斯資本（Antares Capital）公司，從而進入中間市場為私募股權投資機構提供融資。奇異金融服務相信規模能帶來利益，因此在收購其他公司不要的資產上可說無所拘束。而且奇異集團似乎有無盡的現金，其交易團隊只須找到投入資金的對象就好。

在二〇〇六年，奇異集團又以五億美元收購紐西蘭超級銀行（Superbank）的房貸組合。超級銀行主要客戶為超市業者，其營運只維持了三年。但奇異著眼的是在集團資產負債表上增加更多資產。

第13章

更高的報酬

隨著奇異金融服務公司持續成長，伊梅特管治下的奇異集團逐漸脫胎換骨。從許多方面來說，追求改變是奇異集團的一項傳統。在威爾許時代，奇異集團為了取得現金頻繁地出售旗下工業公司——尤其是那些過去曾大手筆投資、當下卻無意繼續經營的事業。當威爾許認為礦業已無利可圖即迅速出脫大型礦業公司，其中包括在澳洲的採礦事業，以及在美國西部探勘礦藏的權利。他也無心經營小型家電等生意。在一九八〇到九〇年代期間，日本生產了帶時鐘的收音機和烤麵包機等小型家電橫掃市場，奇異與其競爭只是自討沒趣，也得不到好處。

到了伊梅特時代，奇異集團仍持續檢討並變更事業組合。鑑於如火如荼的全球化打通了國際供應鏈，伊梅特格外擔心奇異的諸多產品會像小型家電那樣喪失競爭力。

他對削價競爭激烈的工業產品心生疑慮，並認為奇異必須徹底改變，積極投資節能省電的新型家用與營業用電器產品才能重振收益。畢竟當時全球最優質的噴射引擎甚至得虧上數百萬美元才賣得出去。飛機引擎設計、製造、銷售、安裝的費用高到不可思議，而且要等十年或更久之後，等引擎需要大維修時奇異方能從中獲得純利。至於洗衣機等家電的情況則有所不同。南韓等新興製造業強國生產的低成本家電愈來愈受消費大眾歡迎，於是奇異不再能以老派的耐用和易用等承諾來吸引消費者。

在新的消費文化下，人們已習於每隔幾年就更換電腦等設備，沒有人期望這些產品能用上二、三十年。美國消費者也不再愛用國產貨，如果售價便宜二成，他們會買南韓三星家電，而不買美國產品。因此伊梅特像威爾許那樣，毫不留情地捨棄那些不合時宜的事業。奇異不動聲色地為路易維爾市家電園區旗下公司尋覓買家。該處巨大園區供應的家電產品，對第二次世界大戰後美國中產階級家庭的興起曾經卓有貢獻。

奇異集團處理旗下公司的過程相當明快。伊梅特把歐洲地區的矽膠等先進特殊材料事業，售予私募股權投資業者阿波羅集團，得手三十八億美元。奇異集團副董事長洛伊．托特（Lloyd Trotter）宣布此案時表示，這筆交易有助於奇異的工業事業達成「更快速的成長和更高額的報酬。」

奇異集團接下來要整頓的是塑料事業。

威爾許、伊梅特和伯恩斯坦都曾在這個部門歷練過。奇異塑料事業成立於一九三〇年，曾是麻州匹茲菲爾德（Pittsfield）繁榮所繫，發明的聚碳酸酯更改變了這個世界。蘋果（Apple）公司色彩多樣的著名iMac G3桌上型電腦外殼就是使用這種塑料。而iMac G3的成功為史蒂夫．賈伯斯（Steve Jobs）以凱旋姿態榮任蘋果執行長鋪平了道路。

伊梅特曾為塑料部門挹注行銷資金，力圖使聚碳酸酯等塑料成為家喻戶曉的產品。該部門行銷團隊期望讓大眾明白，奇異的塑料就像英特爾的電腦晶片一樣是品質的象徵。

在集團內部早期的網際網路實驗階段，奇異曾經設立一個名為「聚合物園地」（Polymerland）的網站，這聽來有點像是化學工程師設計的致命遊樂園。它的目標是增進企業對企業（B2B）的家電與發電設備塑料銷售額，但終究未能如願以償。

即使是網路時代最出色的流行語和產品標籤也難以推升遞減的利潤。況且油價大漲拉高了塑料部門所需原物料的成本。有鑑於此，伊梅特只好捨棄塑料部門。他把奇異塑料賣給了沙烏地基礎工業公司（Saudi Basic Industries），售價為一百一十六億美元。

他說這筆交易有助於奇異的「更快速成長與更高額報酬」，而且這筆現金會被用來買回更多奇異自家股票。

在奇異熱切地進行這類交易且日益仰賴金融服務之際，伊梅特不斷向投資人保證，奇異辦事大家可以放心。他安撫投資人說，奇異是二十世紀的藍籌股企業，如今依舊穩健可靠，而且奇異將引領其他公司走上創新的道路。

他也強調集團對風險的管理成效卓著。在二〇〇六年致投資人函中，伊梅特誇口說，奇異管理的金融資產超過五千六百億美元，「而損失低於業界的平均水平。」他還稱讚奇異金融服務每月召開的董事會監督有方，風險長吉姆．柯利卡（Jim Colica）的備忘錄為各項交易提供了有用的看法。他也表示，他會撥一個小時給柯利卡，以便「從他的觀點來重新檢視各項交易。」

但奇異內部向來不缺批評伊梅特的人。他們對集團文化的描述與伊梅特的公開說法大異其趣。他們質疑他是否真正了解奇異金融服務的運作方式。但有件事情是確定的：奇異集團經常依賴奇異金融服務公司來確保穩定的利潤。

第14章

應用數學

在奇異集團，很少有比達不到預定目標更嚴重的事情。奇異集團是業績導向的企業，有著密實的由上而下管理結構。主管指派目標給屬下，而不是由基層員工向上傳達資訊。而且，奇異集團各項預測都是依據市場實際情況而動。

奇異期許管理者達成各季度預定目標，任何在季度結束前尚未做足貢獻的人都會拚命力求達標。自威爾許時代以來，奇異集團甚少出現未達季度目標的狀況，這並非偶然的結果。

奇異金融服務有龐大的資產為後盾，在集團其他公司有需要時能提供許多資金籌碼。如果集團某個季度業績不理想，奇異金融服務可輕易地售出大樓、停車場、飛機或其他任何資產，以迅速獲取利潤。

奇異集團某位前高管指出，由於年底前必須完成的會計工作曠日廢時，在感恩節過後通常不會有太多休息時間，工作氣氛也會更緊張一些。

有些奇異員工甚至無法與家人或親友共度除夕夜（十二月三十一日），因為他們必須在半滿的繁忙辦公室完成工作。辦公室裡雖有食物和酒，但並非為開派對而準備。來上班的人必須在最後關頭處理好收尾的工作。

年終最是應當賣力工作的時候。奇異醫療員工必須致電各醫院財務長，祭出能打動人的價格推銷磁振造影等醫用檢查設備。有時為了使交易能記錄在會計帳上，他們必須趕在會計年度正式結束前一晚，匆忙地交付客戶訂購的設備。

奇異旗下娛樂事業的會計人員也忙著追蹤大成本電影的票房，確認能否達到預期的收益。對會計師來說，環球影業製做的電影就只是投資項目、資產負債表上的資產。會計師在電影上映前會預測票房收入並減去製作成本，以估算電影的票房價值。如果電影負評不斷，或是票房收入不佳，會貶低這個資產的價值，會計帳上的預估值必須隨即調整。

《魔戒三部曲》（*The Lord of the Rings*）名導演彼得・傑克森（Peter Jackson）後來的作品《金剛》（*King Kong*）就面臨了如此令人擔憂的境況。原先環球影業預期它會成為賣座強片，於是投注了逾二億美元鉅資，使其成為影史上成本最昂貴的電影之一。

影評人對《金剛》的評價還算厚道，但觀眾卻不買帳，導致票房收益遠低於奇異集團的預估值。會計師理當調整它的帳面價值（carrying value），而這將損及集團的利潤。當財務人員向上司呈報此事時，他們得到了意料之外的回應：不要調整。

這令他們左右為難。他們不能單純地假裝這部電影會突然大賣，他們很清楚最終還是得向下調整預估值。

於是他們組成一個團隊，集思廣益來處理問題，最後他們想出了一個解決方案：發行加長版DVD。他們預料加長版DVD會大受《金剛》影迷歡迎，而且帶來的利潤將足以彌補戲院票房不足之處。如此，奇異投資人就不會知道投資這部電影不像預測那般有利可圖。

奇異團隊告訴稽核人員（包括畢馬威的獨立稽核人員），這是合乎會計法規的做法。隨後，畢馬威的外部稽核人員與奇異內部稽核小組協同審查奇異的會計帳。而奇異財務人員注意到，畢馬威的人比奇異自己人更傾向於贊同集團的一些會計決策。

然而，在二〇〇七年，奇異其他部門的會計決策引起了注意。證券交易委員會波士頓辦事處於當年一月間通知奇異，他們正著手調查奇異以大量商業本票做為利率風險避險工具的作為。

奇異發行短期商業本票來籌措現金，並以這些現金進行長期放款套取更高利率的收益。這造成了借款與放款到期日不協調的問題。奇異必須在九個月內償付商業本票，但從商業本票募得的現金借出後得要數十年才能回收。商業本票的利率可能隨時間推移而升高，而與此同時，長期放款利率則可能維持不變。商業本票利率升高會壓縮奇異集團的利潤，於是奇異運用衍生性金融工具來避險。為了避免衍生性金融商品價值的規律性變動造成收益波動，證券交易委員會准許各企業以專門化的會計方法避險。但根據證券交易委員會的初步調查，奇異違反了相關法規試圖掩飾對其利潤徵收二億美元的費用。而畢馬威的稽核人員在沒有取得上級批准的情況下，簽核了奇異此項不當作為。

到了八月，情勢愈演愈烈，證券交易委員會檢視奇異各項文件與紀錄後下達了正式調查命令。由於奇異涉嫌在外界難解的複雜結構掩護下泡製穩定收益，因此可能被以重大罪名起訴。某些人認為，這項調查證明奇異這種享有聲譽的大企業能輕易地隱瞞違法作為。

隨著證券交易委員會展開正式調查，奇異不再能欺世盜名。對此事的調查並未設限，調查人員獲准溯及既往，以查明奇異會計帳長年來誤導投資人的實情，而且他們有充足的時間來理清真相。

奇異能做的唯有配合調查，順從地提供調查人員要求的種種資訊並回答各項問題。調查小組很快就發現許多疑點，它們顯示奇異神通廣大，有能力扭曲、操弄、漠視為保護投資人而要求所有上市公司遵守的會計原則。

當奇異決定出售資產以提振季度利潤卻無法迅速找到買家時，有時會求助於能切身體會其困難的人。在二〇〇二年和二〇〇三年期間，奇異賣了一些柴油動力火車機關車給數家銀行，因為它知道這些銀行會在數個月後轉售這些火車機關車。在其中六件交易裡，奇異售後仍持續把火車機關車列為資產，並承擔相關風險，而這些交易都獲得內部稽核人員批可。

更嚴重的是，調查人員發現奇異噴射引擎與零組件銷售相關會計作業十分可疑。奇異將低毛利率的引擎與高毛利率的零組件預期銷售額結合起來，好得出更高的「平均」銷售毛利率，藉此來拉高噴射引擎的毛利率。然後，奇異再使資產負債表上分錄項目模稜兩可，以便差額隨著時間分散差異程度。

奇異稽核人員證實，內部會計師早在一九九九年就開始擔心此事不妥，但也憂慮若調整會計帳將導致十億美元的成本。而奇異最後在稽核人員未予反對的情況下，決定維持原先噴射引擎銷售上的會計處理方式，同時也提供資金銷帳，使差額不再增加。簡單說，奇異用錢來掩蓋其不當作為。

另外，奇異引擎零組件會計帳還有一項問題：集團內部某事業單位發現它支付給另一部門的零組件價格比某些外部客戶還高。為確保不再發生這種情況，奇異想出了權宜之計。鑒於零組件屬於集團內部客戶服務協議（CSA）的一部分，相關營收是依據協議時間長短的實際成本來認列。所以，只要調降售價以提升競爭力，即可降低履行合約義務的總成本、增加營收與利潤。

這麼做的理由不難理解，但奇異的會計師提醒說，調降內部供應價格不可能增加集團的整體收益。

於是奇異又提出另一解決方案。那就是按成本價把引擎零組件轉移給CSA合約下的事業單位，而不透過內部銷售來供應零組件。這可以提升合約的獲利能力，也會觸發會計調整。結果奇異的利潤增加了約十億美元，足以抵銷引擎事業方面八億四千四百萬美元的會計調整成本。

這當然不符合現行會計法禁止企業自行酌情變通的法規，也與奇異其他會計作業不一致。

至於那一億五千六百萬美元差額如何處理？奇異在這方面也違反了法規。它沒有認列這筆收益，而仿效威爾許時代的做法，把錢存進銀行，以備彌補未來內部供貨價格變動造成的收益缺口。

•••

伊梅特一貫宣稱奇異集團的風險管理很精明也極可靠，但實際上這與證券交易委員會揭露的實情大相逕庭。甚至有些奇異內部人員認為，伊梅特治下的奇異企業文化與他的公關術語背道而馳。他總是宣傳說，奇異金融服務公司比各家銀行傑出，原因在於它受益於奇異集團著名的「管理魔法」。

他在致投資人的信函表示：「奇異的金融服務事業根本上比傳統銀行或其他金融服務公司更富價值。原因何在？因為我們對於全球終端用戶市場的了解比其他業者更加透徹。」

在美國整個金融體系開始搖搖欲墜之前，伊梅特曾多次以這樣的話語安撫投資人。然而，到了二〇〇八年中，美國最大的房貸放款業者全國金融服務公司（Countrywide Financial）被迫賤賣資產，對原已不穩的市場投下了震撼彈。在此之前，聯邦準備理事會①已於二〇〇七年底大砍基準利率，後來又在二〇〇八年一月再度降息。

自接掌奇異集團以來，奇異金融服務始終是伊梅特焦慮與憂心的來源。他喜愛奇異金融服務的員工和他們努力的成果，對於自己能與華爾街強大的玩家們平起平坐也樂在其中。然而，奇異金融服務到頭來終究是個棘手難題。它萬般複雜、觸角無所不在且充斥著種種風險，況且廣大的市場對大型工業集團在高風險的金融業務上弄虛作假早已看不下去。

---

①美國聯邦準備理事會（The Federal Reserve System，簡稱 The Fed）是美國的中央銀行，一般大眾稱其為美國聯邦準備理事會。

奇異的對手西屋集團實質上就是因涉足金融服務業而一敗塗地。奇異金融服務某些辦公室裡甚至裱掛著有關西屋如何於一九九〇年代殞落的報導。那些文章講述著西屋在金融服務與商用房地產方面過度曝險，而且其核心事業於能源市場豪賭失利，最終落得土崩瓦解。

為實現自己促進奇異成長的願景，伊梅特深知必須專注於優化集團長期的事業組合。他自信有能力洞悉未來的戰略性商機，同時也信任奇異集團營運上的嚴謹品質。身為奇異集團掌舵者，伊梅特相信奇異傳奇的企業管理特質已成為集團基因的一部分，這可確保團隊採取正確步驟落實各項計畫。他的職責是掌握好大方向，使集團不致在錯綜複雜的環境裡陷入泥淖。

從奇異集團各工業部門的觀點來看，伊梅特著重直覺的管理風格大致可以理解。但奇異金融服務對他的許多宏大願景全無好評，這可能是他最終厭惡金融服務公司的原因。伊梅特強制工業部門施行以行銷為基礎的商業策略，而這對金融服務業來說實在行不通。奇異金融服務部門向以實績論成敗、注重量化分析，因此伊梅特的樂觀傾向、精神喊話，以及堅信憑決心就能克服萬難的態度，對金融服務公司著實不管用。而且奇異金融服務領導者了解並精通業務，但也承受著極大的壓力，有許多誘因會激勵他們為落實目標而不計任何代價。

他們很難信任伊梅特和他著重行銷的領導作風。許多人認為，他在總部發表的某些宣言反映出他對金融服務業欠缺基本了解。更何況販售家電產品的有效方法並不能套用在金融服務上。

關於奇異金融服務的複雜程度、其獲利方式、為集團其他事業承擔的風險，伊梅特究竟了解多少？這問題很難回答。有人指稱伊梅特不明白奇異金融服務是集團裡最重要利潤來源之一，而他的支持者對此說法則嗤之以鼻。但某些親近他的顧問也曾私下質疑，他究竟搞懂了多少金融基本構念？而伊梅特總是拒答這類疑問。

這難道是一種自謙的反應？畢竟奇異主管在陌生環境裡常有這樣的反應。奇異集團發言人常提醒那些質問伊梅特決策的媒體記者，伊梅特曾在達特茅斯大學研習應用數學，而且上過全美最頂尖的商學院。但伊梅特有時會開玩笑說自己數學不好，所以無法教女兒做數學作業。不過，說這些其實搞錯了問題的本質。金融服務雖然與數字息息相關，但它絕不只繫於數學。

奇異集團前執行長威爾許常稱他對奇異金融服務深感訝異，他還指出奇異金融服務是憑放款獲利，而不是靠設計、打造與銷售機器賺錢。在其暢銷的回憶錄裡，威爾許坦承，雖曾努力擴張金融事業並凸顯它在集團中的重要性，但他對金融業的複雜性缺乏深入了解。甚至為了確保自己不犯錯，而委託幕僚編寫金融基本業務手冊。

伊梅特的主要歷練是在工業部門負責銷售與行銷，因此有些同僚懷疑他對金融基本業務可能只有模糊的認識。雖然他在工業部門的職位舉足輕重，也負責過財務，但奇異的管理結構盤根錯節，那些最複雜的財務決策都是由其他關鍵人士定奪。

金融服務業務與伊梅特密切從事的業務南轅北轍，最初他單純地認為以錢滾錢似乎是輕而易舉的事，但奇異金融服務的資產負債表變化莫測又極其複雜，到處潛藏著風險，單從季度損益表不易看出風險所在。我們可以合理地推測，伊梅特對油水很多的奇異金融服務營運之道所知不多。事實上，並沒有太多人能領會其複雜程度。

即使是最親近伊梅特的那些人，也不可能確切知道他對關鍵的放款業務有多了解。某些批評伊梅特的人承認，他對金融的敏銳度超越他們的預期。但也有與他共事多年的人指出，他難以掌握金融基本概念，比如說他不明白有擔保債券與無擔保債券的差異，而這攸關奇異金融服務公司的重大業務。

無論如何，沒有人在奇異集團外部談論這些問題。當二〇〇七年即將結束時，伊梅特依然對奇異金融服務抱持樂觀的看法。

他寫道：「我們的金融服務事業在二〇〇八年仍將創造佳績。它擁有可以產生高報酬約三千億美元的資產。我們打算在當前的動盪中把握契機，以利金融服務事業在未來幾年持續獲利成長。」他的樂觀似乎不為外在條件所動搖。

第15章

大小通吃

在克羅頓維爾管理學院的奇異新進人員講習會上，伊梅特公開談到他對失敗的關切和疑慮。然而，他對社會大眾談論奇異集團未來發展時，絲毫不曾透露其不足之處。

伊梅特始終致力於傳承克羅頓維爾和奇異的管理精神，而且比董事會其他成員更堅守多元異質的原則，甚至比威爾許時代多數人更全心投入實踐這項原則。

他贏得了人們的讚美，甚至那些不認為他是傑出企業家的人也給予掌聲，肯定他真心致力於改善奇異在種族與性別多樣性方面的平庸表現。紐約的奇異大樓名人堂曾像二十世紀初期美國國會參議院的寫照：嚴肅、拘謹、清一色白人男性。而且奇異昔日的職場性別政治也曖昧不明。

以威爾許的文膽、至今依舊令人緬懷的比爾・連恩（Bill Lane）來說，從他坦率直言的回憶錄可以瞥見威爾許與奇異集團一些小缺點，以及一九八〇和九〇年代奇異漠視多樣性的沙文主義作風。連恩回憶錄開篇不久即提到他在克羅頓維爾管理學院靜修經歷的一件趣事：某日傍晚酒酣耳熱的與會者發現了在領導力培訓講堂放映成人影片的方法。而參與靜修會的兩名「女孩」猛搖頭，不願參加這項娛樂活動。

威爾許「欣然以對，因為他正確地察覺這青少年性喜劇一般的行為，體現了在奇異集團廣受歡迎、興致勃勃的生活樂趣。我們的行為使他憶起在奇異塑料部門的往日歲月——對他來說，這是好事。」

連恩並沒有進一步探討奇異集團女性員工是否也享受這種生活樂趣。除了說到兩位女生避不參加當晚的胡鬧活動之外，連恩在談論克羅頓維爾管理學院與奇異集團的兩性關係時，並未提及女同事對男性的其他反應。

無論如何，伊梅特決心改變奇異的男孩俱樂部名聲，使集團在多樣性上能與二十一世紀其他大企業相提並論。他將保留威爾許時代的關鍵要素，但摒棄昔日那些壞男孩行徑。

●●●

伊梅特預料奇異金融服務事業將在二〇〇八年大舉擴張。雖然他承認市場瀰漫不確定因素且動盪不安，但他認為這將提供給奇異廉價收購資產的契機。伊梅特當時說：「金融市場的風險在於重新訂價。」

事實上，二〇〇七年時全美拖欠房貸的狀況層出不窮，信用不良的房貸戶拖欠尤其嚴重，奇異只好在金融服務上猛踩剎車。各大銀行紛紛著手調降房貸組合的價值，減損金額動輒數十億美元，此舉造成商業本票市場動盪，因為在這個市場有許多借款人是以不動產抵押貸款證券做為擔保品。

奇異金融服務眼見一場風暴將席捲房貸市場，尤其擔心其收購的WMC房貸事業的不良次級房貸業務。奇異在房貸市場豪賭的時機顯然不對。此外，它可能也選了最糟糕的夥伴。在二〇〇五年到二〇〇七年之間，奇異金融服務成為美國提供最多次級房貸的業者之一，其房貸放款超過六百五十億美元。

奇異的WMC房貸部門通常把房貸案轉賣給投資銀行。投資銀行再把房貸案重新包裝成不動產抵押貸款證券，然後轉賣給投資人。雖然不動產抵押貸款證券不是由奇異發行，但其中的房貸由奇異承做，而且多數有借款人信用不佳等問題。當房市大熱時，即使明知借款買房的人提供虛假資訊，WMC也照樣放款。某些申請房貸者雖遭拒絕，卻仍可在數週後重新申請，並藉由謊報收入等資訊來取得房貸。

某位申請到房貸的人雖在髮廊工作，卻謊稱自己是「博物館館長」。另一位冰淇淋廠貨車駕駛則虛報其月薪逾五千美元，並借用客戶來函偽稱自己是自營商。即使監督人標記這些申請案有造假問題，但最終還是過關。

這些貸款詐欺可以說是明目張膽。不久之後，一些銀行因發現問題或察覺可能有弊端而開始拒買WMC特定房貸案。於是WMC轉而尋求其他買家，並且隱瞞先前遭拒的事實和理由。甚至有些銀行要求WMC買回有問題的房貸案。WMC後來檢視其二〇〇五年購回的近一千三百件房貸案，發現其中七八%的申請文件「至少有一項謊報資訊」。

奇異施壓敦促WMC達成利潤目標、要求更多的房貸放款，結果助長了這樣的歪風。其內部稽核團隊曾在二〇〇七年四月警告說，房貸「大增且已到了失控地步」。

見到大火蔓延開來，奇異的領導人紛紛奪門逃生。集團不准WMC再批准任何貸款案、裁撤四千多人，並且變賣了三十七億美元資產。光是二〇〇七年，WMC累計的損失將近十億美元。

然而，奇異高管竟然慶幸他們成功退出了動盪的市場。這令市場分析師感到困惑，畢竟奇異金融服務過去向來注重危機入市的冒險精神。更何況，伊梅特曾明白指出奇異對房貸業已不再有任何興趣。

他說：「鑒於投資人觀感不佳，這事沒得商量。」奇異財務長謝林也向投資人保證，奇異金融服務公司將刪砍成本，並降低投資組合的風險。

房屋市場曝險隨處可見，投資人的疑慮日增，奇異不得不展現一下自身實力。它大舉回購自家股票，總額達到一百四十億美元。隨後還支付了超過二百六十億美元現金股利給股東。

對伊梅特來說，WMC的問題再次證明奇異金融服務公司是充滿風險的無盡謎團。他明白奇異集團需要它，但不清楚該如何區隔、縮編或改造它。他只是依循前任執行長威爾許的做法，利用奇異金融服務來創造利潤。

人們通常怪罪威爾許縱容奇異金融服務的獸性作為，而它確實在威爾許時代日益壯大、成為足與集團其他部門分庭抗禮的事業。但威爾許宣稱，他一直設法牽制奇異金融服務，以安撫各信用評等機構。對他而言，3A信用評級是奇異集團最重要的商場利器，有它方能壓低集團借貸成本。

不過，威爾許仍時常因奇異金融服務的事務而傷透腦筋。他交涉金融服務業務進軍證券經紀業釀成了一場災難。奇異金融服務業務在一九八〇年代取得了證券商基德皮博迪的控股權。結果此券商後來發生內線交易醜聞，連年虧損，終在一九九〇年中期債券交易崩盤後，被奇異轉賣給投資銀行暨股票經紀公司潘恩韋伯（Paine Webber）。這整個過程中，奇異最終損失了十二億美元。

威爾許似乎意識到奇異金融服務在其中扮演的角色。當奇異在財星五百大企業排行榜裡的業別從「電氣設備」變更為「多元化金融服務」後，威爾許向《財星》雜誌的金融記者卡洛・盧米斯（Carol Loomis）提出了著名的抗議。盧米斯後來回憶說，如果奇異集團看來更像銀行，《財星》雜誌當然會把它歸類為金融服務業者。她也指出，威爾許那般失望很可能是因為：在華爾街眼裡，金融服務公司股票的價值向來遠低於現金充沛的工業集團。

到了伊梅特時代，奇異工業事業與金融事業之間的鴻溝仍在，而它的特徵就是藍領為主的工業勞動大軍與金融業西裝筆挺的辦公室白領彼此分立。奇異金融服務人員自認是集團的印鈔機，與此同時，工業部門則為了達到成長目標而努力掙扎著。對奇異各工業事業來說，奇異金融服務並不生產任何有形的產物，它唯有依靠提供資金促成工業生產才能創造價值。

事實上，奇異金融服務有能力吸引金融界頂尖人物，造就了許多不想為華爾街效力的金融奇才。奇異集團是全球最大、也最傑出的跨國企業之一，而且它的品牌始終備受推崇，這是奇異金融服務得以成功的基本要素。

但奇異金融服務的人才往往難以調到集團其他部門任職，他們通常也不想帶著家人搬到紐約州的電力城市，或是南加州格林維爾（Greenville）等遠離集團核心的地方。奇異向來敦促員工接受六標準差綠帶培訓（Six Sigma green belt training），以學習如何有效辨識與移除生產流程中潛在的瑕疵，而多數奇異金融服務人員對此保持抗拒態度，他們認為這種令人迷惑的管理訓練不適用於金融從業人員。因此，當集團期望奇異金融服務能與其他部門步調一致時，奇異金融服務的獨特文化進一步加深了集團內部金融服務業與工業事業的分歧。

在奇異金融服務人員眼中，伊梅特當上執行長後，奇異集團銷售團隊的角色驟然改變。銷售人員開始擺布金融服務人員，而且不須對後果負責。如果做成生意，功勞歸於銷售人員。假如沒能成交，則會歸咎於風險和金融服務團隊。據當時奇異金融服務內部人員說，這導致不能勝任複雜金融工作的人拔擢接任管理職，其中有些人非但不稱職，更不熟悉基本金融概念。

在一次每週例行會議上，一名新任資深經理問起「稅前、息前、折舊與攤銷前利潤」（ebitda）。但他並不是提醒大家關注其估計值，而是從沒聽過這個名詞，想要知道它指的是什麼。（它有助於更好地進行比較分析，得出的數據可用來代表現金流。）

多數人對他的無知感到震驚，並覺得這是很危險的事。畢竟，奇異金融服務公司是靠專業與智慧運作。負責攬才的單位察覺此事造成的摩擦之後，開始著手從金融服務公司內部尋覓更能勝任的主管人才，然而稱職的幹才調任後留下的職缺又被較無經驗的新人填補。

奇異金融服務業務極複雜，因此需要精明的人才。曾有中西部地區的奇異金融服務主管單靠電話聯繫來執行諾沃克的風險管理業務，這種極輕率的舉動引起了部門的憂慮。

在房貸市場蕭條甚至泡沫化之際，奇異金融服務人員仍須達到營運目標。他們以更富創意的方法來應對業務日漸窒礙難行的問題。他們設法進入同行的地盤搶生意，還重新談判舊合約，以擴增季度成交件數。

壓力使得他們的工作環境日趨緊張。男女員工時常遭受同事或上司言語傷害，有時甚至當眾受辱。女員工常抱怨她們不受尊重。與眾不同的人會被欺壓，即使是蓄鬍也可能招來冷嘲熱諷。奇異人資部門有時甚至必須在奇異金融服務公司辦公室架設監視器，以確保大家舉止得當。

即使講求降低風險的時期，奇異金融服務依舊到處押注。它收購了波蘭的BPH銀行，成為波蘭數一數二的銀行業者，並變更了該行的招牌來強調所有權易手。在波蘭，其主要承做數十億美元的房貸，其中多數以瑞士法郎計價、採機動利率。

奇異金融服務在二〇〇七年又以四十八億美元購得史密斯集團（Smiths Group）旗下航太事業、以十九億美元取得維科格瑞（VetcoGray）的石油天然氣事業、以八十一億美元購入亞培藥廠（Abbott Laboratories）的醫療診斷設備事業。

伊梅特與奇異金融服務公司還進軍商用不動產市場。自上任初期，伊梅特就逐步涉入房地產業，隨後於二〇〇六年加大投資力度。奇異金融服務收購了一些大型不動產投資信託公司，另也併購許多小型業者，使其投資組合益形龐大。

奇異集團在二〇〇〇年已擁有逾二百億美元房地產資產，並在二〇〇五年十二月繼續以三十二億美元購得雅頓（Arden）房地產公司，是歷來最大手筆的不動產交易之一。這使得奇異集團不動產資產總額達到近五百億美元。到了二〇〇七年底，奇異房地產資產總額更大增到近八百億美元，其中半數是以業主權益（equity ownership）形式擁有產權。

當奇異集團以二十二億美元收購皇冠（Crow）控股集團的不動產投資信託公司時，一併取得了若干工業大樓、連鎖購物中心以及飯店。之後還以二十三億美元購進加拿大專營商用資產的鄧德（Dundee）不動產投資信託公司，另也收購了瑞典的控股公司和馬德里的購物中心。

在二〇〇七年商用不動產價值仍炙手可熱時，奇異金融服務公司更積極在日本購置營業用房地產。

奇異在日本的不動產事業領導人吉田奉行（Tomoyuki Yoshida）向《彭博新聞社》（*Bloomberg News*）指出：「即使土地價格飆漲，日本不動產市場對奇異集團依然深具吸引力。」他還表示，奇異集團在這方面的投資「沒有上限」。

他補充說：「我們的首要收購目標是擁有房地產的公司，而且奇異集團並不在乎其規模大小。」

第16章

大事不妙

奇異集團未來的執行長佛蘭納瑞當時也在東京，負責管理奇異金融服務公司亞太地區業務以及收拾殘局。他是在二〇〇五年舉家遷居日本，此前則多半住在康乃狄克州。

典型的奇異主管通常性格開朗、擅長社交，且博聞強記、能言善道。相較之下，精明的佛蘭納瑞為人謙和，不愛出風頭，私底下有些靦腆，有時也難免彆扭。他更擅長在幕後和數字打交道，而且資歷偏重於銀行業務和企業融資。

在賓州大學華頓商學院學成後，佛蘭納瑞於奇異金融服務公司多所歷練：在融資收購（leveraged buyout，也稱槓桿收購）部門三年、企業重整小組四年、自有資本（equity capital）團隊三年、主管布宜諾斯艾利斯金融業務二年、監督股東權益部門媒體與消費者小組三年、監管股東權益部門一年，以及督導銀行貸款小組二年。

自稱「美食家」的佛蘭納瑞博學多聞，時常一邊閱讀非虛構書籍一邊看小說，而且處理數字宛如超級電腦。對他來說，輪調日本是項新挑戰，也是在奇異集團裡一展長才、更上層樓的一個步驟。

視察過奇異集團在日本的事業後，他更加領會到當地無所不在且備受挫折的官僚作風。繁文縟節使得時差這類相對單純的問題變得複雜，甚至連請示美國總部批准也搞到緊張兮兮。奇異的科層結構造成海外事業營運艱難，也阻礙了公司利潤的增長。佛蘭納瑞認為，奇異的決策權理當進一步去中心化，這樣他才能更自主地做決策，而不須等待遠在美國的高層批准。

奇異金融服務公司此際正想方設法降低投資組合風險，佛蘭納瑞必須處理這來勢洶洶的難題。由於日本修改了消費金融法規，使原本大發利市的消費金融市場陷入混亂，以致奇異十年前收購的Lake消費金融公司於二〇〇六年成為燙手山芋。Lake曾是奇異的提款機，投資者喜歡它。該部門過去以極低借款利率、高放款利率來輕鬆賺錢。

然而，日本社會輿論促使國會修改高利貸法規，把消費金融最高利率上限從近三〇%調降為一五%到二〇%，加上日本高等法院裁決認定，利率超過二〇%是非法行為，衝擊了消費金融市場。部分客戶於是要求Lake退還超收的利率款項，多家銀行因而被迫增加現金儲備。

利潤豐厚的Lake有道德疑慮的商業模式一夕之間不為法律所容。佛蘭納瑞必須盡力解決這個棘手難題。

鑒於投資人改採敵視立場，而且客戶要求退款呼聲日趨高漲，Lake可能造成奇異集團未來負債大增，佛蘭納瑞必須迅速展開應對行動。他的計畫是關閉Lake近三分之二分支機構。對照處境相同的花旗集團，在損失與日俱增的情況下，徹底地收掉所有在日本的消費金融事業。奇異集團則把Lake轉變為「停業單位」，以便在調整損益的會計作業上不計入Lake各項損失。

在此期間，馬不停蹄的佛蘭納瑞找到了解方，以五十四億美元售價把Lake轉手給日本新生銀行（Shinsei Bank）。雙方並協議共同承擔Lake的損失，以助新東家降低客戶要求退款的成本。奇異終自這場敗局中脫身，雖然付出了十億美元的代價，但結果原本可能更糟，因此對集團和佛蘭納瑞來說還是值得慶幸。

佛蘭納瑞從此事學得教訓，他體會到在遠離美國總部七千哩、位於地球另一端管理奇異日本海外事業是多麼艱難的事情。儘管他火速設法限制公司曝險部位，集團管理階層卻因地理阻隔，未能明快地批准各項請示。這凸顯出奇異集團在經營國際事業上問題重重。

●●●

與此同時，在美國總部這邊，伊梅特於關鍵時刻獲得了祕密武器。行銷大將康斯塔克擔任NBC環球數位部門主管兩年多後，回到了伊梅特身邊繼續她先前的工作。

康斯塔克在NBC環球數位部門賣力工作，到離開前仍努力於數位領域攻城掠地，以六億美元收購了女性導向的內容網站《*ivillage*》。然而，眾人都公開嘲笑說，比起新聞集團（News Corp）聲名狼藉的Myspace社群網站收購案，她砸了更多冤枉錢。

此外，《*ivillage*》與奇異集團企業文化根本格格不入，而康斯塔克在《*ivillage*》品牌下開播電視節目的構想也有始無終。回歸奇異集團總部後，她原先在NBC的廣泛職責被分派給了其他多位主管。

儘管收購《*ivillage*》落得一敗塗地，康斯塔克在奇異的職涯並未因此受阻。她是伊梅特長年的愛將，回到總部後又肩負起大任，主導對外宣傳、對內溝通和監督無止盡的行銷戰。

當奇異金融服務公司於二〇〇八年初出現重大內部問題後，伊梅特在當年三月中旬向投資人喊話說，儘管全球金融服務業面臨巨大風暴威脅，奇異第一季度的表現依然正常，集團將會安然無恙。言下之意是，即使某些部門蒙受損失，集團仍有其他部門可以幫忙處理善後。

然而，數週之後，晨間六點新聞報導指出，奇異集團遠未能達成第一季營利目標。有些人以為報導有誤，但實則不然。

奇異金融服務公司在次級房貸風暴中損失慘重。雖然奇異集團曾誇口比其他企業更了解市場，自認憑其優越的風險管理將可安度危機，然而，奇異金融服務實則與其他金融機構一樣難以為繼，只能一再向投資人解釋說，貝爾斯登公司（Bear Stearns）破產造成的衝擊遠超越預期。也就是說，曾為奇異集團收益火車頭的奇異金融服務遇上了大災難。

先前奇異集團總能達成預定目標、努力擠出所需利潤，甚至在最後關頭促成交易、交出令投資人滿意的業績，而最大的功臣通常是奇異金融服務公司，它總能適時地為集團股票帶來不可或缺的銀彈。不過在二〇〇八年第一季財報斷然顯示，當金融服務事業陷入困境時，奇異集團的收益令人大失所望。

金融市場動盪不安已成奇異集團燃眉之急。奇異財務長謝林指出，貝爾斯登公司潰敗造成金融災難、進一步撼動資本市場，且「波動程度令我們不知所措」。對真心信任奇異商業模式的投資人而言，這些話實在毫無建樹。

伊梅特直言無諱地指出，奇異金融服務部門「過去兩週毫無能力像往日那樣完成尋常交易，」而且某些資產經重估後價值竟為負數。換句話說，奇異金融服務無法再像過去那樣，於最後關頭促成重大交易和售出資產以利調整會計帳。

奇異股東看到這個警訊後開始出脫持股，致使奇異股價創下多年來最大跌幅，市值於一天內蒸發近五百億美元。

當華爾街還在消化那週紛至沓來的新聞時，威爾許又在奇異集團傷口撒鹽。他在奇異旗下《全國廣播公司商業頻道》的現場節目上，毫不留情地批評伊梅特。如果說投資人對奇異集團的信心已搖搖欲墜，那麼威爾許此舉更把它推落萬丈深淵。

他痛斥伊梅特「搞砸了。你的承諾言猶在耳，未料三週後就毀諾背信。你言而無信，而且還被打得落花流水。」

威爾許這是明白告誡伊梅特別再重蹈覆轍，趕快採取必要行動穩住集團收益。

他宣稱：「如果伊梅特不履行承諾，我將震怒到難以置信的地步，我會拿槍射他。」他還要求伊梅特，「務必達成收益目標。告訴大家，你將促成十二％的成長，而且要確實做到。」

對於處處質疑伊梅特的人來說，他們眼中萬無一失的偶像執行長，威爾許的話可說到心坎裡。但伊梅特沒有公開回應，而威爾許最終也試著忍住不再批評伊梅特。不過，覆水難收。

從奇異高層到基層員工都已聽聞，威爾許以大家長姿態訓斥伊梅特，而話中大意是伊梅特犯下滔天大錯，違背了向投資人交付一貫成果的神聖使命。於是，曾被認為能解決一切商業難題的伊梅特，頓時失去媒體光環，看起來不再無所不能。

華爾街開始議論著奇異集團有必要著手進行分拆。這在威爾許時代幾乎是作夢也想不到的選項。但在備受推崇數十年後，奇異集團深層結構的合理性開始受到質疑。華爾街先前未能適時注意到許多商界人士已察覺的情況：奇異集團龐大且笨拙的結構早就不合時宜，卻仍堅守一貫的商業模式。它之所以能置之不理，是因為拿出了亮眼的數據。如今它的財報讓人失望透頂，投資人不禁質疑奇異集團還能長此以往嗎？

這些疑慮全都反映在奇異集團的股價上，使得伊梅特苦惱不堪。奇異股價一路跌跌不休，在短短幾週內重挫到三十美元以下。

第 17 章

空頭來襲

摩根大通和所有銀行一樣必須在利率上玩一些把戲。它的事業觸角無遠弗屆，而從退休人員儲蓄帳戶到複雜的衍生性金融商品都受到法規規範，以防利益衝突或內部私益交易損害客戶權益。

其紐約總部的分析師史蒂夫．圖薩（Steve Tusa）專門爬梳股票上市公司的金融紀錄和公開談話，藉此找出未獲重視的種種問題，然後出手重擊有破綻的上市公司股票，而投資人只要付錢取得其研究報告就有機會安然脫身。

圖薩發現，奇異集團在揭露財務訊息上有一些蹊蹺。奇異集團是摩根大通歷史最悠久、最舉足輕重大客戶之一，而且其投資人關係部門向來對華爾街分析師的負面研究張牙舞爪。

華爾街大型銀行分析師的研究模式顯然包藏著利益衝突，因此美國監管當局曾在二〇〇三年祭出十四億美元和解金來糾正這種偏差。華爾街分析師必須幫雇主促成收益豐厚的交易，因此會在壓力下發布過度正面的客戶研究報告，而金融監管人員試圖為華爾街分析師去除這類壓力。金融機構真正的利潤來源是交易和佣金，而非分析師的研究報告，但各家企業為推升股價，想方設法誘使分析師為其發表正面的推薦報告。

老練的投資人最終發現，分析師的研究報告沒有多大用處，不過分析師倒是有助於他們找門路。分析師可安排投資人與企業高層主管私下會談。然而，此舉建立在分析師給予企業正面評價的壓力前提下。即使是曾對企業公開提出負評的分析師也承認，顧慮到會失去與企業高層面談的寶貴機會，他們很難揭發企業的重大問題。他們承擔不起被企業孤立的代價。

圖薩對奇異集團的一些憂慮並非無的放矢。他已負責研究奇異集團多年，幾年前還曾就奇異的問題發出過警訊。他在二〇〇六年春季的研究報告寫道，奇異金融服務公司的稅率出乎預料地降低——公司原先預測稅率為一七%到一九%，結果竟降到一四%。稅率大幅下降使得奇異金融服務當季的收益增多，這是投資人喜聞樂見的事。但圖薩等分析師稱其為「低質量收益」，這只比說它是「糟糕的便利收益」客氣一些。

該筆利潤並不是來自售出更多產品或成交更多貸款案，而是稅率減低帶來的結果，且難保下一季也會有同樣的好處。圖薩所說「低質量收益」是華爾街術語，對老到且銀彈充足的投資人來說，也是一種加密的信號，意味著奇異公開宣稱業績很好，但實情並非如此。

摩根大通歷來與奇異集團高層關係匪淺。伊梅特在頻繁買進賣出各種事業之際，經常向摩根大通徵詢建議。摩根大通對於奇異集團的歷史意義可能勝過發明家愛迪生。更重要的是，摩根大通所向披靡的銀行家詹姆斯·班布里奇·李二世（James Bainbridge Lee Jr.），正逐步深入奇異集團的核心理事會。

實際上，李與美國商界人士的關係都很融洽，對奇異集團更是情有獨鍾。他和威爾許交情深厚，也與伊梅特交好多年，並曾促成摩根大通與奇異集團之間多筆交易。

李曾告訴筆者說：「這樣講或許不中聽，但我是華爾街唯一對奇異集團有透徹了解的人。」

圖薩強調奇異集團的問題與日俱增，而李私下的評論進一步凸顯了此事的利害關係。圖薩的研究報告可能對李與奇異等客戶的關係帶來壓力。但正因摩根大通與奇異有牢固的金融往來關係，圖薩的觀察也就愈加可信。從遊戲規則來看，圖薩是最不可能去動搖奇異這類大企業的人。所以當他這麼做時，必然有充分的理由。

圖薩來自康乃狄克州格林威治，那裡是眾多對沖基金總部所在，也是曼哈頓金融菁英聚居區。圖薩的父親是位成功的律師。他兒時的玩伴伊安和謝普．穆瑞（Ian and Shep Murray）兄弟日後共同創辦了「葡萄園的藤」（Vineyard Vines）服飾公司。

圖薩擁有政治學學位，雖未曾攻讀企業管理學碩士卻進入銀行業服務。他相信，在職場學習的一切使他對奇異有深入的了解。

他性格強硬，還有逆勢而為的傾向。年輕時圖薩嗜好冰上曲棍球賽，一直保持著結實的身材，他還常說心目中首選的職業是擔任紐約遊騎兵隊（New York Rangers）的中鋒。與筆者首次會面時，圖薩頂著「狼尾頭」（mullet），因為他熱愛的紐約遊騎兵隊打進了國家冰球聯盟最終決賽。

當他於二〇〇八年在曼哈頓中城辦公室閱讀奇異集團財報時，心中油然升起似曾相識的不祥感覺。他已見證過泰科國際公司一夕之間土崩瓦解。那是一家曾以收益平穩著稱、看似堅不可摧的工業公司，結果卻爆發了大規模會計舞弊醜聞，而分析師們那時皆未能及時發現其潛藏的問題。他們因該公司有長年安穩的收益而毫無戒心，致使所服務的投資人最終血本無歸。

泰科國際的醜聞令圖薩印象深刻，更使他決心對一切事情抱持將信將疑的立場。他試著去問一些棘手問題，但也不過於強硬，以免招致企業投資人關係部門反彈。

在成為摩根大通的奇異研究團隊領導人之後，圖薩矢志深入發掘內情。儘管他給了奇異股票「加碼」的評級，仍以存疑的態度密切觀察著伊梅特。而此際伊梅特正努力為奇異尋找調適新世界和持續成長的方法。

當奇異未能達成收益目標時，圖薩相信投出震撼彈喚醒投資人的時機已成熟。他把奇異股票評級從「加碼」調降為「中立」。對於圈外人來說，「中立」這個金融界行話可能意義不大，但圈內人都知道它代表的是撤回對股票的背書。

圖薩發給客戶的報告解釋說，「雖然達到利潤目標顯然是企業第一要務，而且管理者本來就注重收益，但我們認為，在競爭環境裡追求高標準的成功可能造成企業難以容忍壞消息，以致對高層的必要溝通困難重重。而當他們設法補救時已經無力回天。」

換句話說，奇異的高層要求部屬不計任何代價交出成果，而下屬可能為了達成業績以致隱匿一些問題，結果小問題漸漸累積成大問題，待察覺想彌補時卻為時已晚。

第18章

告貸無門

二○○八年九月十一日傍晚，洛杉磯郡比佛利山市天氣清朗。在這個棕櫚樹迎風搖曳的城市，大家最不想見到的人就屬奇異集團執行長伊梅特。在紐約市曼哈頓鬧區，華爾街頂尖人物正力抗不斷擴大的金融危機。這場危機使世界經濟窒息，還將推倒一些全球最強大的金融機構。

雖然奇異集團旗下金融服務公司規模勝過多數銀行，但嚴格說來，它並非金融業者，其核心事業是工業，還享有崇隆的聲譽，之前該公司就現況對市場發布了正面訊息，因此大家普遍不擔心金融危機對它的衝擊。

然而，這樣的情形轉瞬即逝。

數日前，伊梅特致電美國財政部長漢克・鮑爾森（Hank Paulson），向他表明奇異集團在商業本票銷售上遇到一些難題。（如前所述，各家公司會使用這種短期票據來因應營運上的現金需求。）商業本票可說是奇異集團的命脈。憑藉著奇異集團的3A信用評級，奇異金融服務公司得以平穩地依靠商業本票廣納財源。一旦奇異在這個市場失利，恐將無法履行龐大的相關義務。從理論上來說，奇異集團可能會破產。

鮑爾森後來在回憶錄《峭壁邊緣》（*On the Brink*）寫道，他為此事憂心不已。鮑爾森與伊梅特素有交情。當鮑爾森還是高盛集團投資銀行家時，雙方即有商務往來。他們是達特茅斯學院前後期校友（畢業時間相隔十年），兩人都曾是足球校隊成員。後來也相繼進入哈佛商學院深造。鮑爾森向以極度嚴肅著稱，伊梅特則喜愛與人談笑。

如今他們共同面對著艱難處境。美國政府才於數日前接管房利美（Fannie Mae）和房地美（Freddie Mac）兩大房貸機構，而且情勢還將更加嚴峻。奇異集團的危機已迫在眉睫。

在比佛利山市的伊梅特接連匆匆趕赴比佛利露台飯店和一間名為Trattoria Amici餐廳，他要會晤的人並不是政府官員、銀行家或金融顧問，而是名導演史蒂芬．史匹柏（Steven Spielberg）、環球影業公司總裁朗．邁爾（Ron Meyer）和夢工廠（DreamWorks）執行長斯泰西．斯奈德（Stacey Snider）女士。

三家公司一致向娛樂媒體記者表示，這是一場純社交性質的聚會，不談任何交易。

然而，伊梅特對跨足娛樂事業躍躍欲試。當時已擁有NBC電視網的奇異集團最終收購了環球影業，顯然奇異有本事把任何事業納入囊中。

在奇異買下環球影業後，伊梅特常在高層會議上炫耀其賣座巨片。然而，奇異各部門員工對於環球影業砸大錢拍的電影並不總是印象深刻。在一次會議進行問答期間，有位員工詢問伊梅特成為媒體大亨有何感想。伊梅特哈哈大笑然後尖銳地回答說：「我不是媒體大亨，而是媒體大亨的老闆。」即使深陷金融危機之中，伊梅特還是談笑自若地說，「幸好我們擁有《全國廣播公司商業頻道》。」當時，這家電台有無止盡的新聞可炒，因此收視率直衝雲霄。

在此之際，紐約方面的金融監管人員與各大銀行領導人於九月十三日和十四日週末期間，緊鑼密鼓地設法防免金融體系發生巨變。然而，雷曼兄弟公司（Lehman Brothers）緊接於九月十五日週一上午宣告破產，美林證券（Merrill Lynch）也落得被美國銀行（Bank of America）收購。

雖然伊梅特待在比佛利山市，但他一直密切關注著奇異集團曝險程度，並指示集團應對危機。他已向監管當局警示奇異在商業本票市場陷入困境，但尚未對投資人和社會大眾說明其疑慮。

事實上，奇異並沒有和投資人與民眾溝通，反而堅稱集團沒有遭遇任何問題。在接下來幾週，奇異不斷保證一切安好，然而紙終究包不住火。

全球投資管理機構太平洋投資管理公司二〇〇二年對奇異提出的警告如今即將成真。當年太平洋投資管理公司提醒說，奇異仰賴商業本票很危險，因為奇異沒有符合要求且準備充分的應急方案，而許多金融服務機構也有相同問題。

金融業講求的是信賴和信心。人們把錢存進銀行是因為他們深信，一旦需要用錢時可以取回存款。假如他們對銀行的信心動搖了就會發生擠兌情況。當大家一窩蜂擠兌時，銀行體系勢必將一敗塗地。奇異金融服務當然不想嚇到其他金融業者，否則集團的借貸成本會飆高，甚至可能造成金融市場凍結。

在九月十四號週日那天，奇異投資人關係部門發布了信函，重申集團體質良好，並稱其商業本票業務持續「穩健」「集團不會、也不須籌集外部資本（external capital）」。

然而，伊梅特隔天傍晚就拜訪財長鮑爾森的辦公室，再次就奇異各項潛在問題提出警示。他向鮑爾森表明，短期債券愈來愈難銷售，商業本票運作日益艱困。

到了週一晚上，紐約聯邦儲備銀行①總裁提姆・蓋特納（Tim

①美國聯邦儲備系統所屬的區域性金融機構。根據《聯邦儲備法》規定，全美 12 個聯邦儲備區各自設立一家聯邦儲備銀行並以所在城市命名。職能是發行貨幣、代理國庫、調節貨幣流通、監督銀行和管理金融、組織票據清算等。

Geithner）召集了會議商討「奇異集團各項議題」。

金融危機改變了全球對商業本票的看法。商業本票曾經長期被視為容易取得、值得充分信賴的流動資金來源，然而金融危機造成商業本票備受質疑，以致幾乎無人問津。

由於許多經濟活動仰賴商業本票，其瓦解造成的經濟衝擊不亞於石油危機。道路與高速公路的建設計畫均假設汽油供應不虞匱乏，一旦所有加油站都無油可供，整個車輛運輸系統終將停擺。這會導致民眾恐慌、物價上漲，有些人開始囤貨，而多數人將束手無策。

商業本票滿足了商業活動需要穩定現金流的需求，並非新概念，而是由馬庫斯．戈德曼（Marcus Goldman）與傑佛瑞．薩克斯（Jeffrey Sachs）於美國內戰後在華爾街創始。這項金融工具使各企業得以迅速借款或放款，免於代價高昂的現金短缺，或者在有額外現金時獲得報酬。

紐約大學史登商學院（Stern School of Business）兩名金融學教授的研究發現，在二〇〇七年初，全美未償付的商業本票大約有二兆美元。當貝爾斯登公司因兩個對沖基金在次級房貸市場損失慘重而於七月底宣告破產時，商業本票首當其衝。此時，其他對沖基金開始重新評估所持有的房貸相關商品，並著手減持。這一連串舉動牽動了連鎖的市場恐慌和資產貶值。某些基金因為來不及重估資產價值而被迫暫停客戶贖回。

由於大量的商業本票是以抵押不動產的貸款做為擔保品，投資人突然對商業本票戒慎恐懼，使得次級房貸危機進一步衝擊其他商業活動。這醞釀了日後雷曼兄弟公司宣告破產引發另一波震撼的條件。持有雷曼發行之商業本票的投資人發現他們求償無門。

而雷曼倒閉事件最大受害者「首要儲備基金」（Reserve Primary Fund）股價狂瀉到不值一美元，資產損失達六百五十億美元。

於是民眾爭先恐後到銀行擠兌，直到九月十九日美國政府出面保證會確保相關基金投資人權益，才平息了大規模擠兌潮。但警鐘畢竟已經敲響。金融市場的需求陡降，取得資金愈來愈困難，成本也愈來愈高。像奇異這樣大量使用商業本票的企業突然面臨了存亡繼絕的問題。

在九月二十日週六這天上午，伊梅特與謝林於奇異費爾菲爾德總部會見了兩名來自曼哈頓的銀行家。兩人分別為大衛．所羅門（David Solomon）和約翰．溫伯格（John Weinberg），都是高盛集團的頂尖顧問。他們主要是來商談奇異應採取何種防衛措施以因應危機。在會議期間，伊梅特明確提出其關切事項。

他擔心高盛集團會否倒閉？如果它垮了會對奇異造成何種影響？雷曼五天前宣告破產令全球震驚，也使伊梅特深恐高盛一旦潰敗將毀掉市場殘存的信心。如果連高盛都倒了，奇異集團恐怕很難置身事外。而兩位銀行家離開奇異總部時堅決地向伊梅特保證，高盛集團不會垮掉。

奇異於是在九月二十五日再度安撫投資人說，即使大環境嚴峻，奇異的表現依然良好。但它實已明確顯露出緊張跡象。

奇異調降了即將結束的第三季度各項財務預測，以切實反映「金融服務市場前所未見的疲軟和不明確性」。它還預料情況不會很快改善。奇異仍保有3A信用評級，而且保證會信守相應承諾，畢竟這是伊梅特引以自豪的事情。財務預測亦稱，在這個年度內不須再額外舉借長期債款。

奇異還中止了股票回購計畫來保留現金，而在此之前，它於九月間買回了二億七千八百萬美元自家股票。媒體也揭示了奇異依規定向監管當局申報備案，但報導內容索然無味，盡是些奇異將減少發行商業本票的消息。不過，奇異也持續向民眾發布樂觀訊息。

針對減少發行商業本票，奇異新聞稿說，雖然採取了減發措施，但「需求依然強勁」。伊梅特和謝林都強調奇異集團——尤其是奇異金融服務公司——有必要保留更多現金。

鑒於金融市場持續處於不確定狀態，這是慎重的做法，有助於奇異「在未來十八個月執行整併與收購計畫」。

在金融危機惡化之際，奇異集團還考慮收購更多公司，實在令人半信半疑。

來自市場的訊息則是，與其他同行相比，奇異的表現良好，況且它採取了3A信用評級企業應有的預防措施。伊梅特也不考慮賣股籌資。

他對投資人說：「我們依然覺得集團資金、實力和資產負債表非常健全。我們真的信賴奇異的商業模式，也自信集團地位很穩固。」

•••

然而這些公關話術並沒有奏效。奇異集團必須釋出真正能穩住投資人信心的信號。集團一再砸錢宣傳自家公司在美國人生活中扮演的重要核心角色，但華爾街對此無動於衷，而且特別擔心奇異金融服務公司的情況，因為它是奇異集團半數利潤的來源。

市場持續對商業本票戰戰兢兢，投資人也不願長期持有，以致各企業更加頻繁地出脫所持商業本票。不過，即使未償付商業本票總額減少了，隔天交易的商業本票卻仍大行其道。

這就是伊梅特向財長鮑爾森反應的問題。

在二〇〇八年十月一日週三這天下午，伊梅特、奇異集團總顧問布雷奇・丹尼斯頓三世（Brackett B. Denniston III）等人透過電話與紐約聯邦儲備銀行總裁蓋特納商談約一個小時。

奇異集團像多數企業一樣，經由銀行信用額度取得特定利率的特定數量現金。對這些企業來說，銀行信用額度是應對現金緊縮的一個保險機制。

然而，在金融危機爆發時，任何風吹草動都會觸動投資人惴惴不安的敏感神經，因此銀行信用額度難以發揮救生索的功能。當美國全國金融服務公司（Countrywide Financial）於二〇〇七年夏季觸及銀行信用額度上限（一百一十五億美元），這機制很顯然已回天乏術。隨著金融市場問題叢生，奇異集團的銀行信用額度實際上也不再管用。如果奇異動用了銀行信用額度獲取現金，無疑是公開向社會發出集團陷困的警訊，必定會使投資人、客戶與同業恐慌地尋求生路。這將觸發奇異集團的死亡螺旋（death spiral），畢竟體質健全的企業也同樣會被失控的恐懼所摧毀。

儘管如此，在許多人心目中，奇異集團終究不是雷曼兄弟，他們相信奇異集團不會倒閉或聲請破產保護。光就奇異旗下軍事工業的規模來看，美國政府不可能坐視奇異集團內爆。而且它的核心事業——醫療保健、噴射引擎、渦輪發電機與媒體等——體質都還健全，對於美國和世界的未來發展仍然不可或缺。況且奇異集團擁有實質的事業、不動產和客戶，而且有能力產生現金。

但是奇異確實遇上了麻煩，需要一些幫助。

第19章

保持彈性

來自密西西比州擅長商業寫作的大衛・馬基（David Magee）出版過許多關於企業改造、企業轉向、企業重塑的書籍，他也寫過許多深謀遠慮的執行長如何重造企業，其中包括豐田、日產、福特、強鹿公司（John Deere）的故事。對於接替威爾許擔任奇異執行長的伊梅特來說，馬基是為他塑造有利形象、使其擺脫威爾許盛名陰影的最佳人選。

只是當前時機不對。

奇異操作此事的人安排馬基採訪了副董事長約翰・萊斯（John Rice）、研發部門領導人馬克・里托（Mark Little）以及伊梅特本人。最後，馬基唯一需要訪談的是奇異集團財務長謝林。

然而，雙方預定的二〇〇八年秋季面談取消了。儘管馬基後來又多次提出請求，但終究沒能如願以償。因為當時奇異集團面臨的壓力與日俱增，謝林有他務必要去的地方。

●●●

此時投資人已方寸大亂，以致奇異股價出現超跌，而對美國商界最高典範人物華倫·巴菲特來說，這是追求完美投資的絕佳時機。廣獲各界好評的他總能在別人錯失的機會中找到價值。巴菲特這時注資帶給奇異集團一定程度的經營合理性。

在這場金融危機裡，市場極度動盪，政治也充滿不確定性，各種臆測某企業將接著倒閉的謠言甚囂塵上，而龐大的奇異金融服務公司自然沒被略過。對於不想被拖累的投資者來說，奇異集團那些堅實的基本面——大量工業訂單、帶來現金的能力、大批不動產等「硬資產」——對他們都已不具意義。

也就是說，安撫投資人的話術不再有效。奇異必須證明，當前陷入困境的市場扭曲了它真正的價值，而且它不會像某些企業那樣慘遭滅頂。

在奇異無法說服民眾之際，億萬富豪投資人巴菲特能適時賦予奇異集團經營合理性。巴菲特很清楚，他不僅僅是對奇異集團挹注資金，同時也是為其基本實力背書。他曾說不會投資自己不了解的事業，因此在金融危機期間沒出手幫助美國國際集團（AIG，後來被美國政府接管）。此時他卻注資奇異集團，無疑向市場發出了強烈信號。

但這是有代價的。巴菲特擅長在不利條件下投資而且清楚風險，對於何時該減少曝險有嚴格判準。

在投資奇異集團前數週，他曾注資高盛集團五十億美元。他認為高盛為華爾街最好的金融業者，不應成為市場集體歇斯底里下另一個受害者而導致真正價值遭到扭曲。既然他出手幫了高盛，理當同樣對待奇異集團。

他買了三十億美元的奇異集團特別股（preferred shares），每年可獲取三億美元股利，此外他還取得五年內以每股二二．二五美元購買三十億美元奇異普通股的權益。

巴菲特在數天內談成這些交易。膾炙人口的說法是，他通常在清晨還披著睡袍時於奧瑪哈（Omaha）宅邸爽快地做出這類決定。

對奇異來說，這是適時的甘霖。德意志銀行分析師先前對奇異收益預測發布了負評，並指出奇異金融服務承受不小的風險且潛藏諸多問題，此舉使得奇異股價狂瀉，跌幅超過一成。而當巴菲特投資奇異集團的消息於當天中午公布時，奇異股價隨著拉升，最終收復了大多數跌點。

奇異集團另外還宣布將賣股籌資一百二十億美元。明明六天前，伊梅特曾再度保證不會這麼做。

對於仰仗投資人信任的奇異集團來說，此事非同小可，華爾街發出的雜亂訊息，等於證實了外界的猜想，短期內奇異確實需要大筆驚人的現金。

伊梅特改變立場的代價頗高昂。在金融危機初期，奇異回購了大批自家股票，二〇〇七年時共花費一百五十億美元，隔年又斥資逾三十億美元買回更多。這段期間，奇異以逾一百八十億美元回購約五十五萬股集團股票，平均每股價格三七．五〇美元。如今，它卻以每股二二．二五美元售出約五十五萬股自家股票來籌措一百二十二億美元現金。當中的損失高達奇異與巴菲特交易產生的現金收益二倍以上。此事代價慘重，而且這種情況還會再次發生。

美國聯邦準備理事會於十月七日創立商業本票融資機制（Commercial Paper Funding Facility），使各家公司得以向高信用評級發行機構購買三個月期商業本票，從而紓解了奇異集團部分壓力。奇異支付一億美元費用加入了預定三週內啟動的這個機制。

數日後，奇異提出收益報告，高層主管召開會議強調將採取若干步驟，保護集團免受市場波動與經濟中斷危害，其中包括多項降低風險措施。伊梅特堅稱，奇異領導階層採取的行動可使集團「在任何環境條件下拿出佳績」。

奇異集團從未有過募資問題。

伊梅特向投資人表示，「即使市場波動不已，我們未曾在發行商業票據上遭遇難題。」他保證奇異集團安然無恙，金融市場的問題固然極為嚴重，但奇異未受影響。

伊梅特指出：「我們認為在危機的循環中，持續保持彈性是明智的做法。」他也闡明集團對危機始終嚴陣以待。然而，伊梅特日後卻必須懇求美國當局把奇異發行的債券納入其保險機制。

美國聯邦存款保險公司（FDIC）[1]於十月中旬擬具了「暫時性流動性保證計畫」（TLGP）對美國聯邦存款保險公司所承保銀行發行的債券提供擔保，但不打算把奇異集團納入其中。

當時的財長鮑爾森曾致電伊梅特說明該計畫，並警示奇異集團不會獲得相關協助。他還詢問伊梅特的意見，得到的回答令他印象深刻。

鮑爾森後來在著作中憶及伊梅特說：「或許我的許多部屬有不同看法，但金融體系太脆弱了，你應當竭盡所能挽救。然而就算你不這麼做，我們的境況也將更好。」

奇異內部認為，當局的新計畫是個實質問題，有可能使奇異在商業本票市場的困境更加惡化。奇異金融服務公司發行的商業本票多過任何一家美國同業，而且在這個市場深獲信賴。但在金融危機期間，市場承受壓力、陷入不確定狀態，各方都減少使用商業本票，當局卻在此時推出新計畫、鼓勵投資人購買政府擔保的商業本票。

①美國聯邦存款保險公司（Federal Deposit Insurance Corporation）是隸屬美國政府的獨立機構，可保護民眾存款免因銀行破產而帶來損失。

奇異仰賴聲譽和3A信用評級來吸引投資人，然而這些在金融危機惡化之際都不管用了。隨著華爾街一些知名金融業者相繼在一夕之間倒閉，投資人不會再單純地冒險信任企業。而美國聯邦存款保險公司試圖重振市場的計畫雖可消弭投資人的憂懼，卻也封殺了奇異重返商業本票市場的機會，因為當局不擔保奇異發行的商業本票提供。

伊梅特於隔天再度致電鮑爾森，表明奇異團隊對此事心急如焚。他說：「面對美國聯邦存款保險公司的新計畫，我很擔心奇異集團將不堪一擊。」

兩天後，伊梅特又拜訪鮑爾森辦公室並爭論說，奇異經營著各銀行通常不碰的中間市場貸款業務，需要美國聯邦存款保險公司新計畫提供保護傘。

鮑爾森也有同感，但他必須說服美國聯邦存款保險公司的領導人希拉·貝爾（Sheila Bair）。時年四十四歲、共和黨籍的貝爾來自堪薩斯州，向來敢於向當權者直言不諱。她相信，風險事業獲得報酬或受到懲罰都是天經地義的事。換句話說，如果有人惡劣豪賭，輸了錢也是活該。

這種對市場運作方式的單純詮釋，在金融危機時期成為人們爭論不休的主要話題。市場總有贏家和輸家。如果採取干預措施幫助那些不良的豪賭者，那麼不論怎麼精打細算，都會扭曲市場參與者承擔的風險。這也將衝擊未來的投資行為，人們會認為風險是有限的，而報酬則沒有上限。

貝爾在多數人還沒注意到次級房貸業的問題時，就一再對其激烈作為提出警示並努力應對。而金融危機正好在她五年任期內爆發，於是她斷然行使其廣及金融監理體系各角落的職權，甚至不惜與財務部長和紐約聯邦儲備銀行總裁正面衝突。伊梅特只好親自去拜會貝爾，努力說服她讓奇異參與美國聯邦存款保險公司擔保計畫。

貝爾在其回憶錄指出，美國聯邦存款保險公司的計畫使奇異陷於「極大競爭劣勢」，因為奇異不能像其他銀行那樣出售美國聯邦存款保險公司擔保的短期債券。不過她也說，奇異監管者「儲蓄機構管理局」②和鮑爾森都支持伊梅特的請求。

於是她要求幕僚檢視奇異參與美國聯邦存款保險公司擔保計畫可行性。結果，他們發現，就資本狀況、風險管理和資訊控管來說，奇異符合條件。

她在回憶錄寫道：「我決定了，只要伊梅特同意讓奇異金融服務公司向我們保證不會虧損，我就批准奇異加入美國聯邦存款保險公司的計畫。」

美國聯邦存款保險公司後來改變立場，准許其所承保銀行的關聯事業

---

②儲蓄機構管理局（Office of Thrift Supervision）隸屬美國財政部、也屬於聯邦的獨特金融管理機構，其運作方式不依賴國會撥款，而由所管理的儲蓄機構與控股公司估值來支付年度預算。

加入新計畫，而奇異集團在鹽湖市擁有的奇異消費金融銀行（GE Money Bank）恰好是其承保的銀行，於是奇異金融服務最終被納入了美國聯邦存款保險公司商業本票擔保計畫。

儘管奇異曾一再宣稱不需要幫助，終究還是借助政府擔保售出了近一千三百一十億美元短期債券，而且發行量高達驚人的四千三百二十八張。居次的花旗集團則僅有一千六百五十五張。

第20章

嚴陣以待

如果投資人以股價來衡量奇異集團的觀感，那麼他們對伊梅特時代的評價可以說最糟糕。伊梅特於二〇〇一年出任執行長首日，奇異股價約為三十八美元，二〇〇八年九月他參加比佛利山市晚宴時，奇異股價已滑落到二十五美元。而在二〇〇九年初股市開市時，奇異股價約為十五美元，到了當年一月底更跌到十二美元。

伊梅特一直很留心股價如何反映其領導力。他往往困在夢魘般的境況裡，飽受危機帶來的壓力折磨。前任執行長威爾許半公開的鄙視更讓他的挫折感日益沉重。威爾許總是告訴親近的人說，看著奇異集團經歷難關令他十分痛心。

伊梅特終於在曼哈頓一項活動上宣洩對威爾許的不滿，而此事成了《金融時報》（*Financial Times*）專欄文章的題材。伊梅特當時向出席活動的眾人說，威爾許當年受益於蒸蒸日上的經濟，從未面臨重大經濟危機的考驗。這個說法確實公允、無可爭辯。

然而，他接著挖苦說，在一九九〇年代，「任何人都能把奇異集團治理得很好。在那個時期，不只人人都能經營得有聲有色，甚至一隻德國牧羊犬也能勝任。」

《金融時報》引述的這些話隨即傳遍華爾街和曼哈頓中城，雖然伊梅特的發言人極力否認但未能止息風波。伊梅特通常給人感覺和藹可親，因此這些難堪的話令外界深感震驚，況且這是針對奇異內部與投資人都敬重的威爾許。

到了二〇〇九年，奇異集團終於見到一線希望。在總結金融服務事業過去一年的表現時，主管們深入說明了各業務狀況，並回答投資人形形色色的問題。同時也宣布不再發布季度收益預測報告。

說明會令部分投資人的心安定下來，但效果沒有延續很久。

金融危機持續惡化，奇異股價隨之不斷探底。二月中旬，奇異股價已慘跌到個位數。伊梅特在年度告股東信函坦承集團某些事業出了問題。他特別提到二〇〇七年以來深耕且不斷擴大的商用不動產事業。

他寫道：「在信用泡沫化之際，我們於特定領域是否曝險過多？或許有點過頭了，而如今我只希望商用不動產和房貸曝險部位沒那麼高。」

投資人持續議論奇異的財務狀況，他們擔心會刪砍股利，也憂懼信用評等機構調降奇異信用評級。畢竟其他大型企業，包括陶氏化學（Dow Chemical）、輝瑞藥廠（Pfizer）、花旗集團等都將減發股利，股東們憂心這將導致奇異股價跌得更深。而奇異若賣股籌現也只會引發惡性循環。

始終樂觀的伊梅特對砍股利的想法一笑置之。他在二月五日接受《華爾街日報》專訪時說：「我們有足夠的現金來發放股利。」

股東們對股利的關切使奇異集團壓力沉重。基於財務緊張且仰賴政府協助，奇異有必要保留現金，而首要步驟勢必為縮減股利，但是伊梅特不考慮這麼做。

奇異上回減少股利已是七十多年前的事。伊梅特相信，維持不砍股利的紀錄是他的神聖使命。他認為此舉茲事體大，如果減發股利將會使忠實的股東長遠地改變奇異的評價。他也明白，砍股利將在他的治理紀錄上留下永久污點。

然而，勢不可擋，伊梅特終究在二月二十七日把季度股利從三十一美分調降為十美分。

在往後多年裡，伊梅特一直認為這是他執行長任內最難堪的一天。砍股利不但衝擊投資人，也傷了持股員工和退休人員的荷包。

不過華爾街卻樂見奇異縮減股利。當一家企業必須想方設法留住現金時，砍股利是穩當的做法。對財務吃緊的公司來說，慷慨地發放股利就像回購自家股票一樣不合理。藉由降減股利，奇異既可擺脫不確定狀態，每季又能省下數十億美元現金。

然而，股利是一般股民的重要收入來源，未經事先警示就縮減股利令他們苦惱不已。砍股利後初期指標顯示奇異前景可期。雖然股價一時仍持續下探，但後來開始走穩並出現反彈。在危機最嚴峻時，奇異股價最低曾跌到六．六六美元，後來在數週內回升到一〇美元。

奇異金融服務公司進一步力圖扭轉頹勢，為投資人舉辦了另一場說明會，深入且鉅細靡遺揭示內部狀況。其主管花了五小時解釋一切業務和營利方法，期待能贏回投資人信任。

我們不要忘了，這對奇異來說是多麼重要，也不可忽略奇異此時正臨危急關頭。如果不能止住股票跌勢，後果將不堪設想，況且先前其他知名企業相繼倒閉殷鑑不遠。

《紐約時報》商業專欄作家喬．諾塞拉（Joe Nocera）在三月間闡明了奇異股價低檔徘徊的處境。他曾崇仰伊梅特，不到兩年前還寫文章吹捧伊梅特是開創新型態領導力的偉大人物。然而在二〇〇九年三月，他卻扮演起批評者，痛斥伊梅特治下的奇異欠缺可信度，而且財務狀況變動不定。

他不厭其煩地指責謝林堅稱奇異不需要現金，更痛批奇異要求投資人單純地信賴自家財報數據和「穩若磐石的形象」。諾塞拉寫道，「我們不禁想說，這情景似曾相識。」他還把奇異與貝爾斯登、雷曼兄弟、美國國際集團、美林證券和花旗集團相提並論。奇異金融服務的多數資產並未依市價計價，而這扭曲了奇異在市場嚴重弱化時的金融地位。諾塞拉說，奇異唯一脫困之道就是向投資人說明一切細節，讓大家明白應擔心什麼、不須擔心什麼，「但不會再有投資人把謝林先生的話當真了」。

奇異能否保住3A信用評級也讓人擔心。3A信用評級是奇異數十年來的成功關鍵，藉此可用較低利率借貸製造事業所需資金，以及籌得奇異金融服務放款所需現金。

然而，標準普爾在三月十二日調降了奇異的信用評級，穆迪也於十多天後跟進。這令奇異集團苦不堪言的舉動卻也不意外。從奇異金融服務的投資組合來看，奇異其實享有過高的信評。信用評等機構通常會在調降信評前給企業一段觀察期，但奇異實已無法續保3A信用評級。

信用評級機構揭露了奇異一些明顯不符合3A評級之處，包括奇異具有六千億美元高度風險的資產，當中有二百八十億美元是自有品牌信用卡業務、二百二十億美元住宅房貸、八百一十億美元商用不動產。

奇異對信用評級遭調降並未特別重視，只說集團依然穩健。無論如何，此事毫無疑問對其卓越神話的影響打擊深遠。

三月十九日，奇異金融服務公司於紐約一家飯店會議廳召開投資人說明會，以數小時搭配一百七十六頁投影簡報，說明各項金融服務業務的風險和預防措施。

會議進行兩小時後，突然有火災警報打斷議程，撤離了整棟大樓內的人員。當警報解除、大家回到會議室，奇異主管又開始喋喋不休、反覆說明龐大的資產負債表，以及信用評級機構擔心的一切風險。他們想說服大家，奇異各項資產均適當地以市價計價，而且對當前處境的管理非常慎重。

這場說明會奏效了。奇異的一切努力使投資人安心，而關鍵在於其毫不遮掩的透明度。投資人與市場分析師肯定奇異開誠布公的做法，對奇異的觀感普遍改善。事實上，奇異的簡報並非全然鉅細靡遺，在六千多億資產裡仍隱藏著許多未揭露的問題，其投資組合仍存在很大的風險。

不過，說明會上的資產負債表顯然已安慰了投資人。奇異終於可以開始把金融危機拋在腦後。

康斯塔克認為，種種涉及奇異的評論逐漸好轉，這凸顯出「意義建構方案」（sense-making project）確實有其必要。此方案蒐集到的資訊幫助奇異看清人們為何捨棄品牌，以及如何扭轉他們對奇異的負面看法。奇異行銷部門延攬了兩位顧問來處理不受民眾信任問題，他們分別是兩大黨剛輔佐完總統大選的戰將，一位是勝出的民主黨聯邦參議員巴拉克・歐巴馬（Barack Obama）競選總幹事大衛・普樂夫（David Plouffe），一位是共和黨總統候選人約翰・麥肯（John McCain）的選戰策士史蒂夫・施密特（Steve Schmidt）。

施密特的建言為康斯塔克的媒體戰與公關戰確立了運作方式。他告訴奇異集團，政治人物和企業「贏得選戰或公關戰，並不是依靠傑出的品格或產品，而是仰賴簡單明瞭的故事力。」

康斯塔克總結說，也就是「選定一個單純的故事……然後不厭其煩地反覆述說。」

第21章

出售ＮＢＣ環球公司

二〇〇九年奇異集團現金需求未減，於是轉謀求自家最珍貴資產來解決。

在擁有ＮＢＣ環球公司二十三年後，奇異集團於二〇〇九年開始為這個曾經極度成功的事業尋找買家。ＮＢＣ環球公司是威爾許和伊梅特眼中的璀璨瑰寶，它使他們得以在娛樂盛會走上紅毯、參加時髦的派對，更是他們打行銷戰的利器。此外，它旗下的《全國廣播公司商業頻道》對華爾街的影響力無所不在，晨間新聞主播更是奇異管理階層直接向投資人喊話的管道。ＮＢＣ環球公司的有線電視頻道業績亮眼，但聯播網表現不佳，收視率逐漸下降，且隨著廣告減少，營運日益惡化。

自從掌管奇異集團之後，伊梅特時常被追問是否賣掉媒體事業。有些人認為，ＮＢＣ環球是奇異虛榮心作祟下收購的公司，與奇異的工業集團本質根本扞格不入。伊梅特總能成功地壓下這種看法，始終能為ＮＢＣ環球公司的品質提出辯護。

然而，當奇異被捲入金融危機後，急需交易來換取現金。部分人士指出，即使出售影視業的時機不好，求售ＮＢＣ環球公司終究是變現的好辦法。伊梅特最終也認同此做法很合理，有助於使奇異集團更單純、更有效管理。

也有人認為，這進一步證明伊梅特欠缺管理策略。他先後收購環球公司與維旺迪公司，又在二〇〇八年中旬與多家私募股權投資公司聯手，以驚人的三十五億美元買下氣象頻道（Weather Channel）。如今，他卻決定拋棄這些媒體資產。

事實上，伊梅特當年是以審慎的態度完成這些交易。在二〇〇七年夏季，媒體大亨魯伯特．梅鐸（Rupert Murdoch）試圖收購《華爾街日報》所屬的道瓊公司（Dow Jones & Company），結果引發了控制道瓊公司逾一世紀的班克羅夫特家族（Bancroft family）內鬨。梅鐸當時開價以五十億美元購買道瓊公司六五％股權，然而班克羅夫特家族某些成員嫌惡梅鐸，擔心他會把《華爾街日報》變成充斥八卦新聞的小報，於是著手尋求可行的替代方案。

有人提議把傳奇的道瓊公司併入《全國廣播公司商業頻道》來創建強大的金融新聞媒體。起初伊梅特對此存疑。

奇異前執行長威爾許向他咆嘯說：「你會成為華爾街眼中最蠢的人。」威爾許總是很關切《全國廣播公司商業頻道》這個當年的得意項目，而且他從《全國廣播公司商業頻道》與道瓊公司合併案看到了商機。

於是，伊梅特進一步考慮此事，奇異的交易團隊也開始有所動作。最後，奇異決定找《金融時報》母公司培生集團（Pearson PLC）一同向道瓊公司出價。然而，伊梅特卻遲遲沒有實際行動。

奇異交易團隊研判這不是一樁合理的生意。鑒於梅鐸已開價五十億美元，奇異勢必得出更高價來競標，據估計，道瓊公司並不值得高價收購。況且梅鐸長年渴望使《華爾街日報》成為其媒體帝國皇冠上的珠寶。伊梅特不想為了道瓊公司與梅鐸公開打一場商戰。

當時電視聯播網正逐漸式微、有線電視日益茁壯，影音串流則方興未艾。即使有必要採取行動因應媒體版圖變動，梅伊特終究沒興趣再砸錢投資媒體事業。

時至今日，奇異甚至找來時代華納（Time Warner）和梅鐸的新聞集團（News Corp）洽談ＮＢＣ環球公司轉手事宜。九個月後，奇異與費城的有線電視巨擘康卡斯特（Comcast）達成協議，同意康卡斯特以三百億美元取得ＮＢＣ環球公司五一％股權。奇異並將於此後數年間陸續出售其餘股權。

這個成交價震驚了ＮＢＣ環球前副董事長暨執行長鮑伯・萊特（Bob Wright）。他曾於三年前與私募股權投資公司凱雷集團（Carlyle Group）創辦人大衛・魯賓斯坦（David

Rubenstein）商談過ＮＢＣ環球出售事宜。當年提出的價碼為四百五十億美元，而條件包括ＮＢＣ環球賣出後仍由萊特掌理。

此案當年被伊梅特擋了下來，他堅決不賣ＮＢＣ環球公司。萊特當時明白看出，奇異集團在經濟低迷之際只顧著傳統工業事業，而無心經營ＮＢＣ環球公司，於是在數個月後申請退休。如今，伊梅特終究把ＮＢＣ環球賣給了康卡斯特，而售價卻遠低於當年許多。

伊梅特拒絕萊特的提案一年後，曾上查理．羅斯（Charlie Rose）的電視節目斬釘截鐵表示不會求售ＮＢＣ環球公司，並稱他從未多想萊特的賣斷做法或向監管者徵詢相關意見。

他告訴羅斯說：「我不曾認真與人商議過脫手ＮＢＣ環球事宜。你知道，我從未和董事會談過此事。」

當ＮＢＣ環球公司出售案的談判於二〇〇九年秋季曝光後，華爾街普遍對此喜聞樂見。此外，奇異還須敲定交易價錢和時機、送交董事會審議。當奇異賣掉ＮＢＣ環球時，傳統商業模式正逐漸被網際網路瓦解，傳統媒體市場陷入了蕭條狀態。從二〇〇五年至二〇〇八年，ＮＢＣ環球未見利潤成長，到了二〇〇九年中旬，利潤甚至大減近十億美元。

在金融危機後，奇異出脫ＮＢＣ環球公司，又努力退出金融服務業，使投資人對集團愈感放心。如今奇異似乎將回歸根本，專注於生產電力設備、飛機引擎、醫療設備等科技產品。

第22章

別無選擇

伊梅特於二〇〇九年十二月在西點軍校發表了題為〈復興美國領導力〉（*Renewing American Leadership*）的演說。

這所歷史悠久的軍校位於曼哈頓沿哈德遜河而上約五十哩處，距離奇異克羅頓維爾管理學院不遠。演說當天適逢西點軍校陸軍與海軍週末美式足球賽，伊梅特適時以大學時代擔任線衛做為談資。他還感慨自己沒能上場，無法幫陸軍球隊贏得比賽。

伊梅特接著轉到激勵人心的話題，高談奇異對世界的重要性，以及他與集團在九一一事件、伊拉克與阿富汗戰爭、全球金融危機期間的奮鬥事蹟。他也提及奇異為振興經濟與美國政府攜手合作、大手筆投資能源事業和製造業。

面對美國軍方未來的領導人才，他打開心扉暢談金融危機以及經濟前景，並就奇異的一些缺失表達歉意：「經歷了這場危機之後，我確定自己必須成為一個更好的聆聽者。我覺得自己理當早點準備好應對劇變。」

他也譴責那些貪婪的人，指責金融服務業「在國家的競爭對手加緊製造與研發之際，卻只一味強調獲利手法。我們的經濟嚴重偏向可快速獲取利潤的金融服務。」

伊梅特指出奇異與其他競爭對手不同，但也坦承集團有其缺失。他宣稱眾人熟悉的奇異金融服務其實與銀行有別，而且奇異集團平衡發展堅不可摧的工業事業與金融服務事業。美國經濟受金融服務支配是其他銀行所造成，該行為傷害了其他金融業者。而奇異並沒有同流合汙。

他告訴西點軍校聽眾：「暴利使人走上歧途。最富裕的階層最沒有擔當，他們犯下了最嚴重的錯誤。在許多情況下，領導者沒能把大家凝聚在一起，反倒分化了社會。」他接著再度重申奇異與眾不同，並強調「要勇於重新思考領導力典範」。

伊梅特這場演說一如以往，充滿了自吹自擂和玩笑話。他極擅長以活潑的內容來緩和非常嚴肅的事態。他還不經意地透露自己如何在金融危機期間獨當一面做出決策：「我每週召開董事會議，頻繁地做決策，並執行一些未曾想過自己會做的事。我確信董事會和投資人時常不清楚我的作為。」

表面上看來，伊梅特是在邀功和凸顯他的無畏領導力。然而，他也承認董事會對其決策有所貢獻。伊梅特既是奇異集團執行長也是董事長，但他並不常徵詢董事會的建議或認可，而是在董事會的信任下明快採取行動。另一方面，他漠視企業獨立董事會的主要功能在於「保護選擇他們的投資人和協助企業管理風險」。

伊梅特說：「我必須在尚未全盤掌握知識的情況下當機立斷；我必須眼明手快，事後再來溝通或解釋我的行動。至於我能夠這麼做的原因在於董事會信任我。由於我們能迅速行動，奇異集團才得以安度危機。」

當然，奇異能度過難關也是因為聯邦政府出手相救，而且奇異也付出了相應的代價。在伊梅特向西點軍校學生高談領導力和個人操守之際，當局對他的監督正日趨嚴格。

奇異首先必須面對過去的一些作為。美國證券交易委員會經二年又六個多月的調查後總結指出，奇異為達成財務目標在會計作業上有許多弊端。

奇異誇大了數億美元的收益，更無所不用其極地操弄會計法規。為彌補其過失，奇異同意支付五千萬美元罰鍰，並承諾不會再犯。相對於美國證券交易委員會指控的違規事項，奇異的罰金可說微不足道。最終，奇異維持了穩定的表象，並使投資人相信不會再有意料之外的事情發生。

受罰一事證實了長期以來外界對奇異會計策略的種種質疑。華爾街普遍對相對低的罰鍰感到不解，多數人覺得這不足以遏止奇異未來再生弊端。根據美國證券交易委員會的指控，奇異的犯行包括屢屢虛報、發布誤導的事件、會計紀錄不精確、未落實內部控管。

在奇異受裁處之前，美國針對金融服務業的廣泛改革已見成效。那些幾乎毀掉整個金融體系的公司如今獲准執行的業務與往日迥然有異。

美國總統歐巴馬當年夏季提出的大幅變革措施後來成為《多德－弗蘭克華爾街改革和消費者保護法》（*Dodd-Frank Wall Street Reform and Consumer Protection Act*，大原則是強化監管並全面改革美國金融監管體系）的基礎。歐巴馬於二〇一〇年七月簽署並頒行該法，徹底實質改造整個金融體系，並期許政府無須再用納稅人的血汗錢來幫企業紓困。

這個厚達二千頁的法案限制大型金融機構採取高風險策略，並為銀行從金融卡到房貸的一切金融業務帶來重大改變。主要銀行的資產負債表必須依法定期接受政府查核，且各行須進行一年一度的壓力測試，以確認是否有足夠的現金應對極端的拮据困境。

當然，奇異金融服務公司並非嚴格定義下的銀行，並且多年來一直是由儲蓄機構管理局負責監管。該局是美國財政部於一九八〇年代儲貸危機後創立，後來併入了全球金融危機期間的金融改革機制。儲蓄機構管理局監督過的華盛頓互惠銀行（Washington Mutual）、印地麥克銀行（IndyMac），以及美國國際集團（ＡＩＧ）金融產品部門，相繼在全球金融危機期間倒閉或瀕臨倒閉。房貸業巨擘美國全國金融服務公司二〇〇五年重組後，也轉由儲蓄機構管理局監理，然而當時有些人認為應當把它交給更嚴格的監管者。後來，美國全國金融服務公司在次級房貸危機中垮掉，最終被美國銀行併購。

儲蓄機構管理局併入金融改革機制後，奇異金融服務公司改由美國聯邦準備理事會視同銀行監管。美國聯邦準備理事會的人員更在奇異金融服務公司諾沃克總部設點，一再對其進行壓力測試。

在迫於情勢而尋求當局協助並接受新監管措施的情況下，伊梅特適時公開談論了奇異金融服務公司精實計畫。他說，精簡奇異金融服務需要數年時間，「資本市場將在某個時間點重啟，屆時我們可做一些重大的處置。」

換句話說，當機會之門開啟時，他不會錯失良機。伊梅特似乎再也忍受不了一開始就使他困擾不已的金融服務公司。金融危機導致了奇異集團內部工業事業與金融事業隔閡進一步擴大。

奇異金融服務人員於克羅頓維爾接受管理訓練時，在某些會議上甚至把名牌轉向、不讓人知道自己所屬部門，以避免遭受其他事業受訓人員鄙夷、責怪他們幾乎毀掉奇異集團。

儘管奇異計畫精簡金融服務公司，卻仍在二〇一一年中旬出人預料地對荷蘭國際集團（ING）出價，尋求收購其美國線上銀行事業。奇異的想法是，銀行存款可資助金融服務公司放款與租賃業務，而且這是成本較低的商業本票替代選項。然而，奇異終究未能得手，最後由第一資本（Capital One）金融公司以九〇億美元併購荷蘭國際集團的美國線上銀行。

奇異金融服務公司雖然接受聯邦監理人員進駐，但雙方關係緊張卻是顯而易見。奇異集團不喜歡外來人員對自家營運指手畫腳。奇異金融服務執行長尼爾於二〇一二年五月明白表示，新規範下的工作氣氛不變，儘管他也稱大家都在學習調適、且彼此關係是「有益的」。據他估計，駐點聯邦人員使奇異每年增加約四億美元成本。

尼爾說：「他們將會在這裡待很久。而我們對此真的無計可施。」

第23章

綠色創想

二〇一〇年九月底，華府天氣反常地溫暖，伊梅特和奇異集團數名律師連袂來到威廉・傑斐遜・柯林頓聯邦大廈。這棟巨大的新古典主義建築是美國環保署（EPA）總部所在。

過去數十年間，奇異集團與環保署對於誰應負責清理紐約哈德遜河底有毒廢棄物始終爭論不休。幾個世代以來，奇異集團多家工廠把逾百萬磅有毒化合物排入哈德遜河，使得這處生機勃勃的河域成為綿延二百哩的污染場址。

在威爾許時代，只要有人向他提起哈德遜河就會招致滔滔不絕的罵聲。工業界數十年來廣泛使用多氯聯苯，而奇異在紐約州哈德遜瀑布區、愛德華堡多處工廠量產的潤滑油、電容器內絕緣液體等都含有這種化合物。

威爾許總是咆嘯說，把含多氯聯苯的廢水排進哈德遜河是合法的。的確，這種做法最初不違法，但隨著愈來愈多研究顯示，日積月累的多氯聯苯會嚴重損害環境，使其不再合法。多氯聯苯最後更被列為可能致癌的化合物。奇異於一九七七年起便不再把多氯聯苯廢水排入哈德遜河，二年後美國更明令禁止生產多氯聯苯。然而，多氯聯苯早已滲入哈德遜瀑布區奇異工廠的土地，更在往後二十多年間持續汙染哈德遜河。

奇異集團為清汙問題與環保署爭戰了三十年，而在伊梅特時代似乎終於有了解決的希望。

伊梅特帶著奇異談判團隊來到環保署總部大樓三樓，進入重大會議專用的鑲木板長形會議室裡。他們一行包括曾在環保署任職的奇異環境事務律師安・克立（Ann Klee），以及尊貴的總顧問丹尼斯頓三世。談判桌對面坐著歐巴馬政府首任環保署長麗莎・傑克森（Lisa Jackson），以及她率領的環保署官員、資深環保工程師和監管人員。

奇異團隊似乎認為此行可以敲定合乎心意的協議。他們提議以大量的黏土和泥土來覆蓋汙染區的「熱點」（hot spots）。

然而，環保署和某些地方政府官員痛恨這個想法。他們指出，時間一久，哈德遜河水會沖刷掉覆土，使有毒化合物再次形成危害。傑克森誠懇且堅定地告訴奇異團隊，他們必須負責清理哈德遜河床約四十哩範圍的有毒物質。這是奇異一直避免的事，因為此舉必須負擔約二十億美元清汙成本。

奇異的律師克立怒道：「這是錯誤的決定！我們法庭上見！」鑒於環保署試圖主導清汙作業，她還表明「我們不會照做。」

一位與會人士後來說，「她有些失控了。因為奇異團隊原以為能得償所願。」

奇異總顧問丹尼斯頓收起友善的笑容並默默不語。伊梅特則開口打斷克立的發言，試圖緩和氣氛。他表示：「不要緊，我們不必當下做出決定。」

傑克森則冷靜地糾正他的話說：「不，我們今天必須談出結果，此事就這麼說定了。」

會議隨即結束。奇異團隊離去時並未釐清：集團會不會遵照環保署的計畫行事？會不會負擔相關成本？會不會真的上法庭抗爭使清汙計畫停滯不前？

●●●

伊梅特接掌奇異已近十年，此時集團在環保事務方面的公共形象正逐漸改善。前執行長威爾許退休後曾於二〇〇二年在比爾．莫耶斯（Bill Moyers）的電視訪談節目上說，環保署的哈德遜河床清汙計畫「真是瘋狂」，無異於「海底撈針」。

他還諷刺地喊道：「哈德遜河將回復原狀，真是太好了，真是美事一樁。」然後又話鋒一轉指出，他甚至不相信多氯聯苯會危害人類的健康。這一切幾乎讓莫耶斯大吃一驚。節目製作人趕緊切換畫面，讓多位專家澄清已有眾多研究發現多氯聯苯可能致癌。

伊梅特並不想支付清汙費用。但他看出清汙計畫有助於提升奇異集團的環保形象。奇異擁有強大的工業工程實力，卻始終難以擺脫破壞生態的惡名，而這與注重行銷的伊梅特想要的光輝形象相去甚遠。他至少不能像威爾許那樣抗拒環保人士和國會議員堅持的立場。奇異除了必須為哈德遜河清汙，也要淨化其他遭其工廠污染的河川，尤其是麻薩諸塞州境內的豪薩托（Housatonic）。

一九九八年四月底，奇異在辛辛那提召開年度股東大會時，發生了最讓環保人士失望的事情。當時威爾許拒斥環保界籲請奇異為受汙染河川盡心的提議，還宣稱多氯聯苯不會危害民眾健康。一位股東為此挑戰威爾許這番言論，並把其蔑視科研的態度與菸草公司對肺癌卸責的做法相提並論。

威爾許在主席台上怒不可遏，跳起來高聲吼道：「這樣說真是侮辱人。妳不站在真理這邊發言，對得起上帝嗎？」另一位股東則大聲要求他「坐下」，引得眾人鼓掌叫好。

奇異公關室驚訝地發現，遭威爾許奚落的是來自新澤西州天主教會的派翠西亞．戴利（Sister Patricia Daly）修女，向來不遺餘力敦促企業負起社會責任。威爾許毫不留情的強烈反應，成了奇異極力反對承擔社會責任的象徵，並使奇異被視為敵視環保的企業。

除了汙染河川之外，奇異品牌面臨著更大的問題。奇異過去精心調遣輿論工具來營造企業神話，延攬過雷根和馮內果美化其形象，也贊助早期的實境秀節目來直接增進自家利益。當林林總總的公關努力奏效時，奇異集團給人的整體觀感可圈可點。有研究指出奇異品牌價值高達五百億美元，這結果也成了伊梅特樂於引述的宣傳材料。他認為這顯示奇異受到舉世肯定，不論媒體如何報導，甚至受到國會調查，人們印象裡的奇異始終會是菁英工程師組成的龐大組織，而且他們製造不可或缺的設備有助於世界運作得更好。然而，奇異的品牌優勢在二十一世紀不斷地轉變，這不只是因為人們愈來愈懷疑大型企業能否真正做出有益社會的事情。股東們但求利潤也令奇異集團涉入了許多有倫理與道德爭議的領域。

自威爾許時代開始，奇異與美國消費者的關係亦經歷了漫長而緩慢的變化過程。在奇異標榜「為生活帶來美好事物」的時期，它主要生產和銷售收音機、電視機、微波爐、電冰箱、空調設備、白熱燈炮、烤麵包機和廚房小家電。而威爾許陸續賣掉了許多這類事業。少數在二〇〇〇年代中期仍留下的家電事業，也在市場條件與時機成熟時被集團拋棄。

事實上，在伊梅特時代，奇異加速拋售傳統產品部門，部分原因在於這為必然趨勢。在自由貿易和全球競爭的年代，美國的家電製造商（尤其是生產低端商品的業者）根本不具競爭力。不過，伊梅特退出低利潤的家電與照明設備市場並非為了進軍消費者更重視的事業。奇異做為面向消費者品牌的時代已走到盡頭。如今在商家和經銷店裡雖仍有帶奇異商標的家電產品，但並非奇異自家產製，而是多年來商標授權的產物。這足以證明奇異商標依然保有一定的市場威力。不過，奇異集團的核心客戶已轉變成各種機構：醫院、軍隊、公用事業、電力公司、航空公司。

儘管奇異的商業模式演變更傾向企業對企業，依然需要大眾的支持。民眾對龐大複雜的奇異集團觀感若是正面的，覺得它很親切、符合要求、樸實無華且最終是有益的，那麼奇異無論何時發生不幸和醜聞，基本上都能獲得諒解。因此，奇異必須找出能讓社會對其感到暖心的源頭。

奇異集團過去就有被妖魔化的經歷，它曾與美國國防部簽署合約大發戰爭財，遭到大學院校學生抵制。在日本福島核能發電廠因地震與海嘯而發生核災後，奇異亦受到媒體痛批，因為福島核電廠採用了奇異約四十年前生產的核反應爐。而當時知道那些核反應爐設計、且還在奇異任職的人寥寥無幾。奇異也授權海爾集團使用其商標賣家電，之後海爾微波爐發生了一系列爆炸事故而重創奇異股價，儘管那些產品並非奇異所生產。

這一切使得奇異深感必須將善意與核心競爭力深植人心，才能營造光輝且暖心的品牌形象。在伊梅特與其親信的心目中，奇異達成此目標所需的是故事力。奇異必須闡明成功能孕育更多成功，而首要步驟是激發人們對於卓越和創新的想像力。伊梅特的盟友、奇異行銷長康斯塔克日後言簡意賅地指出：「策略就是把故事講好。」

●●●

在清汙問題上奇異對抗環保署的戰役不光在華府開打，也於紐約州哈德遜瀑布區和愛德華堡激烈抗爭。這兩地都設有不少奇異工廠，當地住有眾多奇異員工和退休人員，同時也有許多熱愛河川和垂釣的居民。

奇異透過資助網站、在當地報紙投放文宣、於電視上播放資訊型廣告等，把環保署的清汙計畫描繪成「以清汙名義調動大量挖土機與卡車毀滅性地破壞河床」的行動。其中一個廣告搭配著巨大運土設備運作的畫面宣稱：「這只是二十秒的清汙工程實況，想像一下若持續二十年會是何種境況。」

這類廣告收到了成效。一些最直接蒙受奇異汙染之害的社區民眾紛紛起而反對清汙計畫，儘管有部分人覺得奇異言過其實且誤導輿論。

一位積極的環保人士於二〇〇一年六月向新澤西州議會指出：「這些人真的非常擔心清汙計畫衝擊他們的社區。為何他們會感到害怕？因為奇異公關人員告訴他們清汙計畫很可怕。因為奇異花了數百萬美元規避汙染責任。」而此時，有國會議員正在數個遭多氯聯苯汙染的地點力促奇異著手清汙。

在威爾許時代以及伊梅特時代初期，奇異曾以挑釁的姿態將集團的利益置於環保之上，而在康斯塔克主導公關戰後，奇異於主流媒體投放的廣告有了截然不同的取向。它們充滿了康斯塔克從ＮＢＣ環球公司帶來的積極向上的敘事風格。此風格正中伊梅特所好，與他溫和、親切、籠統的公開談話方式相符。藉助這種風格，奇異不斷向人們宣揚其種種美好面向。

二〇〇五年春季，伊梅特在華府一場盛大舞會承諾，奇異會達成各項環保目標，從而揭開了集團嶄新公關戰的序幕。那場舞會大廳的銀幕上不斷播放著電腦動畫廣告，當中有小象在靜謐的森林裡隨著電影《萬花嬉春》（*Singin' in the Rain*）的主題音樂翩翩起舞，與此同時，帶有呼吸聲的旁白讚誦道：「水更加清澈了，噴射引擎、火車和發電廠也顯著地變得更加潔淨了。」

這就是奇異所稱的「綠色創想」（Ecomagination），其致力的目標是「創造與大自然步調和諧一致的科技」。為達成此目標，康斯塔克率領轄下主管啟動新階段品牌行銷戰，努力追求「想像力上的種種突破」。

「綠色創想」是奇異集團歷經數個月深思熟慮的成果，且在發想期間曾遭遇不少內部阻力，畢竟它試圖把奇異重新定位為具有環保意識的品牌企業。康斯塔克後來在回憶錄寫道，有位主管看過「小象伊莉」（Ellie the Elephant）廣告後，曾大吼大叫說：「人們會把我們當成笨蛋！」

然而，奇異最終認定，被大眾視為願對環保盡責的企業是有益的事。儘管「綠色創想」有些拗口且難以辦到，但奇異確實致力於實現具體目標。它計畫在二〇一〇年底前減少溫室氣體排放量，還把每年研究「潔淨科技」的經費從七億美元調高到十五億美元。甚至預計在當年結束前，把具有環保優勢的產品與服務所創造的營收從一〇〇億美元增加至二〇〇億美元。奇異也諮詢獨立的環保組織來決定哪些產品與服務達到「綠色創想」的合格條件。

伊梅特在華府提出了十七項「綠色創想」產品清單，究竟合不合格還要取決於監督者。被納入這份清單的奇異產品包括：已研發多年被稱為GEnx的新型噴射引擎，其燃油效率較舊式噴射引擎大幅提升；標榜「與環境和諧無間的」Profile Harmony系列洗衣機；燃油效率更高且能減排廢氣的「進化」（Evolution）系列新式載貨列車火車頭。奇異促銷進化系列火車機關車的文宣品上，鼓勵客戶「仔細瞧瞧這純粹的綠色創想產品」。

事實果真如此嗎？在講求燃油效率的GEnx噴射引擎設計上，奇異幾乎沒有改變一貫的商業模式。這款噴射引擎是應波音公司的請求，為最新款的波音七四七飛機和新型的七八七夢幻客機（Dreamliner）所設計，而這些波音飛機的燃油效率會直接影響波音客戶的毛利率。成本意識驅使航空業追求更高效率，這對減少全球碳排放的大目標來說是個好消息，但實際上，奇異努力改善噴射引擎燃油效率並不是在環保上有所頓悟的結果。（而且，奇異等引擎製造商為了利潤，最優先要務是保持全球飛航時數穩定增加，這會抵消掉更高燃油效率的部分成效。）

至於「進化」系列火車機關車，在伊梅特啟動「綠色創想」之前一年，第一批試產的進化火車頭即已上路。由於廢氣排放顯著改善，這系列火車機關車大發利市，獲得全球貨運鐵路公司和礦業公司爭相採購。不過，它們算得上「純粹的綠色創想產品」嗎？實際上，它們只是環保署強化排放規範下的產物。因為鐵路公司不得不轉而購買低排廢火車機關車，奇異才有了設計和生產「進化」系列火車頭的動機。

儘管如此，奇異追求「想像力上的突破」普遍獲得媒體好評。於是奇異再接再厲，接下來數個月期間推出一系列如小象伊莉那樣令人愉悅的電視廣告。這些廣告是由奇異長期合作的廣告商BBDO國際公司製做，著重於透過拯救動植物的理念來凸顯奇異的工業創新形象。

其中一個電視廣告裡，一群正在組裝渦輪發電機的工人突然手舞足蹈大跳排舞（line dance），而且不斷有其他人加入。另一個稱「模範礦工」的電視廣告中，衣不蔽體的男女戴著頭燈，昂首闊步走進礦坑，並配合著礦工題材的美國經典民謠《十六噸》（*Sixteen*

Tons）的歌聲，揮舞著手提式鑿岩機和十字鎬。當中呼應「潔淨煤炭」的廣告詞稱：「拜奇異減排科技之賜，駕馭煤炭威力變得日益美好。」有評論家點出，《十六噸》唱出二十世紀礦工生活的苦難（「我的靈魂押給了公司的福利站。」），卻被奇異用來吹捧煤礦業。也有人指出這個廣告以健美的人體為賣點。約書亞・奧澤斯基（Joshua Ozersky）在《紐約時報》的評論寫道：「有件事情很清楚，當廣告和嘻哈樂影片中出現噴火辣妹的畫面，通常其想法很空洞。」

數十年來就各種汙染問題不斷向奇異抗爭的環保人士對此目瞪口呆。然而，奇異的「綠色創想」行銷戰多半是成功的。媒體紛紛報導說：奇異正為環保歷史翻開新的一頁，而且它在環保承諾下會繼續賺錢。《富比世》（*Forbes*）雜誌八月的文章〈奇異走向環保〉（*GE Turns Green*）即是一例，雖然文章也認為「綠色創想」某些作為只是譁眾取寵。（該雜誌對奇異是否真的向環保投誠抱持存疑態度，但也樂見這個商業模式。）

伊梅特對《富比世》雜誌記者表示：「本質上來說，這是能幫我們銷售更多產品和服務的方式。」在另一個場合，他則簡單地說，「綠色就是環保。」

隨著這場抱負宏大的行銷戰逐漸升溫，康斯塔克也步步高升，並在十年內成為奇異集團首位行銷長。而且她還會更上層樓。

環保署長傑克森預定二〇一〇年十二月十六日與伊梅特電話商談。奇異一直緩慢地推敲環保署的清汙計畫，一邊尋求替代方案以減輕必須付出的代價。而環保署官員則焦慮地等著看奇異究竟會不會上法庭抗爭。奇異若打官司也只能延後勢在必行的清汙計畫，而每拖延一年，哈德遜河床積累的多氯聯苯會愈多，對生態的危害也就愈大。所以環保署依然堅持原案，拒絕修改內容。傑克森致電伊梅特是要告訴他，環保署將在隔天（耶誕節前二天）上午十一時公布清汙方案細節。

翌日早上八時，奇異發布了「二〇一〇年第四季項目聲明」新聞稿指出，監管當局將批准奇異把ＮＢＣ環球公司大部分股權售予康卡斯特，雙方預定隔年一月成交。奇異還說，將知會環保署表明會遵循指令，執行哈德遜河清汙計畫。

奇異的聲明指出，「我們與環保署密集地進行建設性商議，而最終的決定反映了我們的諸多討論和提議。」

新聞稿結尾並向投資人保證：「我們預期這能化解有關哈德遜河清汙責任的不確定性，結果將為第四季帶來約五億美元稅後成本。但正如十二月十四日的討論，我們期望包括稅賦優惠等正面協議事項將能抵銷費用。」

雖然沒達到環保人士和部分地方官員的期望，但奇異終將清理遭其汙染的河川。

第24章

汰舊換新

奇異集團必須脫胎換骨。

十多年來，奇異受到種種不堪的比較而難以自在，更被諸多令人不悅的事綁手綁腳——威爾許時代難以匹敵的財報數字留下的陰影始終揮之不去、金融危機期間資不抵債的窘況、環保人士的嫌惡、福島核災招致的重擊等。奇異似乎總在收拾殘局和修補破損的形象。

奇異仰仗康斯塔克為其刷新形象。根據奇異合作廣告商BBDO的傳聞，康斯塔克的行銷工作沒有預算上限。

已屆中年的康斯塔克很早就贏得伊梅特器重，在NBC環球公司崛起從而接掌了奇異的行銷大任。身材苗條、風韻猶存的她愛穿黑色皮夾克，舉止嫻靜從容，言談高尚優雅。

她持續推動著伊梅特最宏大的計畫，期望廣大民眾對奇異刮目相看。其職責就是幫奇異重振旗鼓、助它勇往直前，並讓全世界認知奇異是不可或缺的企業。

伊梅特相信康斯塔克不會辜負他的期許，畢竟她轄下龐大部門推出的光彩奪目廣告和社群媒體內容著實能振奮人心。伊梅特不想沿用老舊的行銷口號。他正帶領奇異脫離消費者導向的事業。奇異將不再是昔日那個「為生活帶來美好事物」的企業。他和康斯塔克認為奇異新品牌不須要有固定型態，因為奇異不僅是不斷精進產品的製造商，更是創新的泉源。

奇異大手筆製做超級盃廣告和贊助線上新聞新創公司，資助對象包括提供權威報導和分析的《*Vox*》新聞暨評論網站。不過，奇異想要自己來講述自己的故事：奇異絕非頑固的恐龍級工業集團，而是氣象一新、躍躍欲試的企業。最終，奇異說服了許多新聞媒體，使他們相信奇異遠不止於「一百二十四歲的新創公司」。

康斯塔克是伊梅特時代促進「夢想啟動未來」的大將。這個廣告標語一再出現於奇異的電視廣告、記者會、新聞稿和文宣品上。其意圖傳達的訊息是，奇異全然具備企業的探索與發明精神。

康斯塔克和伊梅特知道，在新的商業環境裡，光是提升傳統重工業工程實力並不足夠，還必須把奇異的生命力導向其他經濟部門。奇異必須像二〇〇〇年代初期的矽谷巨擘企業那樣發光發熱，也要與主要的科技業者和電商深耕關係。

在此之際，康斯塔克的個人品牌與奇異新行銷戰的開展相得益彰。她的團隊所有新促銷活動與其促成的夥伴關係，充滿富實驗精神的奇思妙想，在層級分明又傳統守舊的奇異實屬罕見。奇異開始積極地與新創公司合夥，以產品發表會、特殊目的網站和媒體事件密集轟炸新聞界，還製做精緻的播客節目，甚至以銷售限量版辣醬做為宣傳噱頭。奇異更與國家地理頻道聯手，雇用一線導演拍攝、製播紀錄短片，為其生產的設備增色不少。奇異的公關活動遠超越一般公司，除了付費給網路新聞媒體公司《*BuzzFeed*》為其量身訂做互動式網頁專題，還組建了稱為奇異報導（GE Reports）的自家對外新聞網站，且時時更新集團的正面訊息。

奇異把自身重塑為不遜於矽谷頂尖公司的企業。它與新創公司建立關聯，並尋求把有趣的軟體研發概念，以及西岸科技業的文化納入集團的傳統製造事業中。奇異想讓外界了解，它雖歷史悠久，卻非欲振乏力的企業，而且在過去數十年來一直像科技公司一樣促進世界改變。

康斯塔克告訴Techonomy媒體公司：「工程師必須認清科技絕非一切。他們理當與行銷人員合作來了解客戶需求。我們以奇異的企業精神為榮。奇異始於湯瑪斯．愛迪森，是他所屬時代的史帝夫．賈伯斯。」

這番話發揮了味覺淨化劑一般的作用，為奇異滌清了金融危機後揮之不去的殘餘況味。

●●●

於是，伊梅特著手尋求與年輕熱情的新創公司Quirky創辦人班・考夫曼（Ben Kaufman）合作。Quirky是有志成為發明家的線上平台。用戶可以把他們設計的小玩意和機器放到平台上，讓Quirky網站會員投票評選出實質具有潛力的發明、提供各種微調建議、討論如何為它們命名和定價。勝出的發明將獲得量產和在商店銷售的機會。這透明化反轉了二十世紀奇異等公司經產品設計、測試和行銷，並說服大眾他們因需購買過程的機制。

不過在Quirky上展示的都是一般的發明。Quirky上最受歡迎的發明Pivot Power是一種適用於小空間、可彎曲的延長線插座。其另一項受矚目產品則是七十九美元的盛蛋器，能以智慧型手機應用程式實時查看雞蛋的狀態，但銷售成績卻很普通，最後只好停產。

考夫曼當時已是二度創業。他曾於十八歲創辦手機配件公司Mophie，是手機行動電源先驅業者。後來，他將Mophie出售，專注於實現Quirky這個新構想。

Quirky像科技業界最成功的新創公司一樣，具有無拘無束少年般充沛的活力。奇異集團想讓各項發明在其每週線上串流審查會議上亮相並接受評估、批判甚至嘲弄。

Quirky網路平台雖帶有歡樂氣息，卻也是嚴肅的嘗試。曾任奇異家電部門最高主管的伊梅特不看好利潤極低的家電事業，在金融危機爆發前就已求售這個部門，但後來經濟衰退嚇跑了潛在競標者，奇異只好打消這個念頭。

如今，奇異覺得家電事業可提供Quirky業餘發明家一個基地。當Quirky平台上有人提出以智慧手機應用程式遙控冷氣的構想後，奇異決定與Quirky攜手把這個想法轉化成實用的消費者商品。然而，這並沒有帶來像iPhone那樣的成果。而只是把奇異現有窗型冷氣與Quirky的軟體相互結合，然後運用社群媒體來做行銷，並在亞馬遜網站銷售。此外，在紐約市的顧客可以參與一項時髦的促銷活動：優步駕駛會載著Quirky員工將這個產品直接送到顧客家裡。

第25章

獵物

二〇一二年秋季，亞當・史密斯（為保護此人身分，此處使用假名）看見了勢在必得的獵物。他是奇異龐大電力設備與水處理事業部門的「商業研發」團隊成員。所謂「商業研發」團隊其實就是奇異的交易團隊，由集團內執行併購與收購案的銀行家組成。他們負責評估奇異應割捨哪些事業、將它們脫手換取現金，同時也物色有弱點的潛在收購對象，伺機以有利價格手到擒來。

史密斯相中的是法國阿爾斯通公司（Alstom）。它是奇異在渦輪發電機市場的最大競爭對手之一，而且也生產載客火車。阿爾斯通不動聲色地發行了三億五千萬英鎊的新股，而在幾個月前剛買回部分自家股票，且收益報告顯示無須募資。史密斯認為，阿爾斯通發行新股是現金緊縮的明顯跡象，而且也不想讓隱瞞此事。

奇異交易團隊深入發掘內情後分析發現，以美國的標準來看，阿爾斯通公司嚴重地過度膨脹。它賺取一美元所需的員工人數是奇異的四倍。雖然阿爾斯通看似亟需現金，卻未裁減員工或關閉部分設施。為長遠著想，它理應採取裁員和關廠等措施來降低成本，然而裁員須有現金才能實行。

對史密斯來說，阿爾斯通是有利的收購目標，因為只要擺脫了過多的員工和工廠，該公司就能提升毛利率。阿爾斯通現金緊縮到危險的程度，而致無法裁員和關廠來自救圖存。如果奇異以適當價錢收購它，然後裁撤冗員、關閉過剩的工廠，並把它併入旗下電力部門，將是一筆划算的交易。奇異必須謹慎且精準地估算收購價，以免出價過高而長年阻礙集團獲利。

史密斯連日密切關注阿爾斯通的動靜，等待著投資人拋售阿爾斯通股票、拉低其股價。市場遲早有人會看出這情況，屆時就是他趁虛而入以低價收購阿爾斯通的最佳時機。

然而，投資人從未大舉拋售阿爾斯通股票。其股價下跌後很快就回升，因為投資人的看法顯然與史密斯截然不同，他們似乎認為阿爾斯通發行新股籌資是準備採取重大行動。

史密斯與同僚的提案呈交奇異總部後暫時被束之高閣。阿爾斯通顯然有內部問題，或許奇異有朝一日會弄清楚問題究竟有多嚴重。

摩根大通的投資銀行家吉米．李（Jimmy Lee）在二〇一三年四月某天傍晚，於紐奧良法國區波旁街會見了奇異交易團隊新領導約翰・佛蘭納瑞和奇異董事傑夫・比蒂（Geoff Beattie）。李是熱中交易的好手，而他和摩根大通因奇異多年疏於交易，少賺了許多費用。他認為，憑藉摩根大通嫻熟的交叉分析能力與技巧，終究能從奇異這個複雜而遲緩的龐大集團榨出利益。對於奇異這集團，必須先打通若干門道，以利最重要的「價值」泉湧而出，這當中包括更高的投資報酬、出售某些事業以換取利潤、更專注的事業、投資人加碼。如此，銀行家與律師方能從中賺取費用。

伊梅特亟欲促成奇異集團轉型，因此毫無意外會聽取積極向上、活力充沛的銀行家提供意見。李已促使伊梅特把NBC環球公司大部分股權售予康卡斯特。在二〇一三年春季，他又看到另一個摩根大通深化奇異價值的機會，而這要從剛自印度調回美國的佛蘭納瑞下手。

佛蘭納瑞對李表明，奇異集團準備分拆奇異金融服務公司，讓投資人了解公司正認真地減低對金融服務的依賴。

奇異集團計畫把金融服務公司信用卡與零售業融資部門獨立出來，另立名為同步金融服務（Synchrony Financial）的上市公司，並與新成立的這家公司進行股份轉換。藉此，奇異集團將可擺脫一些金融風險。

李向佛蘭納瑞建議，奇異在此事上應採取守勢，因為主動型投資人總是尋求較大的獵物。而奇異應如何抵擋他們的狙擊？

李指出：「奇異必須順應一些正在發生的大趨勢。」

摩根大通最終如願做成了這筆生意。

●●●

在二〇一三年底，奇異各部門明白了伊梅特大刀闊斧的革新宏圖，於是紛紛示意交易團隊把提案呈交給總部。奇異尋求重新定位的行動尚未能使市場相信它真的想掙脫對金融服務的依賴。自全球金融危機以來，人們普遍冷嘲熱諷奇異更像是銀行業者，儘管它還繼續生產噴射引擎和經營電力事業。這種認知使得奇異股票面臨了本益比問題。

本益比是投資人衡量上市公司股票相對價值的一種方法。通常是按股價除以年度每股盈餘計算得出。本益比使投資人得以比較相似的公司。如果投資人認為一家公司未來會有更多盈餘，他們就會加碼買進該公司的股票。如果一家公司成長趨緩或前途未卜，他們將會減持該公司股票。

在威爾許時代，奇異集團日益仰賴金融服務的利潤推升整體收益，像大銀行那樣依靠風險不低的放款而財源廣進，而且當時工業事業仍穩若磐石故能獲得投資人的信任。奇異金融槓桿操作帶來高效益的毛利率，使其股票本益比與那些風險低很多的工業集團不相上下。奇異擁有大量未交付訂單與服務合約，因此自信即使經濟大幅向下反轉也能應付得宜，亦不須刪減其慷慨的股利。

然而金融危機與其後緩慢的復甦改變了一切。奇異金融服務的黑箱作業固然曾被特定大型投資機構、空頭分析師和金融記者接受，但當實質的金融大災難來臨、投資人陷入恐慌時，這做法差點拖垮了整個奇異集團。儘管謝林等人在二〇〇九年三月投資人大會上幫集團止血，奇異股價得以從危機最嚴重時的個位數低點彈升，但奇異股票令人惱怒的本益比已回天乏術。

其股票本益比已與金融服務業者難分高下、難以挽回。對投資人而言，奇異股票的風險不再和聯合技術公司及3M相當，反而與摩根大通和富國銀行集團（Wells Fargo）的風險相去不遠。

儘管奇異宣傳部門告訴媒體記者，伊梅特與謝林和伯恩斯坦等左右手不是很在意集團股價，但對伊梅特來說，令人厭煩的本益比代表奇異將面臨一系列短期問題，當中包括現任與退休的經理、主管、董事的股票選擇權報酬。

而只要與曼哈頓中城的奇異員工喝咖啡聊天，或以電話探詢奇異各地辦公室，就能輕易明白奇異高層並非真的不在乎股價。奇異股價被視為伊梅特與其治理下的日常成績，而且華爾街金融名嘴吉姆．克雷默（Jim Cramer）、各金融專欄及部落格作家時常拿股價來砲轟伊梅特與奇異集團。雖然奇異總部可以把那些批評斥為短視近利，但對那些與奇異命運息息相關的人來說，股價攸關他們的荷包。

如果奇異股價只是一、二季受挫，之後又重振雄風，高層主管還不至於急著把所獲股票選擇權變現。但奇異的本益比已無法回到昔日的水準，這不但引發前董事與退休主管抱怨，也不利於奇異延攬與留住人才。

更糟的是，奇異被華爾街重新歸類，意味著它將受到更可怕的評判。而且認為奇異更像大型銀行業者而非首要製造商的不光是投資人。這顯示美國社會普遍無視奇異幾乎每天提出的抗議，不相信它只是內部擁有金融服務業務的工業集團。唯有確信奇異能像應對工業風險那樣控制金融風險，人們才會有信心投資奇異。若有飛機於航行中發生噴射引擎葉片脫落，勢必造成引擎製造商股價大跌。核反應爐如果爆發爐心熔毀事故，其製造商股價必然重挫。磁振造影設備若需召回，其生產廠商收益也必定遭受衝擊。因此奇異集團總是向投資人宣傳說，公司管理強大無比、願景獨具慧眼且抱負遠大，而且它的股票值得投資，即使發生不可避免的問題，奇異也有辦法解決並避免長期損害、保護好投資人的錢。

伊梅特更承諾奇異金融服務將精簡成為更穩定、更安全的公司，而它的管理方式和風險控管會比照有百年歷史的工業部門。

如果後危機時期的投資人信任奇異能管理好旗下所有事業、使它們都具有相同水準的風險與安全，那麼奇異將能回復昔日享有的本益比。然而，投資人某種程度上不相信伊梅特的承諾，因此華爾街在二〇一三年並沒有讓奇異得償所願。

雖然伊梅特矢志要使奇異投資人脫離恐懼，但他在二〇一三年底尚未公開說明相關策略。一如籃框下面臨雙人防守的碩大前鋒球員，他必須立刻變換方向，脫離不可行的方位，朝可行的方位衝刺。

他需要策略轉向。

儘管先前選擇的戰術一再失利，伊梅特決定加把勁再接再厲。他想完成一項大型工業公司收購案，以逐步擴增機器和服務方面的營收，為奇異集團開啟新的現金流，然後再利用這些現金來推進更大的行動。一旦收購案奏效，奇異集團在深一層的行動上就有了財務緩衝。如此，奇異不只能把金融服務精簡為更安穩的公司，甚至可進一步脫離對金融服務的依賴。

因此，伊梅特、伯恩斯坦和佛蘭納瑞首先需要一個合適的大型標的。他們需要巨鯨一般的工業公司。這筆交易的重要性必須和收購英國醫療儀器公司阿麥斯罕及NBC環球公司旗鼓相當，而且要能真正取悅華爾街。

於是奇異總部向各地辦公室徵詢最大收購目標。

史密斯和他的交易團隊立刻想到了在三大洲擁有資產的法國阿爾斯通公司。接下來，奇異集團必須啟動降低成本機制，以有利的價格收購阿爾斯通。
一旦奇異得償所願，下一步將如何發展？

第26章

得力助手

奇異集團多年順應全球經濟大勢所趨，努力尋求重新定位，雖然斷斷續續地取得了一些成果，但至關緊要的奇異股價卻幾乎沒有起色。即使伊梅特與顧問群審慎盤算著，大型收購案或出售資產案可望迅速使投資人回心轉意，但市場動向依舊隨著金融危機之後明顯的信號起伏波動。只要奇異集團持續倚重金融服務來達成預定目標，特定投資人就決不會給予信任。伊梅特要擺脫擾人的股價低迷處境，唯一方法就是找到不再仰仗金融服務的出路。

他沒有斷然終止奇異集團對金融服務的依賴，而是採行循序漸進的步驟。到了二〇一三年底，伊梅特構想的奇異未來願景已具體成形，從而公諸於世。奇異將減少對金融服務的倚仗並精實化金融服務公司。該公司將不再從事消費金融業務以縮減總資產價值。但奇異集團仍然需要金融服務事業，同時也向投資人保證，金融服務部門會和各工業事業協調一致地發展。奇異坦承過去任由金融服務公司過度擴張終致失控。伊梅特說，奇異可憑藉工業實力的槓桿來增進營收與利潤，往後收益將有七成來自工業部門，三成來自金融事業。在危機中瀕臨滅頂的金融服務公司歷經五年時斷時續的復甦之後將浴火重生，而且重生後將與奇異各製造業公司並駕齊驅。

伊梅特保證，奇異不會再像危機前那樣，著迷於放款業務帶來的橫財，而將透過更完善的管理來創造足與昔日相提並論的收益。為取悅市場，奇異集團尤其要重建各事業一致達成短期利潤目標的能力。

伊梅特給了集團高層一項艱鉅的任務。而且，要落實前述種種承諾，他必須重新調整高層人事。

集團財務長謝林向來能平衡伊梅特天馬行空的樂觀想法。身形高大的謝林蓄平頭，喜好於週末騎乘哈雷機車暢遊康乃狄克州西部山丘地帶。他通常不會在索然無味的電話會議上吐露煩惱，而且常把憑直覺行事的伊梅特拉回現實。然而，對於伊梅特高價併購企業的做法，謝林卻未能發揮足夠的影響力加以制止。但總體來看，謝林能促使凡事樂觀的伊梅特考慮現實條件。

如今，為了履行承諾不再倚重金融服務達成季度目標，伊梅特決定把謝林調任奇異金融服務公司執行長，讓他監督金融服務公司分拆與整編計畫、領導其配合美國聯邦準備理事會的金融監管。

至於金融服務公司前財務長伯恩斯坦將升任奇異集團財務長。他過去對放款業務多有助益，也幫奇異金融服務克服了金融危機期間最艱困的處境，使它免於破產。他像謝林一樣為人率直且無畏無懼，在金融服務公司任職不久沒有太多包袱，而且股市分析師對他有一定程度的信任，也欣賞他的坦率作風。這項任命案是對伯恩斯坦保住奇異金融服務的回報。伊梅特說：「對於身處屎尿風暴之中的人，我們尤其能看清他的本色。」

如果謝林的職責在於重新定義金融服務事業的角色，伯恩斯坦的任務則是敏銳洞察奇異還有哪些漫無計畫地擴展的事業。衡量伊梅特改造奇異集團的成效，最簡單的方法是看金融服務事業精實之際，工業部門的營收與利潤是否有所增長。伯恩斯坦很快就察覺，奇異集團充斥著雜亂、浪費、疊床架屋、效率不彰、過度複雜等問題。他深受威爾許時代奇異企業文化薰陶，不能容忍欺世盜名的事情。他認為必須革除陋習方能收獲利潤。他相信裁撤冗員可使綜效得以發揮，並能促進集團收益。伯恩斯坦和伊梅特在萬眾矚目下力圖重振奇異工業事業的競爭力，他們在二〇一三年著手的這項計畫，後來被其他高層人士稱為化繁為簡。

此計畫其實始於謝林，當時他和若干主管負責督導集團海外事業。他們找出了一些減少成本的方法，比如說裁減後勤人員和縮編消費金融部門。無論如何，化繁為簡不限於關廠和裁員來縮減成本、增加利潤。

當年秋季，伯恩斯坦與投資人、分析師召開九十分鐘會議，承諾奇異將對各事業部門業務進行深入調查。他表示，海外業務必須更契合客戶需求，而且奇異在各國的單位若有功能重疊者將予簡化。他還質問，為何奇異同一事業部門有五百多種不同的損益表，並要求管理零件流通、服務合約、銷售資料等事務的數百種軟體去蕪存菁。相較之下，奇異的競爭對手普遍採行共享服務協議，使不同的事業單位各項基本事務統一由專門實體提供服務。

伯恩斯坦還在會議上指出，奇異新建置了許多海外設施，比如印度浦那市的工業園區。這是一處多重模式工業園區，在同一棟建築裡，奇異可依據訂單流程的需求調整生產線，以生產運貨火車機關車的元件，或是風力渦輪發電機的葉片。這種生產模式可為集團節省下可觀的成本。此舉反映出奇異領導人力圖走出傳統長期規畫模式，改採矽谷的靈活做法。更精實、化繁為簡的奇異集團將不再專注於行之數世代的長期產品研發專案，轉而聚焦於敏捷因應客戶多變的喜好，以及明快捨棄不符顧客所好的產品。

在二〇一三年十一月的投資人大會上，伯恩斯坦指出，化繁為簡促使奇異重新思考企業角色。這是高明的說法，因為投資人總是亟欲知道奇異集團如何撙節開支，以及如何把資本投注到生產事業上。伯恩斯坦也暗示，討好奇異管理階層就得不到投資大眾歡心。如果複雜的模式已被證明不切實際、難以管理甚至注定失敗，那麼奇異何須持續營運那些不相關的附屬事業？

他說：「奇異總部正推動重塑集團形象的工作。我們思索企業扮演著什麼角色？我們當如何強化競爭力？什麼事情無法為事業增添巨大價值？」他還告訴投資人，奇異高層「正重新思考在總部花費的一分一毫」，而且未來會持之以恆。

這些話正投市場分析師所好。他們樂見奇異化繁為簡並反思種種切身問題。某些分析師也了解，奇異推行結構重組，將改變管理人才向上流動的方式。在昔日，奇異集團男女人才是經由完成一個又一個的任務，學習如何成為傑出的管理者。

因此，當伯恩斯坦說在規模不大的遠方市場，「我們並不需要設立完整的功能團隊、無須搭配管理人員和呈報損益表的基礎結構。」分析師史蒂夫．溫諾克（Steve Winoker）回應道：「然而，這向來是奇異培養管理人才的方式。」

伯恩斯坦則反駁說，奇異集團不能退回老路，與其由單一的主管監督小規模事業的基本事務，不如由共享的後台事務部門來處理發薪、付帳以及徵才等細節。伯恩斯坦還指出：「我們的想法是，經營事業的重點不在於處理應付帳款和員工薪資，關鍵在於如何擁有客戶與市場。」

也就是說，所有奇異主管應專注於銷售，這才是核心要務。

第27章

扮演新創公司

矽谷創業家艾瑞克・萊斯（Eric Ries）是奇異集團需要的人才。他戴黑框眼鏡，髮型有點奔放不羈，衣著並不講究，當論證未來企業經營之道時，會豪爽地比手畫腳。萊斯著有商業暢銷書《精實創業》（*The Lean Startup*），書中闡明為什麼在二十一世紀二〇年代最能抓住公眾想像力的公司能夠取得成功，也講述遲緩的大型老牌公司如何效法它們以再造新猷。他充分利用該書的成功，到處發表演說、提供諮詢服務，還寫了更多書來宣揚「精實原則」。經由康斯塔克引介，伊梅特開始關注萊斯。

精實創業的方法論部分借用奇異等美國大型企業早已著手的「精實製造」（lean manufacturing）。所謂精實製造是指減少傳統商業模式下的倉儲庫存、降低供應鏈各環節成本，以利因應客戶持續變動的需求「適時」推出產品。關於萊斯的精實創業原則，伊梅特同輩主管自一九八〇年代以來即實行過，主要用來促進其製造業公司達到新效率水準。他主張，新進公司和老牌企業都應仿效最成功的軟體業新創公司，對客戶需求當具備行雲流水般的回應能力，要能不斷疊代遞進產品設計，更要無畏地進軍市場和毅然捨棄失利產品。

簡而言之，當今的奇異理當改弦易轍。然而，奇異家電事業設計師與工程師研發利基產品線通常曠日廢時，而電力、航空、醫療等部門甚至更難適應軟體業運作方式。它們的產品是極複雜的機器，而且伴隨著無數售後服務時數，因此維修與更新上的風險遠高於修補程式漏洞，其失敗後果也更可怕，甚至可能造成人命傷亡。

但伊梅特和康斯塔克等人認為，這些只是抗拒變革勢在必行的藉口。他們相信，製造業雖然不同於軟體業，但終究經歷著與軟體業和雲端運算難分軒輊的重大變化。而且嶄新的3D列印（或「積層製造」，additive manufacturing）技術未來發展前景可期，能解決數十年來始終棘手的重量與效率問題，對於噴射引擎的設計尤其有幫助。

儘管這項技術尚未完善，奇異仍迫不及待著手相關實驗，比如說，以3D列印技術打造產品組件草樣，然後由工人手工完樣。於是，噴射引擎燃料噴嘴不但能一氣呵成，也變得更加輕巧。這讓奇異覺得高科技產業的創新正在整個現代工業界發揮效用。在萊斯的想法和伊梅特自身直覺推波助瀾下，伊梅特確信奇異應勇往直前、擔當工業技術領導者。奇異將運用故事力來宣揚這項策略。奇異想像自己是創新的領航者，將從而開展創新之道。

伊梅特以此來與奇異過往晦澀難懂的管理學和金融工程劃清界線，他還在二〇一六年表明「積層製造比六標準差管理策略更有道理」。

他期望藉由擁抱創新來證明奇異會落實變革承諾。奇異若師法備受矚目的科技界獨角獸企業，或許也能像它們那樣獲得商業媒體高度青睞，甚至主導美國經濟。然而要扭轉奇異集團與伊梅特的形象並非易事，伊梅特常為此感到挫折，偶爾也對奇異主管和董事表達失望之情。對於奇異集團表現不佳，伊梅特或可歸咎於一些外部因素，比如說九一一恐攻和隨之而來的經濟衰退、全球金融危機與連年的經濟動盪，以及後危機時期的政治紛擾，當中包括孤立主義與反體制右翼勢力的崛起。

這些都使奇異集團難有作為，導致股價重挫。儘管投資人普遍承認奇異股價不可能再回到威爾許巔峰時代的高點，但大家終究心有甘心。新近退休的奇異主管與董事也對股票選擇權價值縮水抱怨連連。商業電視台的評論員一再拿威爾許與伊梅特做比較，而伊梅特始終落居下風。伊梅特想不通，奇異為何訓練主管專注於提升股價、增加股東的報酬，而不敦促他們關注其他事物，其實奇異有許多值得誇耀的事蹟，例如製造出許多效能強大的傑出產品、擁有美國最著名發明家留下的遺產、影響力已深植美國社區，而且在美國與世界各地雇用了數十萬員工。

奇異宣傳機器時極力凸顯這些引人矚目的特點，為旗下事業賦予宏大目標，並使它和天才發明家產生連結。宣傳誇耀其工廠及產品不僅讓人印象深刻而且堪稱「卓越」。奇異還稱自家真正的商業實力不在設計、製造和銷售精密複雜的機器，而在促成這一切的想像力。康斯塔克從早年在娛樂事業的經驗學習到，始終應回歸冒險探索未知領域和發現新天地的主題，為奇異塑造新形象。舉例來說，在BBDO為奇異製做的一則廣告裡，一隻野獸受到誘導而展示了牠的羽衣。內容是想呈現奇異具備激發想法的能力。

奇異積極地促使商業媒體樂觀報導這些新聞，也努力防堵媒體對新經濟提出質疑。奇異在傳統媒體和社群媒體導向的新聞與分析平台上，以其故事力將自身形塑成如特斯拉（Tesla）一般有創新能力、與蘋果公司同樣能理解顧客心態的企業。

然而，那些日常關於科技突破的樂觀訊息——例如特斯拉執行長伊隆・馬斯克（Elon Musk）發想的「超迴路列車」（hyperloop）高速旅行——根本不顧或低估了現狀和獨角獸企業美好願景之間的種種障礙。但奇異與伊梅特不管這些。此外，他們使用的語言也逐漸改變。奇異不再滿足於誇耀營運效率，或自誇優於其他公司，而是開始自吹自擂能改變一切。奇異在業績評價、年度財報、數位科技等各方面都宣稱是革命性企業。它自稱其營運與設立在加州桑德希爾路（Sand Hill Road）上的各家創投公司並無二致，而且以靈巧的設計和廣泛的吸納能力領導著業界。它還學習新創公司操作公關的方式，不再過於注重事業單位如何獲取固定與牢靠的利潤。

奇異積極運作的宣傳機器也善用了內容平台，比如出動無人機隊盤旋於渦輪機生產廠區上方拍攝影片，並上傳到Instagram。在華府，奇異設立了許多展示攤位，吸引媒體記者前去熟悉實踐萊斯「精實創業」原則的「快速決策」（FastWorks）機制下設計出來的家電產品，以及了解奇異與Local Motors汽車公司締結夥伴關係，將如何以積層製造技術重塑汽車工業。奇異公關團隊也和Jack Threads鞋廠協力推出受太空人登月靴啟發的鞋款，以紀念阿波羅十一號登陸月球四十五週年。這讓人聯想起，當年太空人登月穿的靴子是使用奇異設計的矽利康製成。奇異還取得登月太空人伯茲・艾德林（Buzz Aldrin）穿著該款紀念鞋的照片，並安排時尚新聞網站《*Fashionista*》、《廣告週刊》（*Adweek*）、科技新聞網站《*The Verge*》推出相關報導。而這些都是上世代企業主管不認識、更不會在乎的媒體。

在努力多年後，奇異終於二〇一六年三月促成《彭博商業周刊》（*Bloomberg Businessweek*）報導伊梅特的夢想，而該篇文章的標題是〈奇異如何擺脫威爾許的影響成為一百二十四歲的新創公司〉（*How GE Exorcised the Ghost of Jack Welch to Become a 124-Year-Old Startup*）。

第28章

牛仔變成農夫

奇異集團博取媒體關注、期待能像矽谷新創公司那樣獲得關愛之際，現實處境卻沒有太多改善。進駐奇異金融服務公司的美國聯邦準備理事會人員尤其令人難以輕鬆自在。

在過去順風順水時，奇異金融服務從來不須擔心銀行監管，那時是憑藉誠信準則營業。其銷售團隊為談成交易四處奔走，他們依靠簡報力為公司賺錢、為自己贏得獎金，當然也可能造成投資失利而失去升遷機會。

對於後危機時期的紐約聯邦準備銀行金融監理人員來說，這種模式不應繼續存在。監理人員想查明，奇異允許客戶擴張信用額度的絕對準則從何而來？（奇異並無明文規定。）他們也想知道，奇異如何分析貸出款項的風險？為何它如此看好客戶還款能力？（奇異金融服務自信能以法拍客戶所抵押的不動產收回放貸款項，不致像其他銀行那樣蒙受損失。）監理人員還想弄清楚，奇異金融服務究竟為何買下巴西鑽油平台？（此事一言難盡。）

他們要求奇異於二〇一三年春季，向紐約聯邦準備銀行轄下單位主任卡洛琳·弗洛里（Caroline Frawley）提交報告，並回答前述問題。弗洛里的團隊在改革金融體系的《多德－弗蘭克法案》通過後負責查奇異金融服務的帳務。美國國會多數議員見證奇異於金融危機中近乎滅頂後，相信讓監理大銀行的人員詳查奇異金融服務公司資產負債表是很合理的做法。在陷入危機前數個月，奇異金融服務實質上相當於美國第七大銀行，然而它的各項業務幾乎都是「黑箱作業」，最後還差點拖跨整個奇異集團。

對於資產負債表，銀行監理當局的看法與奇異金融服務核心交易團隊截然不同。他們實際上形同水火。那些奇異金融服務引以為傲的靈活做法和精明交易文化，全然被專業銀行監理人員視為欠缺規範，而且他們認為，奇異金融服務的會計帳充斥著偏離本業的亂象、潛藏極大的風險。奇異金融服務的交易案有許多是投機性質的豪賭，而且涵蓋範圍極廣泛又難以評估其價值，以致監理團隊與奇異金融服務主管時常為此爭執不下。而遊隼一號鑽油平台是奇異金融服務資產負債表上最難解的失利項目，奇異金融服務之所以買它，部分原因出於巴西外海的深海石油鑽探似乎有利可圖，然而石油市場很快就背棄了這場賭局。而且先前擁有這個鑽油平台的法人已於二一年前聲請破產保護。

奇異金融服務盛行的一些慣例也與銀行業嚴格的協定扞格不入。金融服務公司評估和監督交易案的體系著重於個人問責而非企業風險。

奇異請了一名合規管理專員來協助聯邦監理人員。當他想了解金融服務公司依據什麼準則擴充客戶信用額度？又有何種簽核程序和監管機制？這些都是任何一家銀行能輕易解答的問題。然而該專員最終卻發現，奇異金融服務在授信方面沒有不容變通的規範。在金融服務公司，成交的人必須勇於當則，假如放款未能回收，他的獎金將不保。奇異辯稱，這種模式實質上就是主事者當責不讓。做成生意有助於奇異達成營業目標，而投資人也能得到好處。

但對聯邦監理人員來說，奇異的方法只會導致系統失控。它缺乏運作準則，非但不合常規，還會危害集團本身，以及美國聯邦準備理事會力圖保護的金融體系。

●●●

伊梅特曾在二〇一四年怒氣沖沖說道：「我不會任由那個女人指示我如何掌理奇異集團。」

那時，伊梅特與奇異高層正因金融服務公司內部運作問題，和領導美國聯邦準備理事會監理團隊的弗洛里吵得不可開交。弗洛里要求奇異金融服務交出大批交易資料、說明相關程序和負債情形，使得伊梅特怒不可遏。更令他難堪的是，弗洛里堅決地行使法律賦予她的一切權利，並且嚴格地遵照所有法條和規範行事，這包括聯邦監理人員出席奇異董事會、聽取奇異說明金融曝險部位。監理人員也在董事會之外的場合與董事們會談，而且不讓伊梅特左右手參與，有時還找個別董事單獨商談，敦促他們更嚴厲對待伊梅特。他們要求奇異董事更積極地質問會計帳潛藏多大的風險，而此時距離奇異差點被金融服務拖垮的那場危機已有五年。

伊梅特早已習慣於主宰董事會，如今弗洛里的做法讓他覺得自己的職權遭到侵犯。而且聯邦的監理作為使奇異付出了極大代價，據奇異主管私下估計，集團每年為達成合規要求耗掉的成本約十億美元。據奇異金融服務某位主管指出，近乎獨立自主的交易人員原本自視為具冒險精神的牛仔，如今則成了守田護產的農民。奇異金融服務在新興市場的「合理擴張」、一次性龐大投資組合、商業夥伴關係等，如今全都必須接受聯邦當局持續不斷的監管。

過去奇異總是把詭詐且多樣的會計帳視為自身的強項。確實，在奇異金融服務長期賴以茁壯成長的「中間市場」，奇異交易團隊對各銀行忽略的營利基礎總能游刃有餘，這主要得力於母公司厚實的資產負債表，使他們能以削價競爭來贏得生意。因此，南達科他州的雪地摩托車製造商以及俄亥俄州的洋芋片廠商，都從奇異金融服務取得了大筆貸款。

據二〇一五年奇異金融服務一名主管指出，公司的交易大軍少有人出身哈佛大學、慣穿藍色西裝，「我們不穿吊帶褲，多數人沒有企業管理碩士學位，我們看來不像華爾街那種大銀行文化薰陶出來的人。」

但他們對不動產抵押貸款擁有深厚的知識。當借貸人無力還款時，他們處理法拍屋和沒收資產的能力也勝過大銀行人員。奇異金融服務交易團隊可接受鐵路槽車或是施肥機做為抵押擔保品，因為他們熟悉相關市場。

確實，這個團隊在一九八〇和九〇年代曾瘋狂地從事槓桿收購，結果許多被收購的公司在經濟衰退中宣告破產。一位奇異金融服務的前主管笑稱，那只是一場意外的私募股權投資實驗。但此團隊也幫某些公司撐了下來，使他們轉虧為盈，然後於多年後將其轉售。即使奇異金融服務的業務漸趨龐大複雜，且跨入大型金融業者的房地產與保險等業務領域、風險隨著大增，金融服務員工依然自信滿滿。他們充斥著部落式的自豪，堅定地相信自己應付得來。

伊梅特等奇異高層主管覺得聯邦監理當局把他們當白痴耍。奇異集團某些董事也有同感。一位董事對二〇一四年監理團隊和奇異高層針對查帳報告的文字交鋒深感驚訝。他還問說，為何聯邦監理者措辭總是如此刻薄？

然而，弗洛里對奇異集團內部控管的質疑並非無的放矢。即使全球金融危機已落幕多年，奇異集團雇用的合規專員、股市空頭分析師，甚至於若干奇異高層人士都認為奇異金融服務仍舊是黑箱作業。某些有先見之明的投資人更覺得奇異金融服務面臨的風險深不可測，而且其決策階層依然過度自信。

奇異一位前主管回憶說，勉強撐過金融危機最嚴峻時期之後的數個月，集團在克勞頓維爾召開了簡報會，當時的奇異金融服務執行長尼爾以濃重的喬治亞口音慢條斯理地高談，金融服務公司大舉擴張對集團至關緊要，藉此鼓勵其交易大軍重振旗鼓。在尼爾領導下，奇異金融服務某種程度上避免了金融災難，而且二〇〇九年仍有盈餘。這成為奇異集團往後多年一再吹噓的事情。

尼爾對於奇異金融服務的瀕死經驗只是無奈地聳聳肩。他絲毫沒有對外展現自我檢討的跡象，也未曾悔悟金融服務部門的高風險作為——追求利潤而過度冒險、以商業本票等短期票券為賭注結果差點賠上整個集團。尼爾始終從總體經濟學角度看事情，他愛好談論金融體系更宏大的問題，以及如何更透徹地看清市場的種種跡象。他從不承認奇異根本不應涉入特定市場。他認為奇異集團遭到百年一遇且無法預測的完美風暴襲擊，而它最後挺過來了。

奇異前主管聽取尼爾的簡報時如坐針氈，他當時心想：天啊，這個人竟然沒學到任何教訓。

第29章

哈伯專案

在二〇一三年春季，尼爾像往常一樣等待著與伊梅特進行年度諮商。雖然人力資源部門有不同的看法，但尼爾認為自己的表現應能取悅伊梅特。他全然沒想到會被調離奇異金融服務公司。

奇異金融服務將迎來重大變局。金融市場並不會遷就伊梅特重估集團價值的渴望。只要奇異仍被華爾街認定無異於大型銀行、只是比大銀行多擁有一些工業公司，那麼伊梅特的聲望和奇異集團的股價都不會有起色。

令奇異金融服務困擾的不光是股票本益比難有突破。金融危機後情勢丕變，聯邦監理人員不但進駐金融服務公司，還與聞董事會議。從威爾許時代以來，奇異金融服務基本要務是成本管理。奇異集團過去享有3A信用評級，因此奇異金融服務能以較低利率借款再以更高利率放款，並可於某些市場進行削價競爭。各銀行依靠大筆儲戶現金而得以用最低成本放款，奇異金融服務則仰賴發行大量商業本票，有時其帳冊上的貸款會比其他銀行高出許多。而金融危機改變了這一切。

當危機過後，奇異無法再倚重商業本票來資助各項交易和放款。與此同時，厲行緊縮政策的各銀行因監理當局要求，必須保有充盈的存款和資本，於是各家銀行開始有能力爭取奇異金融服務一度主導的各種交易，據奇異金融服務主管指出，「許多錢被投入於競逐新生意」。奇異為贏得交易只好壓低毛利率。

在後危機時期，金融業者必須於新規範下謀求賺錢之道，不能再像過去那樣為追求利潤而瘋狂冒險以致差點毀掉整個金融體系。而奇異集團當前的新課題在於，奇異金融服務幾乎滅頂之後利潤漸趨衰減，對幫助集團收益日漸派不上用場，究竟是否還有續存的價值？

●●●

奇異新聘的一名主管於二〇一三年某日早上來到集團總部大門口會客室等候接見。一名守衛突然驚慌地大喊說「開門！開門！」於是另一名守衛趕忙按下開門按鈕，讓疾馳的車輛開進總部。那位新進主管心想，這車應該是最新款的保時捷，車上的人無疑是集團財務長伯恩斯坦。

伯恩斯坦是奮發進取的人，個頭不高、頭髮稀疏、鬍子刮得很乾淨，帶有執法者的威嚴。據奇異公關團隊指出，當他親切地跟投資人握手、與記者說笑，或是和空頭分析師交手時，嘴裡經常含著尼古丁口香糖。而且，伯恩斯坦從事獵鯊活動，儘管他澄清自己喜好的是鮪釣。雖說名聲不是很好，伯恩斯坦仍有迷人之處。他責備屬下時往往顯得狂妄自大，甚至於過度嚴厲，但他爽朗的笑聲和率直的態度能讓人感到暖心並卸下心防。這是奇異集團高層普遍欠缺的特質。

一位奇異董事表示，伯恩斯坦不是典型的奇異主管，但是個好主管。他的意思是，伯恩斯坦對必須改革的事直言不諱，而且不會受制於奇異的懷舊傳統和長年的業務。

出任集團財務長後，伯恩斯坦成為奇異旗下眾多公司與部門財務主管裡的頂尖人物。

•••

自二〇一四年初起，他與丹尼斯頓、伊梅特和謝林等人開始祕密舉行一系列非正式會議，商討如何為奇異金融服務找出路。

當年奇異金融服務成功分拆出新的消費金融服務公司Synchrony，此事對他們頗有啟發。他們首先推出「指路明燈專案」（Project Beacon），探索把奇異金融服務分割成多個獨立公司的可行性。而相關分析顯示，這將給奇異集團帶來龐大的稅負成本，以及其他種種風險。於是該小組又提出第二項稱為「哈伯專案」（Project Hubble）的計畫，單純地出售奇異金融服務主要業務。此案雖然也有很大的相應成本和諸多不確定因素，但奇異基本上將朝這個方向前進。

這是極複雜的任務。首先，他們必須為金融服務公司大量且多樣的資產找到買家。奇異金融服務的資產負債表裡有辦公大樓、企業園區、鐵路槽車車隊，以及對速食連鎖店家和農戶的貸款等。奇異理當解決相關稅負問題，當中涉及數十億美元帳上認列為遞延稅項[1]的資產，其經處理後將成為遞延損失。而收益是首要的考量因素。奇異高層相信，一旦迅速售出奇異金融服務所有主要事業，將可產生大筆的利得。這些利得可用於奇異集團各工業公司再投資案，或是用來回購集團股票以拉抬股價。

但奇異還須為截然不同的未來做好準備，因為將來集團不再有奇異金融服務做為可靠財務後盾。奇異失去了金融服務提供的金融工具後，還能穩當地達成收益目標、緩和艱難的季度表和提升帳面利潤嗎？

奇異領導人默默地思考著這些問題。他們想弄清楚，最終是否真能全然

①指由計稅利潤和會計利潤之間的暫時性差異導致的資產或負債，差異主要來自固定資產折舊、資產減值、貸款準備金，以及待彌補的經營虧損。

捨棄那些妙用無窮卻也棘手的金融利器。充滿自信的他們確信，即使沒有奇異金融服務，他們依然能創造龐大的利潤、支付豐厚的股利以取悅投資人，並從噴射引擎、渦輪發電機和磁振造影設備製造事業擠出更多利潤。他們也將持續推動集團事業全球化策略，滿足國際中產階級追求更高生活水準的需求，擴大在海外新市場的市占率、蠶食鯨吞從渦輪發電機到醫療設備等產品市場。只要擺脫了對金融服務的依賴，奇異集團將重新成為華爾街寵兒。集團將向全世界述說創新與卓越故事，並重新贏得世人的信賴。到了二〇一五年春季，哈伯專案已蓄勢待發，儘管這時只有奇異最高層以及吉米·李等少數獲奇異高度信任的銀行家知道這個祕密。

奇異集團出售金融服務公司一事已準備就緒。

第30章

分割出售

「哈伯專案」預計把奇異金融服務公司龐大不動產和房貸資產組合售予黑石集團（Blackstone），而在二〇一五年春季奇異對外公布專案細節之前數個小時，公關部門接獲一系列來電和簡訊因而憂心不已。

奇異實質處理金融服務事業的計畫後來被稱為「退出金融服務方案」。該案以迅速處理為優先要務，而放款業務將分割求售。大銀行和私募股權投資基金將搶購奇異放款業務，承接下奇異對小企業、設備經紀商和槓桿收購公司的貸款。而奇異資本航空服務（GECAS）將保留下來，因為它是金融服務公司皇冠上的珠寶，擁有盛大的機隊和噴射引擎，並經營相關租賃從而收穫可觀利潤。而那些促進工業事業的單位也不會出售，這包括對新發電設施開發案放款以及為醫療設備事業提供融資的單位。

此外，奇異金融服務有一些沒人要的殘餘業務，比如說數十年來積極借款推進最終卻失利的交易案和投資案。（某些觀察家意外發現，奇異對投資人簡報的投影片裡有保險資產，而外界以為奇異早在十年前就已放棄保險業務。）

只要退出金融服務方案成功在望，奇異的股價料將出現一波漲勢，因為奇異不再依賴金融服務將鼓舞投資人的信心，使他們相信步履維艱的奇異將重新昂首闊步前進。

奇異在發布這個重大訊息上極為慎重。它將此重要訊息提供給《全國廣播公司商業頻道》和《紐約時報》，並限制於指定日期依所設條件同時報導。然而，《華爾街日報》不動產線記者聽到了風聲，經四處打探後察覺奇異將有重大交易。該報負責交易新聞的記者不斷詢問銀行業消息來源，試圖問出交易規模和價碼。專跑企業新聞的記者也連番拷問奇異主管和董事，希望他們透露奇異的計畫，並解釋為何保密程度如此不尋常。

於是，奇異發言人向《華爾街日報》記者提議，只要該報同意奇異限定的日期和條件，就能獲知重大內情。而《華爾街日報》召開編採會議後決定回絕，並持續在緊繃的情勢下全力以赴，以期搶到獨家新聞。

在二〇一五年四月九日下午，屬同一媒體集團的《道瓊通訊社》引據《華爾街日報》，搶先發布了一則一百四十五字的新聞指出，「熟知內情的消息人士透露，奇異集團正積極推動金融事業精實方案，而且即將出售持有的全部或部分不動產。」《華爾街日報》記者也持續緊鑼密鼓查證相關細節。當天下午消息一出，奇異股價隨即應聲上漲。投資人收到了奇異的信號，而且相信伊梅特至少已準備認真地擺脫金融服務。紐約各新聞媒體很清楚，除了出售不動產之外，奇異還會有更大的動作。記者們馬不停蹄致電或發簡訊給發誓會守口如瓶的消息人士，堅持不懈地央求他們提供訊息。

四月十日早晨時分，《華爾街日報》精力無窮的企業版主編德魯．道威爾（Drew Dowell）在新澤西州家中與記者們開完會，準備按下電腦滑鼠鍵把新聞稿送出。《華爾街日報》資深記者喬安．盧柏林（Joann S. Lublin）讓一位關鍵消息人士開了金口。盧柏林是在新聞界服務逾四十年的傳奇人物，憑藉著不屈不撓的精神從許多三緘其口的企業巨擘口中問出了形形色色的聘任案、解雇案和交易案。

道威爾衡量了盧柏林消息來源的份量、可信的程度、新聞本身的重要性，以及搶先報導的迫切性，最終把新聞稿傳送出去。

《道瓊通訊社》在早上六時二十五分、奇異召開記者會前五分鐘，紛紛引據《華爾街日報》的頭題新聞指出：「消息人士證實，奇異集團準備出售金融服務公司大部分業務。」

正如伊梅特、伯恩斯坦、謝林和董事會所願，這項重大訊息推升了集團股價，而且評論家一致讚揚奇異的舉動。各家新聞稱許伊梅特在任內烙下了明確的個人印記、將徹底改變前執行長威爾許留下的事業結構。

而且奇異集團表明，後續還會有更多好消息。它將在一年內完成資產出售計畫，並專注地盡快處理。這是依循兩個道理。首先，拖延太久會導致集團士氣低落並影響常態事業的營運。確實，即使過程相對快速也難免會有尷尬的時候。比如說，諾沃克的金融服務辦公室必須築起暫時的牆，以區隔已售出及尚未處理掉的單位。

其次，在許多業務單位，人員的價值其實跟資產不相上下。因此，奇異要求買家承接整個對中間市場私募股權投資公司提供融資服務的Antares業務單位，而且必須迅速出手，以免其主管階層被其他競爭業者挖角。其實，一些金融業競爭對手早已虎視眈眈，他們最感興趣的，莫過於奇異金融服務各單位的主管人才。

這些主管除非能找到門路進入集團母公司，否則留在奇異終非長久之計。坐等所屬業務單位被大銀行併吞自然不會有安全感，畢竟大銀行各有年資制度和指揮體系，而且為了確保新收購的事業有利可圖勢必會裁員。

因此，奇異承諾會迅速執行出售計畫，謝林更親自鞭策各負責團隊不遺餘力推動資產估價等相關工作。

有些人覺得奇異選擇的時機有點奇怪。當前出售數十年來最有價值的事業是否適逢其時？但奇異並不在乎這些，它就是想退出金融服務業。它看見了機會，而且必須把握這個機會。伊梅特說，如果他們等待更好的時機，難保不會遭逢金融市場另一波危機，那時奇異集團有可能慘遭滅頂。因此，他們最好在還能開條件時脫手金融服務業務。

奇異集團宣示，這個決定將對其重新定位為工業集團的過程賦予能量，到二〇一八年底時，奇異九成的收益將來自旗下各工業公司。奇異集團也承認，這個改變勢必成本不菲。它將減計一百六十億美元資產帳面價值，以支應金融服務公司複雜稅賦安排的代價，以及海外業務資金調回美國的成本。但奇異的投資人將從中獲利。奇異金融服務資產售出後預計可為母公司帶來三百五十億美元現金。此外，奇異董事會已授權回購最多五百億美元奇異集團股票。

這些都凸顯，奇異自信在積極利用金融服務事業三十年後，還是能擺脫對金融服務的倚重並將拿出更好的業績。

奇異金融服務原是集團高質量的收益來源，當中包括大筆的租金、還款、不動產利得等現金收入。奇異金融服務等事業的主管擔心斬斷現金來源帶來的後果。奇異集團收益固然可觀，但其中許多並非現金收入。金融服務事業在擴張時期創造了帳面利潤，在拮据時期會為了獲取實質現金而不顧一切。金融服務主管們認為，奇異不可義無反顧地斬斷可靠的現金來源。正如一位前高層主管所言，奇異集團恐將被世人看成一無所有。然而，自我質疑向來不存在奇異企業文化的基因裡。在伊梅特等奇異領導人眼中，這類質問無異於對集團不忠。

奇異金融服務執行長謝林於某日上午帶了數名高管來到諾沃克總部一處辦公室，當時出售金融服務的計畫仍為祕密，但金融服務公司高管已開始參與其事。

謝林向金融服務公司高管表示：「我們將不再是系統重要性金融機構（SIFI）。」也就是說，奇異集團計畫出售大多數金融業務，以擺脫SIFI分類和相應的美國聯邦準備理事會監管。SIFI地位有如金融業的罪惡象徵，它是在全球金融危機過後，當局對大到不能倒的銀行和金融機構祭出的監理措施，以防它們經營失利引發另一場金融體系崩潰的災難。而除去這標籤的唯一方式是厲行精實化。

一位奇異金融服務高管問謝林說：「我們怎麼處理現金？」他想知道奇異集團將如何支付股利，以及應對各工業事業要求的大筆資金。

謝林聳肩說：「聽命行事。」這在往後幾個月成為謝林的口頭禪，不斷地被用來指示屬下專心致志尋找買家、進行談判、談成交易、關閉已出售的業務單位。奇異集團對於切斷現金來源並沒有備選方案。

事實上，伊梅特在數個月前——僅有少數高管知道奇異將出售金融服務公司時——就已開始找尋替代的現金來源。當奇異金融服務總部於二〇一四年初要求集團各交易團隊提出最大的併購提案時，金融服務公司內部銀行家隨即都領會了伊梅特想成交一筆真正的大生意。

第31章

豪賭

奇異集團股價終於回升到逼近三十美元。

先前的低股價和難堪業績一直是伊梅特揮之不去的陰影。在他治理下，奇異多數事業走向轉變。他賣掉了一些曾是集團寵兒如今已喪失功能的事業單位。他努力深耕且在全球大幅擴張旗下娛樂事業。在其任內多場演說上，熱愛美式足球賽的伊梅特總是以「贏得勝利」等豪語來勉勵主管，並努力在集團留下他的個人印記。

但他很難擺脫威爾許時代建立的慣例。奇異集團甚至差點被威爾許倚重的金融服務事業毀掉。他們都曾仰仗金融服務公司，而伊梅特並未充分了解集團的金融曝險程度。在歷經全球金融危機之後，奇異金融服務令集團深感如芒刺在背。

一切有關奇異最新一季收益的報導都讓投資人憤怒不已，儘管奇異公關人員夜以繼日地駁斥仍無濟於事。現任和退休主管的獎酬則因奇異股票選擇權幾乎毫無價值而怨聲載道。

雖然伊梅特銳意變革，奇異集團也奇蹟般撐過金融危機，卻仍被視同房貸公司或銀行，在股市得不到工業集團同等待遇，股價長達六年未能回到三〇美元的價位，令伊梅特備感挫折。

對伊梅特來說，股價點出了威爾許留給奇異的，甚至不算美好的事物。伊梅特已沒有太多時間形塑自己執行長任內整體故事主軸。

伊梅特知道，要建立任內事蹟就必須對集團結構採取重大革新措施。他理當大刀闊斧興革、領導奇異樹立新經濟典範、讓奇異股價應勢上漲，好讓華爾街對他刮目相看。

很顯然，他務必要降低集團對金融服務的依賴，但他還必須做更多事情。他需要一筆大生意來說服批評者，他像威爾許一樣具備洞見和魄力，必定能夠領導奇異創造歷久不衰的利潤。

他在法國找到了豐富資源，同時也延續威爾許時代的做法，順應變動的經濟趨勢進軍和退出某些事業。

●●●

在加州方面，比爾·魯（Bill Ruh）正力圖說服奇異接受他的大膽提案：朝數位軟體發展。

魯當時擔任經理，正處於職涯中期。挺著大啤酒肚、棕色頭髮已日漸稀疏的他總能在談笑間迅速贏得友誼。他和伊梅特一樣喜好流行術語，而那時最潮的行話就是「數位化」。

伊梅特相信，數位軟體和電腦硬體是工業公司未來發展所繫。而起初嘲笑此看法的其他工業集團也逐漸認同其願景。伊梅特看出科技創新有助於縮小數位感應元件體積和降減成本，而且會有愈來愈多的機器內建數位感測器。這使發電機組、客機噴射引擎、磁振造影設備、超音波掃描儀、柴電火車頭等大型機器得以用軟體自動控制來處理龐大數據流。

伊梅特的數位轉型嘗試獲得普遍支持。馬克·安德里森（Marc Andreessen）二〇一一年的著名文章指出〈軟體正吞噬全世界〉（*software is eating the world*），也就是說軟體正改變各經濟部門和產業並帶來創壞式創新。他表示，「對高度仰賴石油與天然氣等實質要素的現有工業公司來說，軟體革命主要是個契機，在未來十年，這些既存企業與軟體驅動的新起之秀將會有漫長而艱難的爭戰。」

奇異集團決心要贏得這場大戰。其董事會和主管們都認同伊梅特的願景，他們認為奇異在工業產品自動控制軟體上最有勝算。奇異深知應收集哪些工業數據和如何解析其中意義，因為它設計、打造和維修各類機器，對這些機器瞭如指掌。而且，有龐大機隊採用奇異所設計的噴射引擎，每日起降產生了大量數位資訊。伊梅特指出，奇異工程師藉助正確的數位工具反向操作這些數據，將可學習到新事物。「大數據」有助於奇異更精確地預測產品的關鍵組件會在何時過度耗損和發生故障。

然後，奇異可以把這些知識重新包裝成產品賣給客戶。它提供給航空公司和公用事業客戶的服務合約將更有品質保證。更優質的維修計畫能使奇異的勞動力成本降低。而且數位經營模式還能使奇異未來面對創新的競爭者時更能留住客戶。這是所有工業公司都將面臨的事情，已成為低技術工業迫切的問題。日後工業機械的利潤將來自配套的售後服務而非銷售。

伊梅特後來向媒體表示，他在金融危機過後視察了奇異集團一處噴射引擎廠，聽到工程師談論數位感測器可運用於多數新式引擎，從而產生了關於數位軟體的想法。他想要弄清楚，奇異應如何利用所有收集到的數據？

到了二〇一一年底，奇異從思科公司（Cisco）延攬到比爾・魯，於是著手在加州聖拉蒙市（San Ramon）建立創新園區，並在日後發展成為奇異數位公司（GE Digital）。

短短幾年後，從伊梅特的公開演說到康斯塔克的公關操作，奇異各行銷活動全都離不開「數位」這個時髦行話。奇異的公司簡介更首度出現了「數位工業企業」的說法。伊梅特在二〇一四年宣布，奇異預定於二〇二〇年底前成為「十大頂尖軟體公司之一」，而光是新研發的工業物聯網軟體平台Predix，每年的營收預計將達四十億美元。

奇異發言人以種種故事來鼓吹集團數位轉型計畫，大舉宣傳伊梅特樂此不疲地向矽谷傑出作家暨顧問萊斯等人取經。奇異採行萊斯《精實創業》原則啟動了「快捷決策」專案，以利集團複製主要軟體公司試誤容錯的疊代研發方法。

威爾許昔日樹立的範例對此頗有助益，但最重要的是，此事由伊梅特拍板定案。然而，奇異並非矽谷新銳企業，縱使延攬來自臉書和甲骨文（Oracle）等公司的人才，數位化實質上終究只是一個抱負遠大的目標。奇異數位公司坐落在距離舊金山市中心三十五哩的交通繁忙走廊地帶，其辦公大樓是重新整修的建築群，且曾是太平洋貝爾公司（Pacific Bell）總部所在。根據當地傳言，呆伯特（Dilbert）連環漫畫是受這處辦公大樓的職場環境啟發。

奇異的某些科技創新其實只存在想像之中。其公關團隊只是盡責地促成商業媒體推出一些小篇幅特別報導，根據一位奇異員工的說法，那些文章「非常友善、充滿了夢想，而且盡是些廢話」。奇異在費爾菲爾德總部設立了「高效創新團隊」（High Impact Innovation Team），負責研發公司內部使用的行動裝置應用軟體，其中包括照明工程師與照明設備銷售團隊之間的通訊程式，以及可用來檢視業績的網路應用軟體。

這個團隊在二〇一四年初接獲一通緊急電話。他們被告知，向伊梅特展示應用程式研發成果的時機已成熟。伊梅特對於打造世界級「工業網際網路」愈來愈感興趣。然而，高效創新團隊尚未研發出伊梅特想要的應用程式。它製做了一些數位設計圖檔呈現程式最終樣貌，但還沒創造出可在機器上執行的軟體。

該團隊監督人認為這無關緊要，他們表明，「打腫臉充胖子」也無妨。設計師於是著手把平面視覺設計動畫化，使PowerPoint簡報充滿了動態感，看來就像是真的在執行軟體程式。簡報後翌日，他們得知伊梅特很滿意。（這個程式最後無疾而終。）

由現任或退休企業主管和學者組成的奇異董事會，集體著迷於伊梅特的工作倫理、樂觀精神和遠大願景，通常不想挑戰伊梅特的想法，因而只是默默地祝福這類簡報詭計。

伊梅特滿懷熱情地大談其軟體發展策略。

據一位前董事指出，「他在董事會上表明，研發軟體是奇異未來發展的正確方向。」伊梅特還說，「奇異必須認真朝此方向前進。我們理當不遺餘力去做。這不可耗上五年，應盡快準備就緒。」

奇異董事會樂見這種急迫意識，但通常不會推促伊梅特就相關細節提出承諾。伊梅特成立軟體公司的想法從未成為決議，甚至未曾交付董事會投票，董事會只是默禱伊梅特的數位夢想能夠實現，並且暗自思索在這個重大實驗上，奇異將投注多少經費？

第32章

巴黎晚餐

奇異轉向數位尋求新收益來源的聲勢逐漸浩大，集團並持續推動收購對手公司法國發電設備阿爾斯通案。但在呈交決策高層的過程中，此案因官僚體系從中做梗而橫生枝節。

奇異承諾將在其歷史最悠久、規模最大的工業事業上加倍努力。集團旗下工業公司曾長期引領風騷，理論上其收益也最穩定，而收購阿爾斯通可展現奇異再投資工業事業的決心。奇異與阿爾斯通頗有歷史淵源。在一八九二年，愛迪生通用電氣公司與湯姆森–休士頓電氣公司（Thomson-Houston）合併成奇異公司，而湯姆森–休士頓電氣公司法國子公司後來與其他公司整併為阿爾斯通公司。

伊梅特相信，收購阿爾斯通將使奇異在燃氣渦輪發電機市場獲得主導地位，與西門子（Siemens）和三菱（Mitsubishi）等大廠平分秋色。他秉持著競爭本能，不斷借用運動員求勝的概念，解說集團未來發展策略，還像美式足球教練一樣思考如何在商場攻城掠地、搶攻市占率，而且「贏得勝利」之類話語總是朗朗上口。他相信，奇異一旦收購阿爾斯通，能使其他競爭對手望塵莫及。

阿爾斯通顯然亟欲和奇異成交。當奇異還在仔細衡量收購阿爾斯通電力部門的可行性時，阿爾斯通執行長派屈克・克朗（Patrick Kron）就迫不急待地與奇異接洽，詢問伊梅特能否到巴黎餐敘。

不管伊梅特是否有所察覺，阿爾斯通那時已無可救藥，因此克朗孤注一擲地急尋買家。在推出新型渦輪發電機等方面，阿爾斯通遠遠落後於奇異和西門子。更糟的是，阿爾斯通的產品無利可圖。它不動聲色地發行新股籌資，而且如奇異交易團隊所料，這確實是阿爾斯通現金吃緊的危險信號。

空頭市場分析師也逐漸懷疑阿爾斯通已病入膏肓。它總是積極地以很低的投標價，競標新燃煤發電廠和天然氣發電廠建設案，而在完工後往往無法從中獲利。但阿爾斯通的銷售團隊並不在意長期利潤，因為他們亟需拿下這些建設案，以獲取簽約後客戶支付的履約保證金。實際上，這是該公司唯一現金收入來源。

克朗先前已私下與歐洲競爭對手西門子公司執行長凱颯（Joe Kaeser）餐敘，但未能敲定任何交易。阿爾斯通公司在破產邊緣搖搖欲墜，可能必須聲請破產保護，或是尋求政府紓困。

更棘手的問題來自它的最大股東布伊格工業集團（Bouygues SA）。這個股票公開上市的家族企業旗下事業包羅萬象，從大型工程到電信應有盡有。布伊格工業集團在二〇〇六年取得阿爾斯通近三成股權，如今這些岌岌可危的持股令它如坐針氈。而且，布伊格集團自身的電信事業也跌跌撞撞，亟須找到再融資門路。因此，阿爾斯通的任何交易都必須兼顧到安撫布伊格集團。此外，奇異必須取悅把阿爾斯通視為法國奇異公司的巴黎當局。在法國政府眼裡，阿爾斯通不但是涉及國族認同的核心工業公司，更攸關許多法國人的生計。

當二〇一四年二月奇異集團的專機降落於戴高樂機場時，這些阻礙都還懸而未決。伊梅特預定與克朗在巴黎共進晚餐，但他到訪法國前先去了正在舉辦冬季奧運會的索契（Sochi）。

●●●

阿爾斯通並非伊梅特唯一收購目標。奇異集團各工業單位向來有多個交易團隊爭著為伊梅特成交大筆生意。伊梅特離開巴黎後又轉往赫爾辛基拜會芬蘭的瓦錫蘭公司（Wartsila）。它主要生產船用引擎、發電機、石油與天然氣探採設備。據熟知內情人士指出，伊梅特和奇異董事會也正斟酌「雄獅專案」（Project Lion），可能買下一家規模約相當於阿爾斯通的石油天然氣公司。

到了二〇一四年初春，奇異收購阿爾斯通案開始獲得動能。那時電力交易團隊的史密斯在與奇異最高層主管的電話會議上察覺了一個問題。他專注地聽著大家討論著如何評估阿爾斯通的企業價值和資產價值。企業價值的算法是將公司市值加上總負債再扣掉總現金。這算法考慮了整體資本結構，所以是比只計算公司市值更全面的估值方法。

由於奇異想接手阿爾斯通的天然氣和風力發電機以及電力網事業，但不要它的載客火車事業，所以不會按照每股現金（cash per share）出價，而依據阿爾斯通的企業價值——其電力事業的未交付訂單、它的工廠與有形資產、負債和科技能力等來談判收購事宜。

據奇異交易團隊成員指出，他們對阿爾斯通內部運作方式非常欠缺洞見。只要瀏覽一下媒體標題不難發現，阿爾斯通的事業前景黯淡，而且面臨著許多方面的難題，當中包括因涉及外國賄賂案件而遭美國司法部調查。然而，奇異在取得阿爾斯通內部文件上處處受限，因此難以看清其未交付訂單的價值，以及它在刑事責任方面的曝險程度。

奇異主管想知道究竟多高的價碼才能說動阿爾斯通。他們尤其努力設想應如何給予布伊格集團足夠的股東權益報酬，以促使其考慮把所持有阿爾斯通股權轉讓給奇異集團。

奇異團隊也聽取關於此案一旦失利的看法。這是因阿爾斯通財務陷困才檢視其收購價值，而首要目標是以優惠價格獲取其資產，然後留下奇異想要的事業，再將其餘部分出售。奇異電力交易團隊的史密斯說，他當時擔心自家出價過高，因為奇異想確保布伊格從這個交易案獲利。

然而，伊梅特等奇異高層主管多年後表示，在收購阿爾斯通的過程中，他們未曾聽到任何人認真地提出異議。他們可能認為，史密斯只是事後諸葛。任何人如果覺得奇異不應花那麼多錢收購阿爾斯通，當時就有義務講明、不應保持緘默。

事實上，當年的確有一些人反對此案，只是他們瞻前顧後、小心翼翼而且未能堅持到底。曾參與該案的一名電力交易團隊成員說，當某個收購案顯然已成為集團或伊梅特的優先要務時，任何反對意見都不可能擋下。持異議者必然會被說成扯集團後腿。

奇異交易團隊就是在這樣的情況下對阿爾斯通估值。集團內部銀行家忙著做各種計算，確保最終得出真正合理的阿爾斯通企業價值，或至少讓股東們能夠接受此案。他們估計阿爾斯通股票價值約為每股三十英鎊到三十四英鎊。

然而，他們的算法有些奇特之處。奇異最後出價時，所估算的阿爾斯通企業價值半數以上是出自「成本綜效」（cost synergies）。換句話說，奇異買下的企業價值逾半來自未來裁員和關廠所節縮的成本。成本綜效通常是大型收購案的一個環節，不過奇異競爭對手漢威等公司不允許其交易團隊利用成本綜效來衡量交易的價值。相較之下，奇異收購阿爾斯通主要想仰賴未來裁員和關廠以提高毛利率來確保盈餘。

此事要追溯到談判初始之時。一位奇異前主管說，此案「估值失之武斷，主因是執著於布伊格集團能否獲利。」在奇異領導階層決定安撫布伊格集團以利成交後，其內部銀行家和法律顧問即祕密著手疏通。他們對集團的出價提出解釋，但僅是自圓其說，而顧不上精打細算。

第33章

芝加哥一日

二〇一四年四月二十三日，芝加哥水街（Water Street）喜來登飯店大樓門口有群眾聚集示威。他們舉著各式標語牌抗議退休金不合理並表達心中各種憤恨不平。這群人之中有奇異集團林恩引擎製造廠的資深員工和退休人員，以及奇異旗下賓夕法尼亞州伊利（Erie）火車機關車生產廠和電力城市渦輪發電機廠的前員工。

示威者的怒氣是針對伊梅特、伯恩斯坦與奇異董事會，因為他們是集團「化繁為簡」砍成本計畫的始作俑者。奇異集團這個撙節計畫主要聚焦於縮減員工退休金和退休人員健保福利。據奇異指出，砍掉這些無以為繼的支出，有助於集團提升毛利率，以及安撫金融危機後六年來對奇異難以樂觀的投資人。

然而，奇異一方面毀棄承諾、更動給予員工終生健保的條件，卻又一方面大撒幣。奇異在過去幾年逐步涉入「補強性收購」①市場，並且持續出售不再有利的事業，期能達到募資十億美元的目標。伊梅特還對投資人發出信號，示意奇異集團將超越預定的收購目標，於適當時機做成更大筆的交易。

在喜來登飯店裡面，奇異集團正舉行年度股東大會，鶴立雞群的伊梅特瞇著眼滿、臉堆笑地與股東們握手、打招呼。他基本上是個態度親切的人，即使見到與他敵對的侯瑟洛（奇異前勞資談判代表、如今為退休人員權益辯護）依然談笑自若。他們兩人多年前在颶風島領導力中心接受培訓時，曾因划船糾紛差點大打出手。無論如何，伊梅特面對眾多怨聲載道的股東仍舊笑臉迎人。

伊梅特此時已掌理奇異集團近十五年，齊聚一堂的股東將乘此良機宣洩不滿，而這天將成為伊梅特那年最難受的日子。對股東任何怨言，他必須一一聆聽，但有時仍會按耐不住，突然以「好的，感謝你」打斷股東發言。

在這年股東大會上，除了由總顧問丹尼斯頓等人陪同履行儀式性的義務之外，伊梅特內心裡還盤算著其他事情。股東大會登場前，他曾在會場幾個街區外一家飯店套房裡數度召開祕密會議，商討奇異策略轉向的核心要項，包括如何回歸集團的工業根源、以昔日的美好方式對待旗下員工。

---

①補強性收購（bolt-on acquisitions）是指一家企業透過收購來彌補自身在某些領域能力的不足，藉此完善公司事業發展。

諷刺的是，奇異股東會場外抗議人群訴求正是同樣的事情。然而，只有極少數人知道伊梅特芝加哥祕密會議的目的。

當時，奇異交易團隊和法國阿爾斯通公司談判代表們，在飯店套房裡逐一檢視阿爾斯通資產列表和鑑價模式，試圖敲定奇異收購價碼。阿爾斯通的全球發電機與電力業務將授予奇異。而它旗下的法國高速鐵路TGV列車製造事業則不出售。奇異則把鐵路號誌系統事業賣給阿爾斯通。雙方找來的銀行家對阿爾斯通資產鑑價迭有爭執，比如說奇異這方認為阿爾斯通電力事業的未交付訂單含糊不清，而且未經全面檢視，難以適當評估其中的漏洞和不利條件。伊梅特已於二月間預先告知董事會此交易案進展，董事們相信最終將以一百二十億美元成交。

在奇異即將召開股東大會之際，阿爾斯通執行長克朗搭機來到芝加哥與伊梅特關室密談。奇異和阿爾斯通的交易團隊以及雙方找來的投資銀行家都已知道，這將是奇異史上最大手筆的收購案，一旦成交將有助於掃除十三年前威爾許收購漢威案鎩羽而歸的陰霾。伊梅特與克朗最終談成了這項交易。

伊梅特同意提高價碼，以一百三十五億美元收購阿爾斯通的電力網設備和各式渦輪發電機事業。克朗確信，這個價格足使阿爾斯通董事會欣然接受，也將獲阿爾斯通股東投票通過，而且最關鍵的是能讓布依格集團點頭同意。

於是，克朗認定把談判結果告知法國社會黨籍總統和經濟部長的時機已經成熟。

而伊梅特則前往喜來登飯店出席股東大會。他在講台上一邊聽著股東發言，一邊想著即將揭露的重大交易訊息。

第34章

審慎的提案

二〇一四年四月二十三日美東時間下午五時過後不久，彭博通訊社全球各地接收端均獲知這則頭題新聞：奇異集團洽商以逾一百三十億美元收購阿爾斯通公司。這時奇異董事會、阿爾斯通高層與股東早已知悉此事，然而阿爾斯通執行長克朗尚未告知董事會，而且最要緊的是，他還沒知會法國總統法蘭索瓦．歐蘭德（François Hollande）①領導的政府。

《彭博社》的頭題新聞尤其令法國經濟部長阿諾．蒙特堡（Arnaud Montebourg）深感震驚和不悅。社會黨籍的歐蘭德與蒙特堡都憤怒不已，因為阿爾斯通是法國最重要的老牌工業公司之一，而且

①法國社會黨的核心領導人之一，是法蘭西第五共和國（現今法國政權）第二位左翼總統。執政期間高失業率與財政赤字，內閣醜聞不斷，因此自動放棄連任，成為二戰以來法國首位自動放棄連任的總統。

曾於十年前接受過政府紓困，如今竟然祕密地與美國奇異集團洽談收購案。

在此消息餘波盪漾而且使得阿爾斯通股價飆漲逾一〇%之際，克朗匆匆趕回巴黎，並於四月二十四日緊急會見蒙特堡，期望能安撫他的情緒和贏得他對奇異收購案的支持。克朗先前曾在法國遍尋可行的買家，期能為阿爾斯通消解沉重的債務壓力，使其獲得恢復健康體質所需的綜效，然而他的努力終究徒勞無功。他考慮過的目標包括有夥伴關係的法國核能工業巨擘阿海琺集團（Areva），阿爾斯通曾為其發電廠生產大型蒸氣渦輪發電機。克朗也考量過與法國航太工業翹楚賽峰集團（Safran）合併的可行性。賽峰集團與奇異集團曾有過夥伴關係，雙方為共同研發噴射引擎而組建的CFM合資公司是當中最成功的事業之一。但相關洽談都無疾而終。克朗最後相信，不會有規模夠大且體質健全的法國企業願意收購阿爾斯通。

二〇一四年初，阿爾斯通股價開始暴跌，克朗持續尋覓妥適的買主，而就在此時，德國西門子公司執行長凱颯出手了。極度自信的凱颯當時亟欲鞏固西門子在全球發電設備市場的地位，正四處探尋能使他得償夙願的交易案。西門子也有它自身的問題。其載客鐵路運輸事業前景正逐漸黯淡。凱颯認為，若西門子與阿爾斯通合併將會相得益彰。無論如何，西門子與阿爾斯通之間始終有一些難解的嫌隙，比如說，兩造高層一直不滿對方。

克朗相信，在阿爾斯通二〇〇四年幾乎破產時，西門子管理階層曾試圖落井下石、在歐盟執委會監管人員面前抨擊阿爾斯通的反競爭作為。如今，克朗是在未知會董事會的情況下與凱颯會談，但雙方終究沒能成交。於是，克朗在二月間示意對奇異收購案抱持開放態度，而且當月就於巴黎與伊梅特舉行晚餐會談。值此之際，歐蘭德和蒙特堡正力圖重塑執政社會黨的形象，期能促成該黨對大企業與跨國公司採取更開放立場。然而，歐蘭德和蒙特堡都不樂見美國企業收購法國公司、著手裁撤法籍員工。

因此，奇異在法國的最高階主管克拉拉．蓋馬爾（Clara Gaymard）緊鑼密鼓但不動聲色地遊說歐蘭德政府官員，一再向他們保證奇異不會清算阿爾斯通。

而在阿爾斯通股票暫停交易、奇異與阿爾斯通逐漸談出梗概之後，各方持續相互較勁。伊梅特與顧問團再次來到巴黎與蒙特堡召開週日會議，隔天又與歐蘭德會談。伊梅特此行還帶了奇異電力公司執行長波茲，以及交易團隊的頂尖高手佛蘭納瑞。

在對奇異股東解釋阿爾斯通交易案的益處之前，他們必須先說服法國政府，阿爾斯通與奇異成交對其員工和法國最為有利。他們也應確保法國政府會協助奇異通過歐盟執委會監管當局的把關考驗。對伊梅特來說，這是一趟「業務拜訪」，而且攸關奇異能否強化集團實力、進而擊敗歐洲與亞洲地區的競爭對手，以及開創更多新工作機會。

但奇異沒能如願以償。

在伊梅特進法國艾麗榭宮總統府之前，法國經濟部長蒙特堡就使出殺手鐧，表明「無法接受」奇異所提交易案。更令奇異憂心忡忡的是，蒙特堡正式邀請了西門子向阿爾斯通出價。而且，法國總統歐蘭德也排定了與西門子執行長凱颯在艾麗榭宮面談的時程。

儘管如此，奇異與阿爾斯通的談判突然進展神速。奇異的董事會在四月二十九日召開電話會議，伊梅特首先自信滿滿地做了簡報，說明收購阿爾斯通電力事業的交易案和它對奇異集團的意義，然後交付董事會表決。結果，董事會無異議通過了此案。

伊梅特在四月三十日的電話會議向股東表示：「這不是我們在法國或歐洲的第一起交易。」而阿爾斯通的董事會當天也投票認可了奇異收購案。奇異確信這起交易將迅速獲得巴黎、布魯塞爾與華府監管當局批可，而且將能達到其裁員關廠、節縮成本的目標。

伊梅特指出：「假以時日，奇異的工業事業將日益壯大，而集團的收益將有七五％來自工業部門、二五％來自金融服務部門。我們將極有機會以有利的方式達成這個目標。」

然而，奇異低估了蒙特堡的影響力。他在五月間迫使阿爾斯通推遲了最終的股東投票程序，並促使奇異承諾為法方新增一千個工作機會。奇異高層主管和銀行家並不十分擔心這類要求，因為阿爾斯通旗下許多員工受雇於其他國家。奇異電力公司執行長波茲也不關切此事。正如他所說，這真的不是他的問題，而且奇異集團還可以在巴黎雇用大批軟體工程師為其工業物聯網平台Predix效力。他無須煩惱交易案的細節，因為憑奇異集團的規模足以吸收相關成本，而履行主要承諾的成本甚至不必由奇異電力公司承擔。

蒙特堡另外還對克朗出手，譴責他祕密出售阿爾斯通「違背民族倫理」。他甚至在法國國會聽證會詢問是否應對克朗測謊。後來，蒙特堡又於五月五日代表歐蘭德致函伊梅特，威脅要封殺奇異與阿爾斯通的交易。不到兩週後，蒙特堡再下重手，促成了法國政府發布行政命令，把當局阻擋外國企業收購法國關鍵事業的權力進一步擴大。蒙特堡身為經濟部長得以干預的領域，從國家安全與核能相關事業，延伸到了電力設備製造業、健保業、電信業和水資源產業。他也持續與德國西門子公司唱和。凱颯在慕尼黑指出，西門子正積極考慮出價阿爾斯通以收購其電力事業。蒙特堡也敦促阿爾斯通高層等候西門子報價。

伊梅特意圖吞併全球電力市場、壓倒其他競爭對手。只是西門子和三菱等強敵不會不戰而降。

蒙特堡堅定地挑戰奇異等美國大企業，深恐它們收購法國至關緊要的公司後將無情地裁員關廠，再把公司轉售牟利。他不會坐視奇異集團輕鬆地拿下阿爾斯通。

第35章

「我們辦事，大家可以放心。」

面對怒氣沖沖的法國當局，伊梅特一貫談笑以對。他在五月底向一群金融分析家說：「請信任我們。我們辦事，大家可以放心。」他的意思是，奇異集團借助長年在法國維護其設施所累積的經驗，可以找出有效方法應對法國官僚體系。

然而，法國當局認真且堅持各項條件，同時要求奇異集團改變惱人的談判姿態。於是奇異把阿爾斯通批准交易案的期限展延到六月二十三日。這使得西門子公司有了足夠時間與奇異競價。奇異發言人高分貝指稱法國政要的反對論述似是而非，而且了無新意，幾乎無報導價值。他們還說，奇異出價對阿爾斯通公司和法國經濟非常有利。

即使這樁大買賣仍懸而未決，奇異公關部門相信，伊梅特可使法國民意轉而支持此案，更何況他能炒熱談判氣氛、憑其獨特行銷魅力讓最頑固客戶點頭成交。在五月二十七日，也就是伊梅特與法國總統歐蘭德再度會談前一天，伊梅特於法國國會聽證會表明，奇異將與阿爾斯通電力事業建立「聯盟關係」。其證詞也帶有一些挑釁意味，反映出他因蒙特堡、歐蘭德與法國官僚體系極力阻撓而深受挫折。無論如何，他還是一再保證阿爾斯通與奇異成交大有好處。他說：「我們將帶來建設，而且不會因時局艱難棄之不顧。」另一方面，德國西門子公司也有意收購阿爾斯通燃氣渦輪發電機事業，而日本三菱重工（ＭＨＩ）則意欲取得阿爾斯通核能事業、水力發電事業、電力網事業部分股權，且願與阿爾斯通建立研發和採購夥伴關係。

凱颯於六月親自向克朗和阿爾斯通董事會出價。據凱颯指出，西門子的價碼高過奇異集團，一旦雙方成交，阿爾斯通將獲得七十億歐元現金，足以徹底解決其債務問題。而且，阿爾斯通將繼續在法國營運，此外西門子還擔保會雇用一千名法國勞工。這是法國政府樂見的提案，此舉形成的壓力促使奇異集團正式保證會為法國創造就業機會。儘管奇異召開記者會痛斥西門子攪局，克朗仍承諾會慎重考量西門子提案。

●●●

到了六月底，奇異微調了提案，以利與西門子決一勝負。對於奇異所提交易案，法國當局除了擔心工作機會流失之外，最大的焦慮莫過於：阿爾斯通數世代累聚的資產將被外國企業據為己有。因此，奇異必須設法讓法國保有阿爾斯通部分所有權，並使歐蘭德政府的干預行動享有守護傳統產業資產的美名。不過也唯有使阿爾斯通精實化，此事才行得通。

奇異修正的提案包括成立三方合資公司，而其結構與西門子和三菱重工所提大同小異。合資的三方將分別掌控阿爾斯通電力網、再生能源、核能事業。而奇異與阿爾斯通將各擁有一半所有權。法國政府將掌握阿爾斯通核能事業優先股，以防日後被外國實體徹底接管。巴黎當局也將取代布依格集團持有新阿爾斯通二成股權，從而擁有影響其發展策略的權力。

奇異集團為這筆交易添加了優惠條件，使法國（尤其是經濟部長蒙特堡）贏得某種程度勝利，而阿爾斯通與股東不必然因此受益。蒙特堡堅持法國當局在這類交易中扮演主導角色，他訴諸政府干預、阻撓奇異與阿爾斯通成交、邀請西門子向阿爾斯通出價，成功地動搖了奇異的「博爾韋爾主義」（一旦出價絕不容討價還價），迫使奇異修改了交易條件。

於是，法國不能續打西門子牌。蒙特堡日後接受《華爾街日報》專訪時表示，雖期望德法在全球發電設備與運輸市場共創具競爭力的「冠軍企業」，然而礙於歐盟反托拉斯法規極為嚴苛，西門子與阿爾斯通終究難以結合，法國最後迫於形勢只好允許奇異收購阿爾斯通電力事業。他還指出，歐洲各企業處境嚴峻，「所有經營者都面臨困境，合併又談何容易」。

阿爾斯通處境比其他法國公司更加艱辛，亟需一個買家助其救亡圖存。但法國當局擔心奇異收購會造成社會與經濟效應，於是想方設法迫使奇異提出三方合資架構、承諾會保障法方就業。

二〇一四年六月二十日，該案終於取得法國政府批准，並獲阿爾斯通董事會投票通過。接下來只待歐洲聯盟認可。

第36章

高價收購

由於伊梅特對數位化興致勃勃，奇異集團持續朝此方向重塑和重振工業事業。他除了想讓奇異數位公司成為足與谷歌相提並論的企業，同時也渴望集團能和斯倫貝謝（Schlumberger）、哈利伯頓（Halliburton）等石油產業巨擘平起平坐。這兩大公司提供油田服務和勘探、開採設備，在全球金融危機落幕後延續到二〇一〇年代初期的多頭市場中賺得盆滿缽滿。伊梅特團隊在金融危機前就著手收購石油相關事業，於二〇〇七年以十九億美元買下製造鑽探設備的威科（Vetco Gray）公司，並把它併入奇異一九九〇年代得手的義大利石油產業設備製造商新皮尼奧內公司（Nuovo Pignone）。在金融危機過後，伊梅特開始縮減奇異集團事業組合，出脫了一些已無利可圖的事業。如今，奇異藉由一系列高價收購行動，已在石油天然氣設備市場占有一席之地。它擁有了英國的油田服務事業，德州的泵浦、井口、調節器和油管製造商，以及挪威生產油壓與流量偵測器的公司。

奇異迅速囊括眾多小公司來形成規模經濟，有時因收購價過高而招致華爾街分析師和商業線記者議論。但它照舊在石油產業孤注一擲，持續收購壓裂（fracking）設備與海域油氣鑽探設備公司，當中包括鑽頭製造商、壓縮機廠、輸油管巡檢服務供應商。

然後，在二〇一三年四月八日，奇異召開記者會宣布將以三十三億美元收購德州拉夫金工業公司（Lufkin Industries），並稱該公司提供「世界級人才、設備與服務」。該公司有一百一十年歷史，主要生產把油氣從地下層上推至地面的「人工提舉」（artificial lift）設備，是德州拉夫金市的經濟命脈，過去數十年來曾為當地最大雇主。但其隨著德州與奧克拉荷馬州石油產業興衰而起起落落。

近幾年因北美頁岩油氣市場蓬勃成長，該公司訂單與利潤跟著水漲船高。（這是奇異高價收購它的主因之一。）

奇異集團斥資一百四十億美元建構了奇異石油天然氣公司（GE Oil & Gas），而拉夫金工業只是此過程後期一個組成項目。在威爾許時代，奇異僅擁有一家石油產業設備公司，如今伊梅特力圖把它擴張為集團最重要的工業事業之一。這個策略與其環保行銷術語「綠色創想」（ecomagination）顯然扞格不入。但他和奇異石油天然氣公司執行長羅倫佐・希莫奈利（Lorenzo Simonelli）自信發現了從石油汲取利潤之道。他們料想，隨著全球經濟與人口成長，奇異將因油氣需求增加而大發利市。

到了二〇一四年底，奇異經由一系列交易在集團裡形成了一個新的能源業集團。此時，以銷售額來說，奇異石油天然氣公司已是第三大能源業者。當年奇異一千億美元工業營收中，約四分之一直接或間接來自石油天然油氣事業。雖然某些分析家指出它進軍油氣產業比競爭對手晚了好幾年，但奇異高層相信這場豪賭未來將獲得美好成果。

奇異石油天然氣公司主管於二〇一四年九月在曼哈頓瑞吉飯店召開了一場記者會，向投資人與分析師簡報未來發展計畫。他們預測，全球經濟復甦將推升石油需求，促使客戶訂購更多奇異集團生產的鑽探設備。在一張接著一張的幻燈片輔助下，奇異主管們概要說明油氣事業相關科技將逐步演進，且為集團帶來高毛利率和穩定銷售成長。

他們預料油氣需求將強勢增長，而且面臨技術難題的環境下（例如離岸很遠的深海油田）將促成更多新勘探行動。這不但能增進奇異生產線的利潤，也可望促使業界引進新設備。在簡報的幻燈片當中，有一個安置於海床的大型分離器能把海底油田石油與天然氣解離出來，然後分別輸送到海面船隻。

奇異主管表示，當油氣價格高漲時，挪威和蘇格蘭油氣探採將更繁忙，而其高風險海床作業環境需要高科技的分離器，這時奇異產品就有機會大展身手。儘管石油產業向來倚重簡單廉價的技術，但奇異自信能推廣高科技設備。奇異集團主管安德魯・維伊（Andrew

Way）是離岸設備專家，他在簡報會上向投資人保證無須擔心，根據奇異「基礎方案」的樂觀評估，國際油價將維持在每桶一百美元上下。

布侖特原油期貨八月收盤價為每桶逾一〇五美元，僅略低於夏季尖峰時期的價格。然而，就在奇異主管於曼哈頓向投資人簡報之際，國際原油價格開始長期滑落到每桶一百美元以下，在二〇一四年底更跌至每桶不到八十美元。而一年後，布侖特原油期貨收盤價甚至來到每桶五十美元以下。

奇異高層堅稱不在意原油價格。他們說，奇異成立石油天然氣公司並非著眼石油市場。鑒於油價會直接影響奇異石油天然氣公司，他們的說詞實在不合常理。奇異是跟隨潮流跨入此產業，如今付出代價極為高昂，只好著手「精簡化」（right-sizing）油氣事業。

按理說，奇異油氣公司有龐大未交付訂單應當還算安全。然而，如果下單客戶受油價崩盤所累，付不出鑽探開採設備的錢，那麼奇異縱有大批訂單也無補於事。奇異高層私下承認，他們與客戶展開了敏感的訂單重新議價談判，另也商議延期交付事宜，有些訂單最後甚至取消了。奇異未交付訂單估計約值四十億美元，但當中某些訂單難免蒙受若干損失。

迫於大量訂單重新議價的壓力，奇異財務長伯恩斯坦主張工業策略轉向，改採「標準化」生產，因為在當前環境條件下，客製化成本過高，已不值得繼續推行。奇異將不再因應產油業者個別需求，提供投其所好的客製化設備。改採標準化作業後，奇異將著手裁員，因為從長遠來看，這方式最節省成本。

這意味著奇異集團遲早必須整頓拉夫金工業公司。

在德州當地已出現一些令人擔憂的跡象。那裡的地方官員原期望奇異完成媒體所稱「鳳凰計畫」，將一處逾五萬平方呎鑄造廠區部分建築夷平，然後增蓋新建物，並把保留下來的部分重新修繕。在奇異提出此計畫時，拉夫金工業公司仍是拉夫金市經濟命脈，如今該公司領導人很清楚石油產業已不復當年盛況，他們知道當油價慘跌時那些宏大計畫會有何下場。

奇異接連數個月警示，油氣事業各單位將裁減員工。它已在鄰近地區一處前拉夫金設施解雇五百七十五名工人。拉夫金市官員寄望奇異為鳳凰計畫中的鑄造廠尋覓買家。然而，奇異於二〇一五年八月二十四日宣布，將關閉該處鑄造廠。

拉夫金市長鮑勃．布朗（Bob Brown）當天向記者表示：「奇異已經很久沒帶來好消息。當年他們承諾將拆解重建那處鑄造廠，才使得收購拉夫金工業公司的交易隨之拍板定案。如今我經過它的後門時，只見到一些人垂頭喪氣地走出來，這真的傷透了我的心。」

布朗坦承對油價實在無能為力，而油價暴跌造成了奇異決定關閉該鑄造廠，並資遣安傑利納郡（Angelina County）拉夫金設施各處的二百六十二名員工。在石油市場欣欣向榮時，拉夫金工業公司受益於壓裂設備業務而獲利豐厚，因此獲得奇異集團青睞、重金收購，未料此後油價長期走跌，最終成了奇異集團必須犧牲的對象。

奇異總部對此感到心力交瘁。油氣事業單位已砍到幾乎見骨，沒有續砍成本餘地，所剩唯一選擇就是認列虧損。

石油產業其他主要設備與服務供應商處境亦然，為了改善收益而裁減員工、刪砍專案成本、想方設法從客戶獲利。（許多夫妻檔投機業者境況最慘，紛紛聲請破產保護。）一年後，奇異油氣事業併入了油田服務巨擘貝克休斯公司（Baker Hughes），並由奇異集團持有公司逾五成股權。奇異掌控、希莫奈利營運的上市新公司「奇異貝克休斯」從而誕生。於是，奇異有了更多裁員關廠的轉圜空間，其在石油產業的曝險也隨之減輕。

奇異稱此為轉型性質的交易，意向卻不明朗。儘管伯恩斯坦等高層主管說這使奇異有了選擇自由，但投資人對集團策略一無所知。它會在石油產業上加倍下注嗎？或是準備退出石油產業？雖然擁有長期選擇權對奇異是件好事，但這關係到許多人的生計，而他們絲毫不清楚公司未來走向。

拉夫金市並沒有因這筆交易而獲救，其歷史悠久的鑄造廠最終被奇異關閉。自奇異收購拉夫金工業公司以來，該市共失去了四千多個工作機會。而從奇異宣布入主拉夫金公司到關閉鑄造廠，整個過程歷時僅八百六十八天。

第37章

工業軟體的難題

在那段期間，伊梅特打造不可或缺工業軟體公司的夢想也面臨挑戰。奇異的願景是建立工業物聯網軟體平台，連結全球重型機器、收集與分析數據、提高能源使用效益，而這一切所需軟體生態系統——作業系統與應用程式、數據運用協議及規範、排除故障的工具、雲端運算和伺服器群組等——尚未真正成形。集團某些主管主張，解決之道是和這些方面經驗老到的公司建立夥伴關係。谷歌、甲骨文、微軟、亞馬遜等全球性大企業數十年來研發的軟體，對商業、通訊與日常生活各層面影響深遠，而奇異對機器相關知識和客戶需求的了解也無人能及，彼此若建立夥伴關係將有助於打造「工業網際網路」必備的軟體架構。

然而，伊梅特認為這是無稽之談。因為奇異注重「領域知識」，了解國際商業機器公司從未能掌握的數據，自家不但深知應分析哪些數據，更有能力研發數據採集、儲存、分析與運用所需軟體，因此集團全然可擁有自己的平台，無須分享其努力成果。

當然，奇異首先須研發行之有效的軟體。

奇異曾在數年前推出第一版的Predix，並稱其為「首創的強大工業平台，提供機器、工業大數據與用戶互聯的標準化安全方式。」

奇異可能想告訴大家，這個產品將改變工業機械及主要經濟部門運作方式。但集團高層主管對Predix讀法甚至莫衷一是，伊梅特把它唸為「PREE-dix」，而比爾·魯的發音則與「predicts」（預測）相近。這似乎暗示奇異內部對關鍵新軟體平台溝通不良，只是沒人公開談論此事而已。儘管奇異不斷發布新聞稿、舉辦投資人說明會來宣傳Predix，但它從未真正上市。

在美國總統歐巴馬執政晚期，喜劇中心頻道《荷伯報告》（*The Colbert Report*）著名主持人史蒂芬·荷伯（Stephen Colbert）接手大衛·萊特曼（David Letterman）在哥倫比亞廣播公司（CBS）的深夜節目時段，推出了《荷伯報到》（*The Late Show with Stephen Colbert*）於二〇一五年九月八日首播。節目穿插播出一則奇異集團廣告，廣告中一位年輕程式設計師歐文首度現身。「歐文」系列廣告是伊梅特與康斯塔克時代後期產物，由奇異長年合作的廣告商BBDO製做。

這些廣告裡的歐文告知親友，他獲奇異錄用為軟體設計師，結果引起他們各種不知所措的反應。比如說，歐文那困惑的父親猜想他舉不起沉重的鐵鎚，因此只好寫程式糊口。奇異此系列廣告充滿自嘲，可說前所未見，其目標是把奇異重新定義為「數位工業集團」，使這個新品牌深植人心，同時也提醒求職者考慮奇異提供的工作機會。然而，奇異的廣告商與行銷團隊首先要克服的，是奇異母公司那個令人根深蒂固的形象。奇異只會讓人聯想到發明家愛迪生的工作台，以及龐大的工業機械，實在與期望形塑的科技企業形象格格不入。

歐文系列廣告道出了奇異數位公司部分真相。該公司曾向投資人宣稱，它成功地吸引了一些臉書和蘋果公司的年輕程式設計師，然而是事實是，矽谷人才對其挖角行動並無反應。就像奇異自嘲的歐文系列廣告中一些角色所言，年輕程式設計師與其投效奇異數位公司，還不如寫一些討人歡心的遊戲程式。畢竟進了奇異數位公司，要克服的挑戰不光只是寫程式，還得把軟體整合進工業工程師們慎重企求的物聯網平台。

奇異說歐文系列廣告在招攬人才方面大有斬獲，廣告播出後向奇異數位公司求職者增加了八倍。其行銷長琳達・柏夫（Linda Boff）告訴內容行銷網站《*Contently*》寫手說：「員工喜愛這系列廣告，我們還曾邀請扮演歐文的演員參加內部活動，其盛況不下於披頭四樂團成員重聚。員工們對廣告裡訴說的奇異集團故事興奮不已，而其實這是他們的故事。他們就是奇異集團的歐文。」

然而，集團裡其他人對這系列廣告深惡痛絕。他們認為行銷團隊所謂自嘲但正面的廣告不但對集團不敬還會適得其反，奇異不須用這種挖苦自己的方式來吸引二十來歲、擁有程式設計學位的人才。

而且，奇異數位公司持續令人心存疑慮。該公司主要由比爾．魯以及工業事業單位裡不同的數位化團隊掌理，其支出持續節節高升，在二〇一六年已逼近五十億美元，相當於經過成本優化分析的新型噴射引擎半數的研發經費，這對奇異集團來說也是一大筆錢。

奇異集團工業物聯網軟體平台和數位轉型始終話題不斷，旗下數位公司每年都在舊金山辦投資人說明會，也頻繁為聯合太平洋鐵路（Union Pacific）、艾索倫電力公司（Exelon）等主要工業客戶舉行產品展示會，凸顯大數據的未來發展潛能。

問題是大家不清楚奇異耗資五十億美元能有什麼收獲。

當二〇一六年即將結束時，伊梅特宣布二〇一八年奇異集團每股盈餘至少會有二美元。這種長期預測頗不尋常，對伊梅特的意義卻不容小覷，且將決定其職涯後續評價。奇異集團若能達成此目標，將可證明它的數位轉型獲得成功。世人將見證，奇異擺脫對金融服務的依賴和經歷阿爾斯通交易案的波折後，依然能維持成長。而股市總是會獎勵最有耐性的投資人。

第38章

「我甚至不清楚公司賣的產品」

二〇一六年三月，奇異集團訴求「數位」未來的行銷活動如火如荼展開。對投資人和市場分析師來說，奇異的軟體解決方案似乎比其傳統服務合約更具商業吸引力。

奇異醫療公司主管群於三月十一日來到曼哈頓下城，魚貫進入紐約證券交易所大樓，分批搭乘電梯前往位於高樓層的會議室。當天是該公司「投資人日」，而且是其多年來首次辦投資人說明會。奇異醫療長期以來面臨經營困難，而且高價收購、倚重生物製藥的生命科學部門也未見起色。其領導人佛蘭納瑞若能使公司起死回生，可望在集團下屆執行長選任過程成為黑馬。

奇異醫療長年的問題與集團先前割捨的家電事業大同小異。它們都面臨外來新進業者強勢挑戰和產品價格低落的威脅。奇異醫療的客戶（各醫療院所）因費用報銷問題與保險公司或聯邦醫療保險陷入苦戰，以致財務上面臨困境。當前他們最需要的是奇異給予折扣優惠，而不是升級設備和擴充更多新奇功能。

許多公司已全面退出醫療保健事業。西門子公司拆分了醫療儀器事業單位、另立公司獨立運作。東芝和飛利浦公司也都放棄了醫療設備事業。而奇異醫療前執行長約翰・迪寧（John Dineen）沒能找出公司重振旗鼓之道，終至黯然下台。

在這樣的背景下，略顯緊張的佛蘭納瑞拿起說明會場麥克風，向投資人大談奇異醫療的產品線。他指出，公司最強項之一是打進其他業者產品市場的能力。據他形容，奇異醫療擁有攻占某些市場的灘頭堡團隊，他們在一些落後國家賣利潤不高的手持式超音波掃描器，但借助當地政府官員在多個領域插旗，為集團利潤更豐厚的電力、油田設備或噴射引擎招攬生意。

有分析家認為，奇異集團計畫把醫療事業分拆出來，成立以醫療設備為單一業務的公司，如此利潤將相對提高，而且直接競爭對手也會減少。然而，佛蘭納瑞提供了很好的理由讓集團保留醫療事業。他了解醫療事業的益處，而且沒道理在營運好轉前急著將其脫手。他過去領導交易團隊時就把此想法告知伊梅特，最終獲其任命執掌醫療公司。

他在曼哈頓下城成功說服了部分投資人，使他們相信自己在成本控管上會比先前的領導人更加嚴格，而且未來二到三年，集團會因應市場狀況繼續提供醫療公司保護傘。

該公司主管團隊當天也促銷Predix。他們興奮地指出，Predix駕馭大數據的潛力有助於提升醫療研究與醫療照護的品質。他們還找來客戶向投資人和記者談論Predix將如何使醫療設備發揮最大潛能。Predix能讓廣泛分散於各地的專家在使用奇異的設備上共同合作。而大量的檢測結果將持續充實機器學習過程，使奇異得以精進從飛機維修到發電等一切事業。他們指出，Predix在醫療檢驗方面的應用有助於研發更強大的新工具，以更有效地及早發現疾病。

然而，他們的承諾與後來的現實發展大相逕庭，奇異最終未能使新產品發揮預期效用。不論行銷手法如何高明，依然會受制於物理法則。事實證明，Predix無法迅速處理各醫療院所檢驗設備的海量資訊，以進行實時數據分析、檔案傳輸和機器學習。在奇異行銷與銷售人員準備和客戶簽署軟體合約之際，集團內部對Predix是否實際可行的疑慮無所不在，而且始終揮之不去。

奇異醫療與工業事業數位化團隊一邊設想，一邊提供客製化程式給願意嘗試Predix的客戶。只是這無法滿足奇異數位公司的快速學習需求。客製化程式也難以讓公司產生利潤，因為它還不能賣給其他客戶。軟體業一般的獲利模式是提供一體適用的程式，而不是個別為客戶設計獨特軟體。

而且，要達到企盼的銷售額必須先有客戶（石油業者、航空公司、電力業者、鐵路貨運公司、醫療院所）真正需要的可行產品。

奇異在Predix這個工業物聯網軟體平台上砸了無數資金，但它始終沒有一以貫之的策略和深思熟慮的工序，產品研發甚至徒勞無功。陷入困境部分原因在於，集團雖雇用大批新員工、給予他們所有必要資源來實現願景，其運作模式卻如同汽車公司蓋了組裝廠也雇了工人，而生產線遲遲等不到汽車設計圖。

奇異理當責成小團隊竭盡所能研發新產品，然後隨著產品精進再逐步擴大運作規模，但它卻反其道而行，在時機還不到時就事先建立龐大的組織。為了使系統穩定或全面重啟系統，其研發工作經常被迫中止或推遲進度。

集團高層施壓要求各事業單位使用Predix並拿出成果。由於必須執行許多配套工作，有些事業單位拒絕採用，其他單位則著手研發自己的軟體工具。伊梅特勸告旗下事業領導人不要自行其是，也別再抱怨連連。一位主管說：「他不厭其煩地要我們向Predix致敬。」

行銷與銷售團隊擔心潛在客戶會認為，奇異集團不愛用自家軟體。奇異大舉宣傳數位願景，但客戶真正想看的是落實概念的產品，而奇異卻拿不出太多具體成果。事實上，奇異銷售團隊甚至對自家數位產品的功能全無信心，因為他們推銷的是不易了解、更難以解說的深層分析軟體平台。

這個難題持續惡化，而集團似乎沒有轉圜餘地。在一次奇異高層主管會議上，一位高管質問持續推進Predix是否真的合理。伊梅特聞言勃然大怒，明確表示數位轉型走向不容質疑，並下令繼續打造工業物聯網軟體平台。

奇異高層期望此系統能幫全球上線客戶處理一切事物，而集團工程師擔心高層不了解軟體研發，恐將阻礙其進展。奇異計畫打造自家的數據中心，並打算自有和自營雲端運算服務，只是這必然曠日廢時且所費不貲。況且，亞馬遜和微軟等公司早已注資數十億美元提供這類服務。起步太晚的奇異有何理由搶奪這個市場？

此外，奇異另一問題是想用單一平台來處理一大堆事情。奇異工程師們發現，集團全球各事業的系統使用不同的程式碼，當它們把大量偵測數據全部上傳到同一分析平台時，運作效率低落到令人難以忍受。

在此之際，奇異風險投資部門取得許多軟體工具研發公司股權，雖然這些軟體工具可用於Predix平台、使其新增一些功能，但它們也會造成平台程式碼更加複雜棘手。這將導致更多軟體漏洞、使用者介面不易操作，以及平台特色難以彰顯。

奇異察覺Predix平台不具競爭力後終於改變策略。在數位轉型過程中，它只是做出諸多宏偉承諾、徒然造成沉重的成本負擔和員工的困惑。

當奇異醫療公司於紐約證交所大樓的說明會結束後，兩名擠在電梯前方的年輕員工大聲聊著數位產品。其中一人問說：「你們解決定價的問題了嗎？」另一人語帶悲涼地笑道：「我甚至不知道公司賣的是什麼產品？」這些話都傳進了電梯後面《華爾街日報》記者的耳中。

第39章

執行長的交易

到了二〇一五年春季，奇異集團的交易團隊愈來愈焦慮。他們得知，集團必須在收購法國阿爾斯通公司上讓步，方能獲得全球各地監管機構批准，而歐美當局的認可尤其重要，此外也要顧及亞洲和南美國家的立場。要求奇異妥協的條件包括提高收購價，然而這牴觸奇異向投資人提出的交易說帖。

歐洲監理當局過去曾使奇異的收購案鎩羽而歸。在二〇〇一年威爾許執行長任期將屆之際，歐盟執委會競爭事務專員馬力歐·蒙蒂（Mario Monti）封殺了奇異併購漢威航太集團的計畫。當年威爾許亟欲使此案成為職涯最大成就，甚至為此推遲退休日期、迫使接班的伊梅特尷尬地旁觀。

該案與伊梅特收購阿爾斯通案有相似目標，它們意圖大舉擴張奇異關鍵的工業事業單位，並藉由積極的降低成本手段和裁員，來增進市占率及提高毛利率。然而，威爾許當年錯估歐盟抗拒力道。那時歐盟官僚體系積極抵擋奇異近似壟斷的擴張行動，以免空中巴士公司等奇異在歐洲的競爭對手遭受威脅。威爾許認為歐洲要求他妥協的條件過苛，最終放棄了收購漢威案、於二〇〇一年卸下奇異集團執行長職務。

如今，伊梅特必須避免奇異收購阿爾斯通案重蹈覆轍。他必須求助法國政府遊說歐洲監管當局，尤其應借重幹勁十足的法國新任經濟部長暨前銀行長艾曼紐・馬克宏（Emmanuel Macron），以確保奇異與法國當局和阿爾斯通公司談判的成果。然而此事困難度遠超過奇異高層的預期。歐洲監理當局深重關切，歐盟國家鞏固發電設備市場的能力將遭該案衝擊。

奇異從一開始就面臨歐盟執委會競爭事務專員瑪格瑞特・維斯塔格（Margrethe Vestager）這個強硬對手。法國主要關注此案對其就業市場的影響，並力求確保法國企業持續掌控具重大意義的科技事業。歐盟的監管任務則迥然有別。歐盟在意的是，渦輪發電機市場選擇原已不多，一旦阿爾斯通被奇異收購，屆時市場將只剩三大競爭廠商奇異、西門子與三菱日立，以及義大利安薩爾多公司（Ansaldo）和中國哈爾濱電氣集團供應的產品，歐洲等地公用事業與電力業者將因此更加受制於人。

奇異交易團隊屢次與布魯塞爾的歐洲監管人員會談，同時也努力盤算可以放棄阿爾斯通哪些資產，來贏得歐盟執委會批可收購案。而歐洲監管當局很早就表明，任何交易案都須讓歐洲保有足以抗衡奇異的電力事業。

另一方面，奇異交易團隊在美國也面臨難題。美國司法部盯上阿爾斯通在佛羅里達州的子公司電力系統製造公司（PSM）。它並不是奇異收購案中值得伊梅特大肆吹噓的重點項目。伊梅特偏好談論的是全球賽局，以及贏得更大的世界市場占有率。但參與此交易案的某些銀行家相信，PSM可成為奇異集團的靈丹妙藥。PSM向燃氣火力發電廠提供零組件和服務，而且是奇異7F燃氣渦輪發電機三大零組件供應商之一。據美國政府指出，發電業者採用的奇異渦輪發電機七成是7F燃氣渦輪發電機，如果奇異併吞PSM將在關鍵零組件價格上有壓倒性的優勢，直接牴觸反托拉斯法規。

奇異電力公司某些高管認為，更有價值的是PSM對西門子等製造商提供渦輪機零組件與服務專利授權。這意味著PSM能成為奇異囊括電力業幾乎所有利潤的門路。多數生產渦輪發電機的公司賠錢賣機器，比如奇異新型H等級渦輪機光是組裝就要耗時數個月，而且售價甚至很難使投資回本。幾乎所有電力業者買渦輪發電機都會加購長期服務合約，以利機器長年運轉。奇異就是靠這些保障機器運行時數、價值數百萬美元的合約獲利。它若能掌控PSM，不但能賣服務給自家產品用戶，還能把服務合約售予西門子等競爭對手的客戶。因此，參與阿爾斯通交易案的銀行家認為，PSM猶如未經琢磨的璞玉，是奇異獲取源源不絕利潤的契機。

在奇異力圖成交之際，美國司法部多年來針對阿爾斯通的刑事調查接近尾聲。聯邦當局聚焦於追查阿爾斯通歷來海外交易手段，結果發現阿爾斯通猖獗地以賄賂等方式贏得外國發電設備生意，違反了《海外反腐敗法》（*Foreign Corrupt Practices Act*）。依據美國政府的說法，阿爾斯通蓄意且惡劣地違法，於十年間在沙烏地阿拉伯、埃及、印尼與巴哈馬等國，賄款七千五百多萬美元做成許多買賣。

在收購案即將成交之際，阿爾斯通與美國司法部達成認罪協議，並且敲定由阿爾斯通而非奇異支付鉅額罰鍰。司法部刑事案件部門首長在阿爾斯通交易案宣布時指出：「這是我們堅持的事情。」一奇異發言人告訴《華爾街日報》，阿爾斯通的法律責任已是眾所周知的事，而且奇異的收購價也考量了這個部分。然而，到了二〇一五年，交易案陷入持續數個月的膠著狀態，相關各造都很清楚，阿爾斯通已無足夠現金支付近十億美元罰鍰。面對龐雜待解決問題的奇異交易團隊不得不著手處理這項挑戰。他們必須設法讓司法部收到這筆罰金。

奇異收購阿爾斯通的成本逐步墊高。在權衡稍縱即逝的各種降低成本的機會之際，奇異能夠收購的阿爾斯通資產變少了，但依然能獲取其龐大的燃氣與燃煤發電業客戶，以及建造發電廠的事業（奇異原本不想要，因為它可能使集團陷入代價高昂的變更訂單困境和政治糾葛之中）。奇異集團高層堅信此案談判之初出價過高，如今更要擔心歐盟執委會和美國司法部帶來的成本。

有銀行家向《華爾街日報》記者表示：「老實說，我不確定奇異收購阿爾斯通的策略最後能否成功。究竟怎麼做能贏得更多掌聲呢？是以一百七十億美元與阿爾斯通成交嗎？還是執行有紀律的分拆計畫和積極精實奇異金融服務公司？」

圍繞此案的緊張氣氛持續升高，奇異交易團隊某些成員甚至開始質疑，代表集團處理歐美兩地競爭與監理事務的大型法務公司動機可議。他們想知道這些律師們能堅決捍衛客戶的商業利益嗎？或者只是對監管當局的要求百依百順？

歐盟監管團隊提出渦輪發電機的市場競爭問題甚至令奇異交易團隊大為震驚。在最先進、新型的高功率燃氣渦輪發電機市場，奇異明明遠遠超越阿爾斯通。然而，歐盟卻不容許奇異進一步接管阿爾斯通新渦輪機研發部門、掌握其新技術。歐盟監管團隊決定，阿爾斯通的渦輪機事業應併入義大利安薩爾多公司，以維繫歐洲渦輪機市場蓬勃發展。

從商業角度來看，奇異無須憂心此事，畢竟阿爾斯通的新型渦輪機數年後才會上市，而且相較於西門子和日立等大企業，安薩爾多只是微不足道的競爭對手。然而，安薩爾多並不是純粹的義大利公司，其四成股權是由中國國有企業上海電氣集團持有。

全球發電設備業界與中國的關係長期處於矛盾而焦慮不安的狀態。鑒於全球經濟低迷不振，各國都需要中國龐大的市場以圖促進銷售成長。然而，中國剽竊智慧財產構成的實質威脅使得奇異等企業一再重申，絕不會把最先進的機器售予中國，因為中方可能逆向分析與研究其產品。如今歐洲監管當局對奇異的要求，可能使中方更快速地推出比奇異H級渦輪機更低價產品，從而日漸蠶食奇異的市占率。

奇異電力公司某些人認為，集團不會考慮歐盟的要求，然而事與願違，因為談判策略是由比他們高許多層級的人來決定。

奇異高層於當年夏季某日傍晚，責成奇異交易團隊全盤考量整個收購案是否仍值得繼續推動。於是他們再次對阿爾斯通實體資產重新估值、評量此案成本綜效，以及集團必須採取的各種讓步措施。

據他們估算，奇異被要求妥協的程度已使收購案不再合理，因為該案成本已超過總體益處。這弔詭地令他們感到高興，因為這會促使交易協議納入破局條款、允許奇異在感到負擔過重時選擇退出。

奇異高層也有此想法。因監管當局提出讓步要求、收購案可能終止，奇異集團或將面臨法庭大戰，因此雇用了訴訟顧問。

在重新評估收購案後，奇異交易團隊的史密斯致電監督此案的上司表明或可喊停。

然而其上司堅決地回答說：「這是執行長的交易。我們不會退出。」

第40章

成交的成本

伊梅特、伯恩斯坦、波茲和奇異集團某些支持收購阿爾斯通的董事，後來都認為此案最終失利是因時運不濟。他們爭辯說，沒有人能預知穩定成長的全球燃氣發電事業會迅速失寵，並讓位給可再生能源與電池蓄能業者。他們還互相推諉說：奇異電力公司管理不當；集團未能快速使其發揮綜效；當收購案二〇一五年秋季獲歐洲當局批准時已變得無利可圖。

最要緊的是，他們拒絕接受內部批評，而種種指責最後洩漏給了媒體記者、在網路公共領域流傳。伊梅特認為，如果有任何人覺得那是個壞交易，應該在成交前挑明了說。伯恩斯坦也堅稱，該交易通過了嚴格的審查，任何有異議的奇異主管在此過程中都有義務善盡言責。但沒有人這麼做。

伊梅特二〇一五年提醒集團與電力事業高階人員說，大家全都投票贊成此案，而波茲和電力公司領導者為達成遠大目標尤其賣力。奇異電力事業前主管指出：「伊梅特擺明了要就要、不要就拉倒。然而他想讓這筆交易成為任內功蹟。」

沒有人堅定地提出反對意見，這凸顯出奇異企業文化長期欠缺真誠坦率與自知之明，而且這個問題悄然發展成一場危機。奇異管理階層理當挺身而出，告知伊梅特此案行不通、事實上是個笨拙的謬誤，然而無人勇於當責。

交易團隊成員史密斯指稱這有充分理由。難道該案有違法之處嗎？有任何牴觸倫理的地方嗎？當然沒有。因此，任誰阻撓此案對其職業生涯都不會有好處，畢竟現任執行長及其接班人選都把它視為至寶，且認為此案勢在必行。於是史密斯只向同僚與上司表達了一些疑慮——收購價過高、策略錯誤——最終未再有進一步行動。

說到底，可見奇異集團的決策能力有多糟？就算犯了天大的錯誤，憑集團的規模還是能夠承受得起。沒有人認為一項壞交易、不合時宜的決策、配置不當的支出會嚴重到壓垮其他成功項目。

●●●

在二〇一五年九月八日，也就是奇異與阿爾斯通初步達成交易協議七十一週之後，歐盟執委會終於批准奇異集團收購阿爾斯通的電力資產。美國司法部也同樣給予祝福，而且二者都導致奇異採取若干讓步措施。

奇異同意放棄阿爾斯通在佛羅里達州的子公司PSM，使仰賴PSM供應零組件和服務的義大利安薩爾多公司保有在美國電力市場的競爭力。奇異因而失去了一個潛在的利潤來源。在歐洲方面，奇異順應歐盟執委會競爭事務專員維斯塔格的要求，讓安薩爾多取得阿爾斯通渦輪機事業，這最終將使上海電氣集團獲得阿爾斯通的渦輪機技術。

而在成交之前，阿爾斯通必須先繳納其違反美國聯邦《海外反腐敗法》的鉅額罰鍰，因此奇異交易團隊趕在最後關頭修正了最終收購價，多給了阿爾斯通數億美元。

鑒於所有相關律師堅持應由阿爾斯通支付罰鍰、不得由新的母公司奇異集團支應此筆成本，奇異內部在收購價微調上不動聲色地以「品牌價值調整」處理了這個問題。

第41章

不速之客

奇異集團康乃狄克州總部坐落在茂林掩蔭的高速公路不遠處，其大門入口處則樹木稀疏，修剪整齊的草坪格外醒目。總部從外觀看來就像是一般政府辦公大樓，只不過旁邊的草地上豎立著令人意外的小巧奇異商標。訪客驅車沿著蜿蜒道路來訪會先見到全白的大門警衛室。

二〇一五年十月某個週日上午，伊梅特正在總部頂樓準備著隔天早上宣布集團未來走向相關事宜。奇異偌大的總部內外都顯得冰冷，且其門廊宛如洞穴裡的迷宮。一位奇異主管打趣說，如果他死在裡面，遺體可能很多天後才會被人發現。當周遭幾乎沒人時，伊梅特的辦公室常會傳出震耳欲聾的樂聲，而且播放的多半是歐曼兄弟樂團（Allman Brothers）等偏重電吉他的一九七〇年代搖滾樂團的作品。有些主管指出，當伊梅特如此懈下心防、拋開繁文縟節時，最好溝通。

那天伊梅特的辦公室並未傳出轟然樂聲。他接見了一些來自新投資方特里安基金管理公司（Trian Fund Mangement）的賓客，而該公司通常令企業高管感到敬畏而非竭誠歡迎。他還會見了《華爾街日報》多名記者，向他們談論隔天即將宣布的未來營運策略。

奇異在數個月前剛揭露，將出售金融服務公司的泰半業務。對多數投資人來說，這是奇異邁向正確方向的一大步驟。特里安公司經營者納爾遜．佩爾茲（Nelson Peltz）當時曾致電伊梅特，恭賀他的明智舉措。

伊梅特回應說：「我們想邀請貴方投資。」

佩爾茲是信奉破壞式創新的投資家，某些觀察家認為伊梅特邀其投資展現了奇異的信心，但這其實也是一種防禦策略。在奇異轉型的過程中，有一群主動型投資家正虎視眈眈伺機而動。

伊梅特深知，如果有外在勢力意圖打進奇異內部破壞其轉型計畫，則集團將陷入重大危機。外人想在奇異取得要職必然要有充裕資本，而愈來愈多財力雄厚的行動派投資家正以奇異這類理想企業為目標。主動型投資業者喜好將標的拆解，因為比起維持完整性，此舉可找出更多的價值。他們一般憑藉壓倒性的股權解散陷困公司的董事會，並迫使其變更經營策略。但他們不至於爭搶同一目標。當某行動派投資家打進某企業取得職位，其他同行通常會另謀其他標的。

儘管特里安公司堅稱只是「高度投入的股東」，但它實際上無疑是主要的主動型投資業者。但對於伊梅特來說，它至少是自己熟悉的投資方。佩爾茲過去曾屢次與奇異高管會談，而且他的合夥人艾德・嘉登（Ed Garden）在青少年時期就與伊梅特相識，其兄長和伊梅特同屬達特茅斯學院兄弟會，而且他本人曾聽過伊梅特在該校畢業典禮致詞。由於有這層層關係，伊梅特認為特里安公司涉入奇異轉型過程似乎較不具威脅性，儘管它不會為了奇異而改變經營策略。伊梅特說服特里安公司為其革新計畫背書，並保證奇異股價必然會走揚，而特里安公司將財源廣進。

特里安公司將投注二十五億美元力挺伊梅特的轉型策略，而且它未像過去對杜邦與卡夫（Kraft）食品等企業那樣，要求奇異集團分拆旗下事業，甚至沒有比照在Family Dollar、英格索蘭（Ingersoll-Rand）、億滋國際（Mondelez International）和百事可樂公司的做法尋求奇異董事席位。（奇異集團有十八個效忠伊梅特的董事。）

特里安公司投資長嘉登是執行長佩爾茲的女婿，但他並不想讓媒體指出此事，因為他覺得這會貶損自己在公司的重要地位。他是與佩爾茲共同成立特里安公司，而且可望未來能出任執行長。有些說法宣稱嘉登對公司重大業務貢獻良多，畢竟他想要長期執掌公司，可不能讓投資人認為佩爾茲才是公司成功的關鍵人物。

不過，他們在公司營運上頗為契合。兩人都講求效率和精明的資本配置，且均注重節縮成本。在他們實木裝潢的紐約辦公室裡，可以看到咖啡杯上寫著「現金才是王道」。對於投資奇異集團，他們都表明這是與奇異管理層建立夥伴關係。

他們在那個週日來到奇異總部董事會議室說明其想法。在會議開始時，奇異公關團隊極力營造和諧氣氛，然而坐在伊梅特旁邊的伯恩斯坦的肢體語言始終與會場氣氛格格不入。時任集團財務長的伯恩斯坦經常皺著眉頭，而那天讓他顯得不合群的是身體姿態，他總是雙手交叉於胸前，未曾轉身正眼瞧向自信滿滿、即將買進大量奇異股權的佩爾茲與嘉登。

帶來數十億美元資金的兩人，穿著量身訂做的西裝卻腳蹬運動鞋。他們以這種非正式裝扮出現在伊梅特擺設精緻藝術品的權力聖殿中，是要提醒在場眾人，他們擁有至高無上的權力。

他們表示：「我們不想分拆奇異集團，我們想要繼續呵護它。」

特里安公司事先做足了功課，還製做了一本八十頁的白皮書，標題是《轉型進行中……然而沒人在意》。他們宣稱，當前每股約二十五美元的奇異股票，在二〇一七年底時將漲至每股四十到四十五美元。

白皮書也稱許奇異與阿爾斯通的交易，並且督促奇異借貸更多款項以回購二百億美元自家股票。據特里安公司指出，其分析結論和建議事項向來是依據公開發布的資訊。

佩爾茲是個引人注目的人物，而且與唐納・川普（Donald Trump）交好。他從賓州大學華頓商學院輟學後，把家族的冷凍食品與農產品事業經營得有聲有色，並將其發展為股票上市公司。成為主動型投資家後，他最初的重大勝利是促成思樂寶（Snapple）果汁飲料公司的轉變。

戴透明框眼鏡、身材清瘦的嘉登則較為冷靜。他能無礙地直接說出內心想法，而且堅持不懈地強調自家公司是幫助企業解決難題，而不是多數執行長懼怕的企業掠奪者。他堅稱，特里安公司是推動正向改變的一股力量。儘管如此，該公司成功地拆解了許多企業，因為它們已無可救藥。

伊梅特認為，特里安公司為其背書有助於奇異轉向計畫的正當性。而且，這還能防止其他更不友好的行動派投資家出手（他們有意收購奇異股權從而改變其策略方向，甚至把伊梅特拉下馬。）

到了二〇一五年底，奇異轉型計畫在特里安公司加持下諸事順利。收購阿爾斯通案終於成交，出售金融服務公司資產進展超乎預期，數位公司行銷活動也持續推進。集團再造新猷所需舞台遂大功告成。

第42章

糖果工廠

為轉型打好基礎後，奇異集團接下來的故事將不再出自康乃狄克州林木茂密的費爾菲爾德。它將把總部從過去四十年來立足的費爾菲爾德，遷移到更適宜的都會環境，以契合集團將轉變為前沿科技巨擘的願景。而促成這一切的是其熱烈炒作的工業物聯網軟體平台Predix，以及龐大的研發組織。

奇異也暗示，它是回應自由派州政府的壓制行動，而把集團總部搬離費爾菲爾德。康州政府提出的預算案計畫，調高了企業與財產稅，奇異集團財務長伯恩斯坦於是透過在該州里奇菲爾德（Ridgefield）擔任公職的共和黨籍夫人，聯繫上一名州議員並威脅說，如果州議會通過此預算案，奇異集團將考慮棄康州而去。而實際上，奇異遷移集團總部已是既定事實。集團領導階層都嚮往城市生活，而且他們的僚屬多年來一直陸續遷往城市。伯恩斯坦甚至覺得費爾菲爾德總部宛如「太平間」。奇異的說客並未要求州政府大改增稅計畫，其主要訴求是讓集團永久保有運用數十億美元稅損結轉①（carried-forward tax losses）來降低稅率。而當康州州長丹・馬洛伊（Dan Malloy）的預算官員提議奇異留在該州以交換所求時，奇異集團表達了反對立場。

此外，奇異與康州當局還有一些舊帳要算。康州的聯邦議員曾幫普惠公司（Pratt & Whitney）力保F-35戰機唯一引擎供應商地位，並且阻撓奇異航空公司向國防部提出第二選項的努力，這惹惱了奇異集團領導人。對於康州的聯邦眾議員和參議員來說，支持普惠公司是顯而易見的選擇，因為它與母公司聯合技術公司（United Technologies Corporation）是康州雇用最多在地員工的民間企業，其引擎在康州東哈特福（East Hartford）與米德爾敦（Middletown）的工廠生產。反觀奇異雖把總部設在康州，而且有許多富裕高管居住於費爾菲爾德郡，但對康州經濟或政治並無舉足輕重的意義。

康州聯邦議員徹底封殺奇異的第二引擎選項提案後，在東哈特福舉辦了慶祝勝利活動，而該州近三十年來首位民主黨籍州長馬洛伊也應邀與會，使得奇異集團忍無可忍。奇異集團絕不原諒這些事情。

①企業本年度的虧損可以由以後幾年的收益抵消，從而減少以後幾年的應納稅額。

奇異開始毫無顧忌地尋求新的總部地點，並以選址過程做為政治武器。此際它也極力遊說國會重新授權進出口銀行②，提供美國製造商海外客戶所需融資。不過美國左右二派皆有人抨擊這是沒必要的企業福利。

在尋覓新家期間，奇異公開排除了數個備選地點，因為那裡的國會議員反對重新啟動進出口銀行。有多個城市高調爭取奇異總部進駐，最終雀屏中選的是波士頓市。

奇異計畫重新修繕該市兩棟舊糖果工廠大樓，將其改建成最先進的現代玻璃帷幕大廈。波士頓與麻薩諸塞州政府提供了一億四千五百萬美元，做為奇異總部進駐波士頓的誘因。奇異向投資人誇口說，有了這筆錢，總部遷移將不會耗費任何成本。

搬遷活動使波士頓在地媒體如獲至寶。奇異乘機大肆宣傳其數位事業，並積極向波士頓地區的軟體人才招手。

伊梅特實現宏大願景的準備工作大體就緒。奇異集團各工業事業蓄勢待發，期能全然擺脫對金融服務的依賴。奇異將把出售金融服務資產獲取的現金用來回購集團股票。在外流通的奇異普通股將變少，從而推升奇異股票每股盈餘、降低季度股利總成本，有利於抵消奇異金融服務公司的虧損。

②指專門經營對外貿易信用的銀行，為商品進出口提供資金，主要功能是向進出口商提供貸款或擔保。

這一切都是奇異轉型計畫核心項目，接下來要務是落實方案，而集團的營運素有卓越表現。

伊梅特於二〇一六年初致函股東指出：「在複雜化的世界中，我們變得更加單純而且更具競爭力。在充滿不確定性的世局裡，我們有能力突破循環不斷的困境。身處危機四伏的世界，奇異擁有強大的企業文化和充裕的現金。」伊梅特以熟悉的語調引導股東認知奇異集團，其言詞充滿一貫性理直氣壯的樂觀與各種行銷話術。

伊梅特認為奇異許多方面狀況良好。在二〇一五年底，集團股價睽違七年半後首度來到三十美元價位。或許特里安公司的背書真的使投資人對奇異的股票重燃熱情，他們看出奇異的願景逐漸凝聚成形，並認清奇異的重新定位充滿睿智。

遺憾的是，奇異股價突破不了三十美元關卡，難以繼續向上攀高。

於是伊梅特公開向主要的機構投資人喊話，呼籲各銀行、共同基金、對沖基金、退休基金、保險公司等大型投資方節制無止境的投機行為。雖然機構投資人占有絕大部分股票市場，但大型企業執行長通常不會公開針對他們發表意見。

而伊梅特卻像個心碎的戀人向他們乞求和解：「我們過去五年交付了你們想要的成果。然而大型投資機構依然對奇異集團持股不足。在這不確定的年代，為何不看好奇異集團呢？我們畢竟擁有傑出的事業、全球規模和昂揚的創始精神，而且我們有大量現金可以保護你們。我們將成為工業網際網路的領導者。我們就是數位工業。我們具備恆毅力。我們的領導階層能從經濟波動學習經驗教訓。」

●●●

奇異電力公司必須全速推進事業。它發表了最新型的下一代氣冷式燃氣渦輪發電機，能在比其材質熔點更高的溫度中運轉，無疑是令人驚奇的產品。

集團電力事業傲人的成果著實得來不易，而且經得起時間考驗。它在一九四九年推出美國第一款燃氣渦輪發電機，其發電能力甚至超越預期，因此一直沿用到一九八〇年才除役。而比奇異早十年推出首款燃氣渦輪發電機的瑞士公司，經歷多次併購與轉手，後來於二〇〇〇年被法國阿爾斯通公司收購，最終又成為奇異集團旗下事業。

如果併購阿爾斯通是伊梅特成功的關鍵要項，那麼它對於波茲也可說是夢想成真。伊梅特對此交易的投入使波茲得到上場表現的機會。波茲於二〇〇八年執掌奇異電力公司，當集團副董事長約翰·克雷尼基（John Krenicki）於二〇一二年五十五歲時突然去職，波茲的事業開始蒸蒸日上。（克雷尼基在職十年間月薪最高為八萬九千美元，據奇異內部人士指出，他是被伊梅特逼走，部分原因出於他時常與伊梅特意見不合、甚至讓伊梅特吃閉門羹。）

完成阿爾斯通交易案後，伊梅特渴望壟斷燃氣渦輪發電機市場。他在營運目標與收益等問題上屢次與波茲發生爭執。不過，伊梅特並不覺得這是嚴重的事，而波茲認為只要不搞砸，集團的大位終有一日非他莫屬，因而留下來繼續領導電力公司。

奇異在二〇一六年初把阿爾斯通納入保護傘下、著手整合工作後，波茲於三月間往訪摩根大通紐約辦公室並召開投資人會議。

摩根大通負責奇異集團的分析師史蒂夫．圖薩（Steve Tusa）向來喜好惹事生非，而且對波茲並無好感，於是連番向他發難。

第43章

不夠渴望

波茲不知道圖薩正準備向奇異投下震撼彈、建議投資人脫手賣出奇異股票。

摩根大通與奇異集團頗有歷史淵源，曾參與奇異公司創建過程，後來還建議集團迅速退出金融服務業，因此圖薩喊賣奇異股票不免使集團領導痛徹心扉。

圖薩與團隊耗時數個月檢視奇異集團，結果發現奇異的前景不如預期樂觀，股價卻被高估了。奇異的核心電力事業雖積極升級產品、推升銷售額，但終究難以帶來長期利潤。基本上，它售予現有客戶的升級產品效能提升了，也就不太需要售後維修服務，這會損及奇異未來收益。

波茲在不知情的狀況下，帶著一貫的自信來到摩根大通與圖薩開會。他高談奇異收購阿爾斯通的種種益處，並強調工業物聯網軟體平台Predix的重要性，還講得宛如多數客戶已採用這個平台且正從中獲益。

波茲指出：「Predix是雲端作業系統平台，它使奇異的客戶得以把設備連上工業物聯網，更有效率地獲取該設備所有數據。」他還表示，愈來愈多奇異客戶渴望使用這個系統。

奇異堅信全球正邁向「天然氣時代」（Age of Gas），而且這成了波茲根深柢固的想法，因此他篤定地說，「在接下來二十年間，世界能源需求將增加約五成，天然氣則是未來十年最大的能源來源，需求將增長近五〇%，而奇異電力公司已做好極佳的準備。」然而，其斷言最終落得一場空。

德國西門子公司執行長凱颯於數日後提出迥然不同的看法。頭髮花白的凱颯猶如別具歐洲風格的波茲，喜好溫莎領襯衫和太陽眼鏡。西門子公司與奇異集團競逐許多相同的市場，因此凱颯和伊梅特的關係向來不和睦。凱颯曾與三菱重工聯手向阿爾斯通出價，後來還批評奇異在發電設備市場搞削價競爭，使緊張的較量態勢更形惡化。

對於伊梅特與其部屬來說，西門子覬覦阿爾斯通證明奇異確實有必要拿下阿爾斯通。而從西門子的觀點來看，它成功地拖慢了奇異收購阿爾斯通的進程，使奇異付出了更高代價。

凱颯並不像伊梅特那樣熱中於集團營運模式，他把西門子帶往截然不同的方向，並著手分拆自家事業（儘管他從未這般形容自身作為，但結果是相同的）。西門子正緩慢但穩當地拆分，並且在新事業上投注重資。

對於波茲垂涎的龐大燃氣渦輪發電機市場，凱颯承認它確實會出現成長，但也預先提出了警告：「市場雖將成長，卻有一定的代價，因為競爭極為激烈。」

●●●

波茲的成功途徑如同架設於鴻溝上的繩索橋。在阿爾斯通交易案成交前那個夏季，波茲於克勞頓維爾管理學院做了另一場簡報，而伊梅特仰著臉、微皺眉頭仔細觀察著他的一舉一動。

奇異集團八大事業領導人都要搭配PowerPoint簡報，說明各自事業年度成長計畫，以便集團訂出銷售與利潤目標、向投資人發布各項財務預測。這是威爾許時代就已確立的做法，想必集團未來仍會延續此一傳統。不過，伊梅特注重的是各事業主管如何落實財務目標。

此時距離集團宣布金融服務事業出售案還有數個月，而且收購阿爾斯通案仍在緩慢地進行。波茲簡報時自信滿滿，彷彿尼采所稱的超人。其言談舉止、臉部表情與簡報內容似乎都在宣告自己有朝一日將成為集團領導人。

他計畫在全球擴增新發電廠、雇用數千名員工，並且使奇異電力公司年度銷售額成長五％。只要沒有重大意外，這些將助益他登上集團大位。

即使當時環境條件非常樂觀，要達到這樣的目標也絕非易事。奇異電力公司持續未能達標，而且已經長年未有過那樣的銷售成長率。況且，全球對新式燃氣發電廠的投資已逐漸趨緩，未來發展不容樂觀。

世界各國對能源效率的要求日趨嚴格，也更關切全球暖化問題，勢必衝擊未來利用化石燃料發電的前景。天然氣固然比多數燃料潔淨，新型燃氣渦輪發電機效能也極佳，但還是會造成空氣汙染。而且，可取而代之的再生能源成本也逐漸降低。

這意味奇異未來難以再從服務合約獲取豐厚利潤，或者至少無法像預期那樣快速成長。鑒於世界生產總值成長率低於四％，奇異電力要達到五％的成長實屬不易。

波茲提出此目標是基於樂觀的假設，這種想當然的看法需要仔細檢視。

但伊梅特聽取簡報時卻自信地拍桌說道：「很好，接著說。」他深知奇異電力事業的成敗攸關集團能否在二〇一八年達成每股盈餘二美元的目標。波茲必須成功，至於要用什麼方法真的無關緊要。伊梅特將會設法讓他確實辦到。

伊梅特在簡報會上有時對主管相當嚴厲，但原因通常不是出於他們太過樂觀。掌握絕對權力的他會問道，先前那個說執行長的目標難以達成的傢伙「現在到哪裡去了？」這種的話往往讓手下主管覺得芒刺在背。儘管他未曾明確地把話講白，但集團各階層都明白話中的用意。他就是不想聽壞消息或嚴酷的事實。

違逆伊梅特心意而被訓斥的主管，絕不會忘記教訓。日後他們最好設想更好的方法來傳達壞消息。

當伊梅特因失望而心情不佳時語氣會變差：「你們這些人就是不夠渴望成功。」於是奇異旗下各事業主管們極力避免惹惱伊梅特。這正是奇異電力公司那時的做法。

第44章

會計調整

如同凱颯所料，伊梅特不計任何代價努力擴大奇異的市占率。為了贏得生意，奇異銷售大軍無所不用其極，包括積極砍價以致成交合同根本不能產生長期利潤。伊梅特的銷售人員甚至仰賴金融服務事業的殘存單位提供金融奧援方能撐起客戶需求。

根據伊梅特的想法，要攻占更多市場就不須在意方法，因為集團將贏得未來的世界。「天然氣時代」非奇異莫屬。然而，奇異正面臨來自再生能源業者與日俱增的競爭壓力。當各國政府就風力、太陽能與水力發電提供愈來愈多誘因時，奇異卻照舊在天然氣發電事業上大張旗鼓，力圖征服舊能源經濟的巨獸阿爾斯通公司。

面對化石燃料發電設備銷售趨緩，以及再生能源的競爭，奇異電力公司管理階層竟然玩起老把戲，仿效於航空事業部門。奇異航空公司銷售噴射引擎通常是項賠錢生意，真正能賺錢的是未來數十年的售後服務合約。於是奇異電力公司如法泡製。

長期服務合約的會計法則使估算未來利潤有迴旋空間。重要的是，調整未來營收預估值時，會計上將出現各種相應的變化。如此，只要公司能一貫地找出方法確保長期合約未來能產生更多利潤，該合約就可為當前提供營收來源。綿延數十年的長期合約有益於在零組件價格、停機維修期程上進行細緻的微調，而最終足以產生變化甚大的結果。有利的合約，未來價值預估能使公司當下在帳面上記錄一筆利潤。

這並非任意操弄或捏造利潤。企業唯有在合理地確認等式已變的情況下，才會著手調整長期合約未來獲利能力預估值。如果這中間出了錯，也就是說對未來收益的假設過度樂觀，將造成棘手問題，甚至導致合約失效後出現損失。

對於奇異集團，改善渦輪機葉片性能或延長維修停機週期的技術創新，都是服務合約中必須說明的事項，而且集團的研究與創新都可提升服務合約的長期獲利能力。以工業物聯網軟體平台Predix為例，奇異吹捧說它能增進大型機器的運作效能，這意味著只要它運行良好就能確保效益與利潤的實現。

在二〇一六年期間，奇異電力團隊徹底檢視了所有服務合約，一如既往地尋求使履約成本隨時間推移而遞減，以獲取更多利潤。常用的策略是提供折價的渦輪機升級方案給客戶，以換取延長服務的合約。而奇異透過調整合約未來價值預估，即能從長期合約獲得豐厚的帳面利潤回報。

奇異集團至少每年會重新檢視一次所有服務合約，找出變更未來收益假設的方式，並用來產生利潤好達到取悅華爾街的營運目標。這些利潤都是單純經由會計調整獲得的未來利潤，實質上並沒有新的現金進帳。

這類帳面收益與現金流之間的落差通常很快就會彌合，因為缺口的形成純粹只是時機點的問題。如果時常出現差距而且難以迅速彌補，對投資人將是一項警訊。當一家公司帳面上有許多利潤卻沒有相應的現金時，投資人會認為這是該公司採行激進會計法（aggressive accounting）的跡證。任何人都可能積欠信用卡債，但最終得要有人償債。儘管服務合約的會計法頗為複雜，投資人終究期望能看到實質的現金進帳。

奇異電力團隊為達成集團的利潤目標，利用了數量龐大的全球燃氣渦輪機服務合約來產生帳面利潤，卻因為過度樂觀地預估這些長期合約的價值，造成未來收益缺口。於是集團只好把應收帳款轉售給奇異金融服務公司，創造短期的現金流。然而，這些應收帳款僅有一次派上用場的機會。奇異電力公司的做法使得未來成長更難以企求。它的會計手法雖然未牴觸法規卻失之激進，而且引起了美國司法部刑事調查人員的注意。

波茲領導的奇異電力公司在營運上延續過往威爾許全盛時期的傳統，那時奇異航空公司偶爾會借助微調服務合約來產生帳面利潤。當時的奇異航空公司員工指出，他們很清楚這種做法伴隨的風險。這麼做可能造成長期的問題，弊端大過帳面利潤迅速增加的益處。如今，奇異電力公司卻冒然仿效奇異航空公司早年的做法。隨著伊梅特推進集團轉向策略，奇異電力公司的服務合約會計戲法更具野心，使其將面臨前所未見的高度風險。

到了二〇一六年底，奇異電力公司內部愈來愈擔心，銷售成長與利潤目標根本不符合市場黯淡的現實狀況。於是有位低階主管向波茲與服務合約部門首長保羅・麥克爾希尼（Paul McElhinney）反映此事。愛爾蘭裔、滿頭灰髮、鼻樑高挺的麥克爾希尼曾在奇異航空公司擔任過監督服務合約的職務，是他把激進的會計法引進了奇異電力公司。

對於部屬抱怨高層不顧市場現實條件、向領導人反映問題，麥克爾希尼冷酷地加以制止。

他在一場會議上說：「如果波茲來日榮任集團執行長，那些在奇異電力公司支持他的人也將平步青雲。若服務合約部門的數字出現了問題，他的手下應當設法解決。所以，趕緊動起來，我們必須補足差額。」

第45章

後灣協議

奇異集團一年前與特里安公司洽談投資時的緩和氣氛未持續太久。該對沖基金公司原本相信奇異正調整事業結構，而且市場遲早會認同伊梅特的集團轉型計畫。然而奇異已被歸類為多元化金融服務業者多年，不被視為純粹的工業集團，因此要扭轉品牌形象絕非易事。

對於特里安公司來說，奇異集團只是投資標的，而不是事業夥伴。他們的態度與奇異董事會迥然有別，不會因為投資長嘉登與伊梅特相識數十年，就對伊梅特言聽計從。嘉登明白伊梅特是精明的人，不僅上過哈佛商學院，更具備所有成功企業家共有的各種特點。但他只相信成果而不信任任何人。而且，他絕不重蹈覆轍。

特里安公司當初對奇異注資數十億美元卻沒要求董事席位，給足了伊梅特好處。無論如何，它從一開始就表明會密切關注集團後續發展。

特里安公司的股東也期望投資奇異能帶來成果，況且這是公司歷來最大手筆的豪賭。

奇異集團獲特里安公司投資後，卻未能達成各項財務目標，而且股價持續停滯不前。特里安公司不僅失望更備感羞辱。嘉登對此尤其耿耿於懷。在投資案談成後第一年，奇異的表現就如此不堪，著實讓特里安公司深感震驚。

二〇一六年秋季，嘉登終於忍無可忍，直接拜訪奇異集團財務長伯恩斯坦在波士頓後灣的一千三百萬美元別墅。像多數華爾街人士一樣，嘉登認為伯恩斯坦比伊梅特更加正直坦率，而且他與出身金融業的伯恩斯坦有共同想法。伊梅特雖擅長促銷鼓舞人心的未來願景，但特里安公司此刻需要的不是預言家或政治家，而是能夠冷靜地精打細算的銀行家。

嘉登與伯恩斯坦雖有共通語言，但彼此間有種難以言喻的緊張氛圍，他會見伯恩斯坦時明白表示，如果奇異集團的表現不見改善，特里安公司將要求一席董事席位。嘉登並不怯戰，身為主動型投資家，他能自在且毫不保留、適時地擺出敵對姿態。

伯恩斯坦位居奇異自成一格的金融王國權力頂端，決策足以撼動市場，而且他是引領金融服務事業度過危機的核心人物，實際地位僅在伊梅特之下，說不定有朝一日會成為奇異集團領導人。

他並沒有接受嘉登的各項抱怨，畢竟奇異集團規模夠大，對華府當局具有一定的影響力，且其觸角深入全球各地，沒有必要屈從任何人。終身奉獻於奇異的伯恩斯坦堅信，自己比任何短視近利的主動型投資家更清楚如何管理集團。他也深切擔心，特里安公司會逼奇異採取某種戰術來激勵股價，尤其憂懼他要求奇異舉債買回自家股票。他心想：「如果他們真要這麼做，就得為奇異集團找個新財務長。」

特里安公司不怕公開與奇異集團宣戰，而奇異方面則無意開戰。雖然伯恩斯坦不畏特里安公司的挑戰，但伊梅特並不挺他。伊梅特擔心自己若與特里安公司對抗可能被迫退休。他不想在集團重生契機剛冒出頭時就成為局外人。

奇異集團避諱開戰給了特里安公司所需槓桿。伯恩斯坦受命著手與嘉登談判妥協方案。集團同意特里安的主要訴求，把縮減成本目標擴大一倍，並進一步使主管獎酬與核心工業事業的利潤掛勾，此外還接受特里安嚴苛的衡量成功標準。

協議的部分內容並未公開，而其底線是，奇異營運若無法重回正軌，特里安公司將取得集團一席董事，或是更換管理階層，或者同時進行這兩件事情。關於更換管理階層，雙方的認知都是把包括伯恩斯坦等人開除，儘管奇異內部許多人認為伯恩斯坦將成為下一任執行長。

第46章

管理電力公司

伊梅特依然相信奇異可長可久、自己在集團的地位幾乎是眾望所歸。他總是強調，當歐巴馬總統邀請他出任白宮就業與競爭力委員會（President's Council on Jobs and Competitiveness）主委時，他深感義不容辭，因為奇異集團是美國公民社會和經濟的一部分，他理當秉持著愛國心為了榮耀國家而戮力以赴。

然而出任該職卻成為他的一場惡夢。當時美國經濟欲振乏力，金融曝險無所不在，而伊梅特任白宮就業與競爭力委員會主委，使得自己與集團受到各界深入檢視。名嘴更在網路上說，自稱「中間偏右派共和黨人」的伊梅特是歐巴馬的走狗。奇異內部許多人也厭惡伊梅特一心二用，不專注推動集團重振股價的計畫。

然後，曾在奇異集團旗下電視台擔任實境秀主持人的地產商唐納．川普贏得了白宮寶座。

這使得奇異集團高層不寒而慄，有些人甚至不勝唏噓，但也有不少人相信，反覆無常的川普登上總統大位後將有所改變。

奇異過去曾與川普合作。在一九九〇年代期間，集團資產管理部門——負責龐大退休基金投資事宜的金融單位——取得了因債務違約而被法拍的海灣與西方工業公司總部大樓（Gulf and Western Building）所有權，然後透過招標找來拉里・希爾弗斯坦（Larry Silverstein）、魯丁家族（Rudin family）與川普等紐約主要房地產開發商，合資重新整修該棟俯瞰哥倫布圓環、鄰近紐約中央公園的大樓。當時的川普正處於人生低潮時期，他的賭場接二連三倒閉，混亂的性生活更被過度注重細節的小報炒得沸沸揚揚。

儘管奇異集團退休基金投資部門對川普有所顧慮，但川普所提飯店與公寓大樓計畫正中奇異主管的下懷，而且川普的品牌與家喻戶曉的話題是很好的賣點。一位參與其事的奇異主管回憶說：「當我把此案提交給威爾許時，他並不動心。」於是，奇異退休基金投資部門主管們要求外部顧問——杜威・巴蘭坦律師事務所（Dewey Ballantine）的珊蒂・摩爾豪斯（Sandy Morhouse）以書面文件勸說威爾許，奇異有諸多理由冒聲譽風險與川普合作。

最後，該案獲致成功，如今人們也只記得那是筆賺錢的生意。

川普後來在他的著作和公開演說中把功勞歸於自己，令某些奇異主管內心竊笑。他們覺得，川普對這個開發案的重要項目（例如招攬高檔的尚喬治餐廳在大樓內開業），貢獻根本微不足道。不過他們也承認，開發案中公寓式飯店這項目是川普的心血結晶。這在當時的曼哈頓絕非尋常做法，其有效地繞過了當地的土地使用區劃分問題。自從川普主持的《誰是接班人》（*The Apprentice*）實境秀節目在奇異的NBC電視網開播以來，伊梅特就與川普相識。這個節目幫助聲名狼藉的川普改善了形象，使得新世代美國人開始熟悉他的成功，而不把他視為笑柄。

最後，伊梅特成了川普主掌的白宮的座上賓。他與各家企業執行長在國宴廳談笑風生時，身旁坐著副總統邁克．彭斯（Mike Pence），而川普總統就坐在他的對面。

川普鼓勵企業巨擘輪流對其勝選暢所欲言，以及抒發他們對美國未來經濟發展的期望。在絲絨圍繩後的攝影與文字記者拭目以待下，伊梅特耐心地靜候自己的發言機會。

當輪到伊梅特時，川普引介說，「傑夫實際上看過我一桿進洞的表現，你想說說這個故事嗎？」

伊梅特認為何樂而不為？他語帶奉承地笑道，當年他與川普球聚商談《誰是接班人》的播出條件時，川普揮出一桿進洞寫下了低於標準桿兩桿的紀錄。他並指出川普稱自己是全球最富裕的高爾夫球玩家，引得白宮國宴廳內哄堂大笑。

而川普立即糾正道：「事實上，我那時是說，我是所有富人裡最出色的高爾夫球玩家。」

伊梅特登時滿臉通紅，但也跟著眾人放聲大笑。

●●●

在總統大選後，多數美國企業尚不清楚將受到新政府何種待遇，因此都無意招惹川普太多的注意。

伊梅特擔任過民主黨籍總統歐巴馬的就業與競爭力委員會主委，而且始終擺脫不了與歐巴馬的關聯，但他一再強調自己是共和黨員，同時也表明在奇異集團的策略或發展方向上不會對川普有所退讓。

伊梅特信奉因時與因勢制宜的務實主義，最注重的是國家鬆綁對企業的管制、不干預經濟事務。但他終究可以通權達變以順應時局的需求，而且唯有在底線真正受到威脅時才會挺身抵抗。這使他的舉動有時異於常情。比如說，當小布希總統推行減稅方案時，伊梅特告訴投資人說，這個方案並不合理。他問道：「為何減我的稅？為什麼不為較貧窮的人減稅讓他們有錢可用？」

奇異集團有時也對稅負採取南轅北轍的立場。例如，當奇異把總部搬離康乃狄克州費爾菲爾德、遷到波士頓時，主要理由是康州政府計畫調高企業與財產稅（根據《華爾街日報》，奇異歷來繳給康州的稅款多半都是最低額度），以及大幅對富人加徵所得稅，對象包括許多奇異集團主管和高層領導人。

奇異集團是市場領導者，驗證趨勢並為其他企業定調。身為美國最典型企業，奇異的成長與美國的發展息息相關。川普的勝選與其政府初期的行動是奠基於民粹的重商主義（populist mercantilism），與伊梅特賴以改造奇異集團的世界觀大相逕庭。伊梅特不會逃避川普帶來的難題。

在川普威脅要讓美國退出多邊貿易協定後，伊梅特於二〇一七年二月的年度致股東函提醒大家，奇異集團超越任何單一國家。

他表示：「我們不需要貿易協定，因為我們有更優越的全球足跡。我們見過許多人放棄全球化；那意味著我們會得到更多。」

當川普鬆綁管制措施的計畫牴觸奇異對氣候變遷議題的立場時，伊梅特沒有退縮，並於二〇一七年三月向奇異員工說明：「無論事情如何開展，奇異會堅持所相信的事。」

伊梅特並不愚蠢，他一邊刻意與川普保持距離，同時也審慎地避免直接批評極易動怒的川普。

在時局動盪之際，奇異承受著營運壓力卻依然尋覓著大筆交易商機。二〇一六年底，奇異航空公司一個團隊與銀行家共同建議集團收購航太業對手公司羅克韋爾柯林斯（Rockwell Collins）。他們在隔年初向伊梅特說明，此案價值逾一百五十億美元，甚至比收購阿爾斯通更有利可圖。

然而，伊梅特放棄了該案。他明白自己此時動見觀瞻，決不能犯下嚴重失誤。他不支持會使特里安公司認為奇異不自量力的併購案，而指示集團持續回購自家股票，光是二〇一七年第一季就耗資逾三十億美元。

伊梅特期望，銷售額領先其他事業的電力公司保持在集團的核心地位。然而，奇異電力執行長波茲不時指出伊梅特對市場的看法過度樂觀。這不但令伊梅特備感挫折，更促使他尋求波茲的部屬給予奧援。不過他沒有濫權，只是要求他們確認利害關係和敦促其達成各項目標。波茲聽聞此事後氣惱不已，他與伊梅特的關係變得更加不睦。

奇異電力公司可以善用的未來利潤逐漸減少，畢竟它能夠重新談判的服務合約數量有限。在能源市場需求趨緩之際締造出色業績的情況已難以為繼，而且還顯露出即將支撐不住的跡象。二〇一七年四月間，奇異集團發布了令人震驚的數據：奇異各工業事業在第一季燒掉了十六億美元現金，比預估高出十億美元。此事揭露出奇異電力事業疲弱不振的實情。

奇異集團財務長伯恩斯坦堅稱，這只是時運不濟的問題，電力公司的財務狀況將在當年稍後漸入佳境。無論如何，諸多新聞報導警告說，奇異集團採用了激進會計法，能否達成各項營利目標令人存疑。有人認為這是奇異每個季度都會上演的老戲碼。但其他人擔心這可能是更大的問題。如果奇異集團旗下最大的工業事業電力公司都現金拮据，那麼集團如何達到每股盈餘二美元的目標？

密切關注奇異集團的觀察家更擔心：奇異集團的赤字多來自核心電力事業的服務合約。售後服務通常是傳統工業公司獲取利潤最便利的來源，而奇異電力公司服務合約的缺失卻使整個集團面臨了重大危機。

第47章

不變的目標

電氣產品集團（EPG）年度大會於二〇一七年五月登場，這是工業投資家與業界主管聚頭的盛會，傳統上奇異是會議期間的媒體焦點。有人說這是因奇異是最大的與會企業，其他人則認為由奇異集團壓軸，大家才不會太早離開。在此次大會最後一天，奇異集團的活動再度成為壓軸重頭戲。

在二〇一七年初，奇異前景依然看好，股價來到三十美元以上，而且當時股市整體表現強勁。投資人期望伊梅特在石油與電力上的豪賭最終能獲利豐厚。

然而，到了五月，股市雖仍欣欣向榮，奇異股價卻向下反轉，再度掉到三十美元以下，而且當年共跌了一一％，令伊梅特憂心忡忡。投資人公開要求伊梅特說明，奇異是否仍堅守二〇一八年每股盈餘二美元的目標。奇異高層主管其實對此目標深感困惑，集團財務長伯恩斯坦更私下敦促伊梅特放棄這個似乎不可能實現的承諾。

伊梅特過去於做電氣產品集團大會簡報向來得心應手，但二〇一七年情況不變。在佛羅里達州薩拉索塔的長船礁度假村會場，伊梅特面對滿心疑惑的眾人，不再像昔日那樣自信且和藹可親地談天說笑。

伊梅特緊張地快速播放投影片，最後他某種程度上守護了集團翌年每股盈餘二美元的目標。他還說，假如二〇一八年石油與天然氣市場未見改善，則奇異必須刪砍更多成本以求達標。

事實上，他知道這個重大承諾很可能無法實現。這不過是伊梅特一廂情願的想法，但他沒有公開承認。

伊梅特的接班人勢必得重新設定每股盈餘目標。他知道調降此目標必定帶來糟糕的後果，肯定會導致投資人憤怒地出脫奇異股票。所以，從伊梅特的角度來看，與其自己來做此事，不如由下任執行長來決定調降每股盈餘目標的時機和方式。

然而，眾人對此困惑不解。

巴克萊銀行分析師史考特・戴維斯（Scott Davis）直率地問伊梅特是否仍支持該目標。

伊梅特面對挑戰激動地回道：「史考特，我們會在這個範圍內努力。如果我們想要放棄這個目標，早就這麼做了。我們並不想這麼做。」

德意志銀行分析師約翰．英赫（John Inch）日前剛調降奇異集團股票評級，他聽了伊梅特的話後頗感錯愕。後來他形容說，「傑夫顯然失去了冷靜，導致出口的話讓大家目瞪口呆。」

其他人的提問同樣讓伊梅特難堪。併購阿爾斯通沒有收到效用了嗎？奇異電力公司能改善現金流嗎？奇異集團是否考慮分拆醫療事業？

伊梅特辯解說，投資人完全誤會了奇異，也錯估了集團股票價值，自家股價理當在三十美元以上。他還指出，奇異航空公司業務蒸蒸日上，光靠最新型產品，業績就勝過其他競爭對手。一度陷困的醫療事業也正逐漸改善。而石油與天然氣公司受價格滑落之累後，如今已日益恢復生機。

伊梅特說，奇異集團的財務表現「實際上非常好，這絕不是胡扯。」

當拷問結束後不到一小時，伊梅特迫不急待登上奇異集團專機離去。他那些不牢靠的保證未能守住其在華爾街的公信力。數週後，當他向投資人說明時依然餘波盪漾。特里安公司投資長嘉登先前曾罕見地發表公開演說，宣稱奇異集團實際上可能超越二〇一八年每股盈餘二美元的目標。而伊梅特毀了他的期望，令他忿忿不平。

嘉登一改友善態度，表明將取得奇異集團一席董事。伊梅特面臨的問題變得更加嚴重了。

喊賣奇異股票的摩根大通分析師圖薩向伊梅特表示：「我不想讓你難堪，但我想聽聽奇異集團最新的接班人計畫。」分析家們通常不會如此公開地觸及這類敏感議題。據奇異集團員工指出，伊梅特被問到退休問題時深感厭惡。然而，伊梅特的弱點已暴露無遺，只是他對自己領導力的侷限顯然沒有自知之明。奇異集團在金融危機時瀕臨滅頂，因此失去大批投資人的信任，而當年那些管理者如今依然留在集團高層。對投資人來說，奇異集團解決問題的第一步驟必然是撤換伊梅特。

第48章

江山易主

在薩拉索塔大會潰敗之後，伊梅特領悟到投資人——尤其是特里安基金管理公司——已不再信任他。因此，即使他始終樂觀看待事情，也自知領導奇異完成轉型計畫的機會微乎其微。

多數投資人認為，奇異集團的企業魔力早就蕩然無存，其業績乏善可陳，財務不清不楚，風險隱晦不明，著實不適合納入投資組合之中。續抱股票的人也只是枉然地相信奇異還算可靠、能夠量產具有品質的商品和培養高素質的人才。

投資人看著不斷推動交易案的伊梅特陷入領導危機，大多數不再有為奇異集團冒險一搏的意願，而寧願把資金投注於其他企業。只要伊梅特續任執行長，他們就不會回心轉意。

伊梅特很難接受此事，他相信奇異集團需要願景、計畫和轉向策略。但在電氣產品集團大會的挫敗終究使他明白，奇異集團改朝換代的時刻來臨了。不過，他無意在外力推促下匆忙交棒，也不想重蹈前任執行長威爾許的覆轍，使集團重新上演噩夢般漫長的公開權鬥。

他期望權力轉移過程不致有太多明爭暗鬥。奇異董事會長期密切關注著接班人選，時常親自拜會或邀請他們簡報，並確保他們在集團扮演能見度高、具影響力的角色。但候選人始終不確定自己能否擠進最終決選名單。

董事會必須高度保密、避免名單曝光，畢竟未能進入決選的人很可能掛冠而去，因此不能讓他們明確知道選拔過程已進入尾聲。在威爾許時代，最終接班人選曝光主要是因為，奇異任命他們擔任旗下事業營運長。

伊梅特領導的奇異董事會多年前已悄悄決定，在二〇一七年底前更換集團執行長。他們認定的四名可行人選為伯恩斯坦、波茲、佛蘭納瑞和希莫奈利。

《華爾街日報》於二〇一七年二月披露了這個消息。

數個月後，在伊梅特於薩拉索塔受挫之前，奇異董事會召喚四名接班人選前往曼哈頓下城一家飯店接受面試，請他們提出未來領導奇異集團的方案。董事們覺得他們在那裡現身不會引起注意。

這反映出他們自認是舉足輕重的人物，但事實上，除了伊梅特之外，很少有人認得出奇異集團的董事。

在四位候選人裡，佛蘭納瑞非正式地被視為理所當然的接班人。波茲則早已無望榮登大位，他因而深感意外和失望，最終離開了奇異集團。波茲領導的奇異電力公司愈來愈僵化，而且他本人時常與伊梅特爆發衝突，令董事會覺得他難以勝任集團執行長。

四十五歲的希莫奈利在年齡上顯得還不足擔當大任，董事會預定先讓他掌理石油天然氣事業與油田服務業者貝克休斯合併後成立的新上市公司。

伯恩斯坦不曾營運奇異旗下事業，董事會認為他比較適合以合夥人身分留在集團任事。他曾是華爾街最看好的奇異集團執行長人選，某些巨型投資機構因他未能雀屏中選而大失所望。

在失去各界信任且特里安公司尋求奇異董事席位之際，伊梅特決定加速推進權力移交進程。董事會同意了他的提議，在六月初某個週五召開會議進行最終投票。他們以保密為最高原則，事先讓人全面徹底清查會議室內是否有竊聽裝置，而且還派警衛徹夜駐守。

人力資源部門主管蘇珊．彼得斯（Susan Peters）甚至捨棄辦公室，帶領著少數手下在她的波士頓公寓準備新聞稿和相關材料。

奇異董事會最後無異議選出佛蘭納瑞為下任執行長，並在當天下午把消息告知佛蘭納瑞。至於投票結果將於隔週週一正式宣布。奇異公關部門在週末期間嚴陣以待，唯恐媒體來電詢問，他們尤其擔心《華爾街日報》與董事會關係極好的資深記者喬安・盧布林（Joann Lublin）探聽到消息。如果消息提前洩漏的話，伊梅特恐將大發雷霆。

雖然多數人認為佛蘭納瑞是適當的接班人，卻也擔心他在企業營運上缺乏全面的經驗。儘管他曾把奇異醫療公司經營得有聲有色，但一般人更看好波茲和伯恩斯坦。而伊梅特則支持佛蘭納瑞。

在成為奇異集團執行長後，佛蘭納瑞像他的前任一樣忙著搭機四處訪視、與人交流、應對媒體、召開會議。但溫文儒雅、擅長分析的佛蘭納瑞與伊梅特截然不同，他更像銀行家而不是伊梅特那樣的行銷家。他不似伊梅特那般昂首闊步凸顯領袖魅力和個人存在感。

特里安公司認為佛蘭納瑞是理想的奇異集團領導人，可以撫慰伊梅特對他們造成的挫折感，因為他精打細算、了解投資人的心態、注重各事業的現金流，而且未曾與特里安公司關係不睦。

佛蘭納瑞是奇異金融服務公司培養的人才，但集團使他得以茁壯成長、開闢出自己的人生道路，因此他深愛整個奇異集團。他為奇異難以達成節縮成本目標而扼腕，並不斷構想著集團精實之道。如今，他將低調但不屈不撓地落實自己的想法。

奇異董事會認為佛蘭納瑞是集團需要的人才。伊梅特時代並非一場災難，但集團愈來愈需要能冷靜直面現實、自我省思的領導人。

佛蘭納瑞很清楚伊梅特的缺失。他期望改造奇異的企業文化、鼓勵大家勇於辯論和專心致志。他對奇異員工蘊藏的價值深具信心，而且不想獨斷獨行。他相信只須提點一下，集團即可大放異彩。

在佛蘭納瑞掌權後，伊梅特時代那些時髦術語和獨特的嘗試不再盛行。佛蘭納瑞是伊梅特的對立面，不過他在奇異的企業文化中也屬於極端類型。他出身金融服務公司，而自十年前爆發金融危機以來，金融服務人員一直被集團視為格格不入的群體，儘管他們長年自認屬於世界級金融組織、勝過華爾街諸多對手。佛蘭納瑞主張阿爾斯通公司是有價值的資產、在阿爾斯通交易案扮演過關鍵角色，而擔任集團執行長後則刻意撇清與此案的關係。他肩負著把奇異公司帶往新方向的重責大任，但也與過往的伊梅特時代有著盤根錯節的糾葛。

佛蘭納瑞接掌奇異集團後首度演說時表明，將徹底重新檢視旗下事業。

他說：「在接下來幾週到幾個月期間，我將考察集團各事業，而我堅決相信，奇異將迎來最好的時期。」

第49章

幕後祕辛

奇異前執行長伊梅特巡迴世界各地通常出動兩架公司專機，不論他是搭乘龐巴迪（Bombardier）或灣流航太（Gulfstream）所產飛機，一般會有一架不載乘客的公務機伴隨，以防座機發生機械故障而耽誤行程。

備用機的安排從他上任初期就已開始，而且一直延續到他卸職前最後數個月。這是前所未見且極不尋常的待遇。即使是國家元首也沒有類似的做法，原因不在於他們的地位不夠重要，而是因為這種做法不切實際。畢竟，當緊急狀況發生時，地面上總會有其他可應急的飛機。

伊梅特一直不動聲色地享受這種禮遇，甚至連董事會都不知道有這樣的安排。董事會通過的預算案也沒有詳細說明公司專機運用方式。由於伊梅特時常出國訪問，他的差旅費用達到數百萬美元並不令人感到意外。

伊梅特起初斷然否認自己知情，但隨後又改口說直到二〇一四年才發現此事，而且當年就已叫停。這並非實情。飛航記錄顯示，此後他出訪航程依然有兩架飛機相隔數分鐘起降。而在威徹斯特（Westchester）和哈德遜河谷（Hudson Valley）一帶提供企業公務機飛航服務的小機場，奇異機組員對此也總是三緘其口。那些機場並無航站大廈，只擺著一些座椅、設有洗手間的小建築，當有轉機必要或飛機須維修檢查時，機組人員容易有交流機會，所以奇異下令，專機不可停靠其他飛機太近、不得使用特定術語，也不能公開談論雙機出勤的安排。某位機組員還曾因公開稱備用機為「影子機」（shadow plane）而遭奇異懲戒。如此不欲人知的做法凸顯出這並非合宜的行為。而備用機乘員名單千篇一律是「羅伯・傑弗瑞斯」（Robert Jeffries）或「傑弗瑞・羅伯斯」（Jeffrey Roberts）。

此做法被揭露後招致各界責難、內外訊息紛亂，奇異從而學到一個教訓：這類事情對整個集團有害而無益。據說奇異財務長謝林曾當面向伊梅特質疑此事，其他人也警示過伊梅特這是浪費又輕率的做法。然而，伊梅特置之不理。

伊梅特後來於國內航程上終止了這種安排，但出國訪程仍延續舊例。而在某些國內或國際訪程上，奇異有時會包機以備急用。

在二〇一〇年九月，蒙大拿州一個匿名的政治部落格寫手披露，有兩架奇異專機載送伊梅特一行人到該州比尤特，參與當時聯邦參議員馬克斯・博卡斯（Max Baucus）主辦的經濟高峰會議。據該部落客指出，奇異代表團規模不大，顯然沒必要動用兩架公務機，於是他向機場人員詢問此事，得到的答案是奇異的第二架專機是備用的空機。接著，他又向奇異查證此事，而奇異發言人告訴他，董事會基於安全考量要求執行長使用公司的飛機，至於「隨行機的說法則是錯誤的」。這篇部落格文章當時並未廣受關注。

而在數年後，該議題再度被提起，這次的吹哨者寫了一封信給奇異董事會。雖然信函是向整個董事會發出，但並沒有被送達董事會，而是由人力資源部門首長彼得斯、伯恩斯坦與總顧問丹尼斯頓組成的委員會過目。最後該委員會建議集團往後利用在地包機做為備用機，而不出動第二架公司專機。他們並向獨立董事桑迪・華納（Sandy Warner）提交相關報告。

在佛蘭納瑞接掌奇異集團時，此事已成為一個大問題。《華爾街日報》在伊梅特下台後不久曾刊出一篇文章，講述其差旅同時出動兩架專機的事情。奇異與伊梅特宣稱《華爾街日報》的說法不正確也不公平，並逐步地向新聞媒體透露相關細節。最終，他們堅決表示，早在二〇一四年就已停止這種做法。然而，《華爾街日報》後續的報導指出，飛航紀錄與其他佐證資料顯示，一直到伊梅特去職前幾個月，此事仍在持續進行。

奇異董事會直到二〇一七年十月《華爾街日報》披露後才得知此事，由於深感震驚，他們啟動了內部調查。伊梅特堅稱，這是集團空運團隊決定的做法，他在執行長任內甚至幾乎不曾與該團隊管理層談過話。

但參與其事的某位人員指出，伊梅特對差旅用機有非常特殊的指示，而且總會明確告知他的偏好。他很熟悉空運團隊的運作方式。在奇異就總部遷移芝加哥事宜進行談判期間，伊梅特更要求把快速取用專機列為優先要務。

官方飛航紀錄顯示，在二〇一七年三月，奇異擁有的兩架龐巴迪全球特快（Bombardier Global Express）噴射機相隔十九分鐘，先後從波士頓起飛航向阿拉斯加州安克拉治。其中一架在安克拉治停留逾五天，另一架後續飛往南韓與中國。在此期間，伊梅特高調訪問了一處設在中國的工廠，然後於三月十七日搭機回到安克拉治，九十分鐘後兩架奇異公務機都起飛航向東岸地區。

此事發生時，投資人正積極向奇異集團施壓，促其撙節開支、提升利潤。據專家估計，這趟差旅中備用機往返的成本約達二十五萬美元。該型機大小約相當於地區型班機，通常有十到十四個乘客座位。

許多大企業董事會基於安全考量，確實會要求執行長不論差旅或個人行程都要搭乘公司專機。雖然使用私人飛機似乎沒必要，但當企業領導人必須分秒必爭趕赴某地時，自有飛機倒是頗能派上用場。眾所周知，沃爾瑪創辦人山姆．華頓（Sam Walton）向來搭私人飛機訪視各地連鎖店。

在致奇異首席獨立董事傑克・布瑞南（Jack Brennan）的最終信函裡，伊梅特吹噓自己勞苦功高，並否認其知悉備用機相關安排。

●●●

此爭議反映出佛蘭納瑞心知肚明的事情：奇異集團實質上與多數人的想像不同。集團執行長的職務複雜程度令人難以置信，因此難免會迷失在細節之中。

佛蘭納瑞於是向奇異前主管們請益對集團的洞見。他們很樂意幫助佛蘭納瑞全力以赴做好治理工作。佛蘭納瑞甚至前往南塔克特島（Nantucket）拜會威爾許求教。奇異某些人員冀望他多效法威爾許，並少學一些伊梅特的做法。集團航太部門若干員工甚至在得知伊梅特下台時高呼：「威爾許將再臨。」這無疑是二面刃，他們既擁護了佛蘭納瑞，也責難了伊梅特。

佛蘭納瑞上任前比照早年接掌奇異醫療公司時的做法，到處巡視旗下事業、會見各層級員工。他相信這有助於以最有效率方式重組奇異集團。然而，逐步公開的內幕使他難以專注地推進再造集團的任務。

他還不確定財務長伯恩斯坦是否知悉集團的種種問題。伯恩斯坦堅稱他對那些弊端一無所知，但佛蘭納瑞很難相信宛如大頭目的伯恩斯坦不知道那些事情。無論如何，佛蘭納瑞必須信任他的夥伴。他心想，那些壞事發生時大家都沒有注意到似乎並不牽強。

然而，奇異缺乏現金的窘境令他惴惴不安，除了逐一評估各部門境況外，佛蘭納瑞於八月一日正式上任前數週，陸續會見數十位主要投資人，聽取他們關切的事項。多數投資人對佛蘭納瑞注重金融的心態感到欣慰。與投資人對話時，他捨棄了伊梅特時代不具說服力的「工業物聯網軟體平台」、「奇異商店」（GE Store）等時髦口號。對於投資人要求盡速推進變革，佛蘭納瑞表示自己需要四個月時間。

關鍵在於奇異集團的結構極複雜，他一時很難通曉旗下事業所有面向，而在威爾許時代也有相同情況。奇異習於每隔十八個月到二十四個月重新安排旗下事業，這使得深入分析和比較變得非常棘手。佛蘭納瑞發現，即使自己在奇異服務了三十年、還經營過集團主要的工業部門，光憑直覺並不足以了解其他事業運作的方式或洞察其最大的問題。況且集團事業組合正進行另一輪改組，整併奇異電力公司和能源關聯（Energy Connections）事業單位，這意味著在市場對奇異設備的需求持續降減之際，集團複雜性與不透明度卻有增無減。

此外，奇異電力公司極看重的新執行長羅素．史托克斯（Russell Stokes）將繼續負責經營能源關聯事業。而史托克斯只有一個週末的時間來調適他超載的工作。

史托克斯成長於克里夫蘭，成年前常到奈拉公園（Nela Park）觀看奇異照明公司的耶誕燈光秀。他已在奇異集團服務二十多年，先前經營過運輸部門，和佛蘭納瑞一樣厭惡冗長的PowerPoint簡報。他常說，過長的簡報是不好的跡象，顯示做簡報的人想隱瞞某些事情。經營良好的企業不需要一大堆投影片，只須拿出事實。

史托克斯不是佛蘭納瑞的人馬，但他如今是扭轉奇異電力公司困境的希望所繫。他們對奇異電力公司的情況看法一致：前執行長波茲與其團隊預期能源市場將好轉、渦輪發電機會大發利市，因此囤積了大量庫存，未料結果事與願違，如今庫存產品銷不出去以致公司現金拮据。最棘手的問題是，這個誤判無法輕易或迅速地被逆轉。奇異集團都是在製造產品前數個月就事先展開規畫，如今需要更長時間來消化大量供過於求的渦輪機和零組件。

奇異電力是集團最大事業體，因此事業體質是否健康是關鍵。佛蘭納瑞明白奇異其他事業可以幫忙彌補問題，然而他卻沒有犯錯餘地。

在七月即將結束之際，奇異集團發布第二季財報，伊梅特陪著佛蘭納瑞和伯恩斯坦召開了投資人電話會議，他們都很清楚當年奇異電力公司產品需求勢必縮減，而且隔年需求還將持續走低。

即將在十天後交棒的伊梅特以一貫的樂觀態度表示：「我們的能源和石油天然氣事業

面臨了壓力，但我們在砍固定成本上將會做得更好。」

伯恩斯坦輕推了他一下並接著說：「鑒於當前的市場條件，我們有機會也有必要重新調整成本結構。」於是，整場會議在伊梅特的樂觀說法和其他主管較慎重的看法之間來回擺盪。

伊梅特趁著最後一次對投資人喊話的機會，大談自己對奇異股利的奉獻。他並提醒投資人，在金融危機期間砍股利是他這一生最難過的事情。他指出，「不論是誰擔任執行長」，奇異集團都會把股利視為優先要務。

然而，佛蘭納瑞做出了全然相反的結論，他表明奇異的現金不足以像過去那樣發放股利。伊梅特的轉向策略並沒有奏效，奇異集團負擔不起每季向投資人發放數十億美元股利。

然而這場會議最可怕的時刻，或許是其登場前發生的事情。

當奇異主管們進行會議前準備時，伯恩斯坦告訴投資關係團隊，「我們應當提一下保險業務」。

佛蘭納瑞立即轉頭問說：「保險業務？」奇異集團不是很久以前就說我們已出脫所有保險業持股嗎？

第50章

確定優先順序

佛蘭納瑞像贏得首場選戰的政治人物那樣漸為人知。他在伊梅特領導奇異十六年期間步步高升，如今已被視為集團的權貴。他負責監督過奇異海外多國事業、成交過備受矚目的交易案，也很清楚集團最高層的壓力與舒適條件。或許他不像其他執行長那般注重排場，但對隨扈如影隨形以及舟車勞頓已逐漸感到自在。

在與眾人互動方面，佛蘭納瑞的風格和伊梅特迥然有別。當他談到書籍、新聞事件及家庭等個人愛好時，總是顯得從容自若且興高采烈。然而，在被問及嚴肅問題或面對社交性質的送往迎來時，他顯得神情緊張，似乎很自然地進入了防備狀態。即使是在商業活動的場合，他也不做表面功夫。

伊梅特寒暄問暖的本領足以進名人堂。他極擅長認人而且能讓滿室賓客盡歡，在人群裡穿梭時，他總是表現得像個雨露均霑的優秀政治家。伊梅特的盟友指出，他不是作威作福的人。只是在他呼風喚雨的十多年間，周遭環境總是依他的各種好惡自動調適。

伊梅特偏好低溫環境令人嫌惡，甚至成為奇異集團內外的趣談。當召開會議時，儘管他未出聲要求，工作人員依然會盡心投其所好、確保會場保持在冷藏櫃般的溫度。

身為執行長可以因為室溫不合己意而宣洩不滿嗎？他可以要求電梯總是適時開啟、等待他來使用嗎？或者，不論他所到之處多麼偏遠，屬下總是為他在房間或會議室裡，準備好他喜愛的冰涼健怡汽水嗎？伊梅特的某些同僚與部屬們指出，即使他沒有開口要求，這一切都是理當該為他準備好的事情。

問題不在於為何要讓人做這些事情，而在於身為企業領導人幾乎不可能選擇不要這些禮遇。手下就是要為老闆打點好一切。

伊梅特總是不諱言他討厭等待。在開會期間若有手機鈴聲響起，他會以銳利的眼光瞥向罪魁禍首，不滿地皺著眉頭嚴肅問說：「這是幹什麼？」當他搭乘直升機前往克勞頓維爾管理學院，每每會有黑色轎車在停機坪等候，準備載他到數百呎外的會場門口。

●●●

伊梅特卸任執行長後仍擔任奇異董事會主席，雖然他基本上已不在集團現身，但仍然有點讓人覺得礙手礙腳，而他本人也有此感受。他在集團幾乎無事可做，他的辦公室也從總部遷到了照明公司分部位於芝加哥的WeWork共用工作空間。

伊梅特正式下台之前曾試著爭取另一份工作。總部設在舊金山市、提供共乘服務的優步公司（Uber）因陷入治理危機和創辦人權鬥，考慮聘請伊梅特出任執行長。對此，他表現得像是「在場唯一成熟且負責的人」。

媒體對於優步選聘新領導人的過程有無盡的興趣，許多記者在伊梅特下榻的飯店盯梢。然而，伊梅特最終領悟到他並不適合這個職位，而且知道自己並未獲得足夠的支持，於是為保顏面主動退出了選拔過程。

在奇異集團這邊，佛蘭納瑞上任數日後即雷厲風行、大刀闊斧推行變革。不論是有心或是無意，他的許多行動切中集團近數十年來未曾觸及的弊端。

他早期的縮減成本措施包括停飛集團專機並出售，以及指示部屬多多利用包機或搭乘商務班機。他還終止了集團配車給前八百大要員的政策。

佛蘭納瑞也延後波士頓總部若干工程，使得極力爭取奇異集團進駐的在地官員背脊發涼。不過，奇異堅稱會持守對波士頓當地的承諾。

他還取消了奇異年度的博卡拉頓度假村俱樂部三天靜修活動。這是集團全球各地領導每年受邀齊聚佛羅里達州打高爾夫球和釣魚的盛會。在伊梅特時代，參與者會一致地穿著樂福鞋（loafers）、Dockers長褲、扣領襯衫和圓領毛衣。有人形容說這類聚會就像是出自NBC情境喜劇《超級製作人》（*30 Rock*），而NBC的前母公司就是奇異集團。在靜修活動最後一天，奇異集團執行長會頒發眾人企盼的內部獎項。佛蘭納瑞決定把活動改在一月間與波士頓的聚會合辦，不但參與人員減少，也確定打不成高爾夫球。

他更著手關閉上海、慕尼黑、里約熱內盧的研發中心，並把某些相關的工作轉移到個別的事業單位。奇異一度無止境地擴張的研發活動，如今被集中到紐約尼斯卡尤納（Niskayuna）和印度班加羅爾（Bangalore）的兩處全球研發中心。

集團的新局面開始成形，旗下事業不再是原本應有的樣貌。雖說少有人質疑奇異拋棄金融服務事業的決定，但提出的收益替代方案卻未能收到預期效果。奇異的工業事業沒達到預計的迅速成長，而斥資數十億美元回購自家股票的作為似乎也徒勞無功。在伊梅特任內，奇異總共花費逾千億美元回購集團股票，而那時的股價泰半遠高於當前的交易價，伊梅特又不願調降慷慨的股利，結果就是集團失去了產生現金的能力。

二〇一七年上半年，奇異預定的一百二十億美元營收目標實現希望微乎其微，而原本承諾發放的股利需要至少八十億美元，此外集團還要為不可或缺的研發投注資金。很顯然，奇異集團正走向數週前根本不料想不到的境地。

第51章

內部整頓

二〇一七年八月，奇異高層主管在克勞頓維爾管理學院舉行年度領導力會議。他們之中多人曾數次來到此地聽課及授課，與來自其他企業的中階管理者、主管和客戶一同學習和分享奇異的神奇領導學。奇異的夏季領導力會議通常能使高管們重振精神，重新確認集團的成功不只奠基於渦輪發電機或噴射引擎，更仰賴培養的管理人才。他們必須自信無論於何處從事哪一行都能在業界稱霸。

這一年的奇異領導力會議不同於以往。當時奇異股票持續探底，集團裡多數人無法看清未來的局面。他們知道佛蘭納瑞已於上任前數個月著手檢視集團各部門，這種不確定的狀態令他們焦慮難安。

那年夏天，克勞頓維爾管理學院講堂充滿關於集團未來走向的耳語。儘管情勢尚未明朗，大家仍相信擁有一百二十五年歷史的奇異終將東山再起。奇異總是有能力重振旗鼓。

佛蘭納瑞在領導力會議上講述他首度發現的旗下事業許多運作細節，他指出集團當前的狀態與伊梅特樂觀的鼓舞士氣說法有天壤之別，而且未來處境可能每況愈下。伊梅特從未說出集團正面臨險境或嚴峻挑戰的實情。

與會者當天記憶最深刻的並非佛蘭納瑞令人警醒的見解，而是伯恩斯坦接下來所說的話。這位不少人心目中的奇異執行長理想人選，過去總是扮演著平衡伊梅特看法過度樂觀的角色，因而廣受華爾街敬重。奇異高管對於他留在集團幫助佛蘭納瑞掌舵深感欣慰。

伯恩斯坦在會議上勉勵眾人：把奇異當成自家的企業來經營、依照奇異培養大家的方式來當集團領路人、對所有預測和目標當責不讓。

他說：「我愛奇異集團。」然後他停頓了一下，深深吸了一口氣，接著哽咽難言。勤練舉重、肌肉發達、愛開快車、喜嚼尼古丁口香糖的伯恩斯坦最後竟泣不成聲。

講堂裡聽眾反應各有不同。有些人對熱血的伯恩斯坦滿懷感激，其他人則戒慎恐懼。他的表現似乎顯示奇異集團有某些嚴重問題。佛蘭納瑞與伯恩斯坦堅決地革除了集團一些棘手陋習，但他們沒有揭露任何驚人內幕。向來最堅強的伯恩斯坦在壓力與過度操勞下忍不住落淚，此情此景將長年烙印在奇異集團眾人的心中。當時許多人了解到奇異正逐漸沉淪，只是沒有人知道事態究竟有多嚴峻。

●●●

儘管奇異做出正面承諾，投資人卻早已準備接受其調降利潤預測、縮減股利的打算。某些人認為，奇異減發股利是正向作為，因為這能緩和現金拮据的窘境，而且也意味著奇異管理層終於開始採取積極行動。佛蘭納瑞還沒有獲得所需的全部資訊，因此覺得還需要更多時間來處理這一切。

假如說伊梅特給人的印象是過度樂觀，佛蘭納瑞則是無止境地做分析，而且優柔寡斷。他很少當機立斷，即使是重大決定也如此。對於分拆重大部門之類的關鍵策略行動，佛蘭納總是一再評估才能做成決策。而這樣的風格很快就令奇異高層主管們感到不滿。

複雜的奇異集團問題層出不窮，因此需要真正有責任感的決斷者，否則決策過程會陷入泥淖。佛蘭納瑞時常請外部人士幫他尋找論證上的漏洞，而大量的回饋意見總是難以理出明晰的思路，結果使得他在決策上更加猶豫不決。他不斷與董事會商議，並且公開鼓勵董事們進行辯論。

某些董事只覺挫折感日益沉重。若干擔心佛蘭納瑞經營經驗不足的董事愈發仰賴顧問團。萊斯和康斯塔克兩位資歷豐富的副董事長便為董事會提供一些指引，而後來也成為副董事長的伯恩斯坦基本上成了佛蘭納瑞的夥伴。但到了二〇一七年秋季，情勢迅速出現變化。

伊梅特決心反對佛蘭納瑞廢棄他與特里安公司達成的安排。結果，伊梅特與奇異集團、佛蘭納瑞和董事會決裂，最終較各界預期早了數個月、於十月間卸除董事長職。

佛蘭納瑞開始著手異動高層人事，而首當其衝的是伊梅特時代的資深高層人員。康斯塔克和萊斯都被攆走。

康斯塔克後來說，佛蘭納瑞親自將她開除，令她深感震驚。不過，康斯塔克先前說過，她早就想離開奇異集團，但因伊梅特要求而留下來。她與佛蘭納瑞保持距離，而佛蘭納瑞不想一邊領導奇異集團一邊擔心故事行銷策略。

在揮別伊梅特並打發他的餘黨之後，佛蘭納瑞接下來的舉動更是令人目瞪口呆。當奇異董事會十月召開每月例行會議時，佛蘭納瑞走進會議室並宣布伯恩斯坦將辭職。伯恩斯坦接著進入會議室解釋原因。奇異必須給特里安公司一席董事，而伯恩斯坦在此之前離職的話，可避免特里安公司與奇異管理層之間爆發衝突。

伯恩斯坦、康斯塔克與萊斯均離開奇異集團，使得多位未獲事先諮詢的董事相當不滿卻也措手不及。他們覺得如果有機會應能勸說伯恩斯坦留下來。投資人也對奇異集團財務長辭職深感憂心。在過往的企業崩潰事件中，財務長突然請辭通常是壞徵兆，顯示問題積重難返。

隔週星期一，奇異又有大動作，任命了特里安公司的嘉登為董事，讓這位主動型投資家對奇異的決策擁有直接發言權，得以與聞財務細節。奇異因未能履行伯恩斯坦與嘉登數個月前的後灣協議，沒有達成業績和縮減成本的目標，必須給予特里安公司一席董事。這宛如引狼入室。

佛蘭納瑞與董事會想避免集團陷入代理人戰爭，於是嘉登出任董事一案並未受到任何反對。嘉登在奇異董事會發表的意見有時很惱人，但某些董事還是歡迎他帶來新的看法，至於其他人則直言不諱，表明他們厭惡嘉登。他老愛提起特里安公司對奇異的十億美元投資在董事們監督下化為泡影。於是長年擔任奇異董事的勞氏公司（Loews Corporation）執行長詹姆斯．提許（James Tisch）買了五千四百萬美元奇異股票，部分原因是要駁斥嘉登稱董事會沒有切膚之痛的說法。

特里安公司當初對奇異投資時並沒有要求董事席位，這可能是自家公司唯一一次這麼做。在多數投資案中，特里安公司會爭取一席董事以扮演「高度參與的股東」角色，而如今嘉登既然已進入奇異集團董事會，自然要承當此角色。特里安公司投資長嘉登及執行長佩爾茲自稱為公開市場引進了私募股權投資心態——他們與企業管理層一起檢視各項數字、預測決策、設定策略。

伊梅特和奇異若干董事嘲諷集團讓嘉登進入董事會。嘉登首次出席董事會就責罵了一名做簡報的資淺主管，後來又引發一些爭論，使董事會陷入劍拔弩張的局面。雖然有些董事尊重他的智慧、經驗與寶貴意見，但也難以認同其溝通方式。因為嘉登以居高臨下的姿態對人說話，還認為董事會毫無效率，以致有些董事深感受辱，而當中多人後來失去了董事職位。

其他人則熱情地迎合嘉登，儘管他的個性極為複雜難解。他們認知到嘉登很不客氣，甚至粗暴，但他是來幫奇異解決諸多難題的。特里安公司信任奇異領導層結果卻損失慘重，因此嘉登務必要把奇異董事會推往新方向。他是代表所有投資人表達對奇異潰敗、股價重挫的挫折感和怒意。

奇異某些董事也承認，他們樂見特里安公司為奇異董事會帶來新氣象，因為有些董事會在開會時打盹，有些則似乎對公司專機等優遇較感興趣，以致董事會功能不彰。華爾街所見略同。金融顧問暨投資達人喬許．布朗（Josh Brown）推文說：「佩爾茲是天才，當他要求董事席位時，理當應允而且要感謝他出手相助。」

鑒於伊梅特已去職而且各種新挑戰紛至沓來，奇異某些董事心生去意。比如說，威訊通訊公司（Verizon）六十一歲的執行長洛厄爾．麥克亞當（Lowell McAdam）就擔心應否留在奇異董事會，儘管他對威訊的管理極為嚴格而且始終能為公司找出縮減成本的方法。麥克亞當是在康乃爾大學完成工程學教育，曾於美國海軍服役六年。他已開始考慮逐步退出威訊的營運、停止長年沒有間斷的工作。奇異董事職位是令人羨慕的閒差事。他收集汽車而且愛好機器，十分著迷於奇異的重工業，因此對出任奇異董事深感榮幸。

然而，種種經歷使他想要逃離奇異董事會。奇異董事會功能失調已是眾人皆知的事實，集團的問題更是盤根錯節，在此慌亂時期擔任奇異董事，只會徒勞無功。奇異董事會基本上每個月開一次會，而在佛蘭納瑞治理下，董事會每年開會近五十次。

當佛蘭納瑞縮編董事會的想法明朗化後，麥克亞當即乘機求去，畢竟他不確定奇異未來走向，而且自己還要經營威訊公司。

此期間，嘉登並非單槍匹馬上任奇異董事。奇異是特里安公司歷來最大規模的投資對象，因此有一整組人員投入這項投資案，當中包括一名基本上所有時間投注於奇異集團的分析師。

嘉登進入奇異董事會後，手下人馬幾乎沒有受限地逐層剝開奇異集團各層面。特里安公司因而對奇異有了更深刻了解，但自家也成為證券交易法規認定的內線交易規範對象，不得利用在奇異董事會取得的非公開訊息獲利或減損。嘉登雖然獲悉了奇異內部運作的原始資訊，但他同時也被法規綁手綁腳。

第52章

保守估算

奇異內部因變革而人仰馬翻，但外界卻看不出其任何行動跡象，以致投資人望而卻步。當第三季成果於十月間發布時，股價已掉到二十五美元以下，而且持續快速滑落。奇異警示全年來自工業事業的現金流僅七十億美元，遠低於先前預測的一百二十億美元。

這個巨大落差幾乎全是奇異電力公司所造成，其微調服務合約以求增進營收與利潤，卻也延遲了現金流。與此同時，該事業更錯估新式渦輪機市場，囤積了過多昂貴的庫存貨，進一步消耗掉現金儲備。

這些結果令奇異投資人氣餒，而集團卻又提不出明確的復甦計畫。佛蘭納瑞時常覺得，伊梅特時代運用現金的重大決策失之妥當。而如今，他在去中心化卻又不透明的結構中，必須花更多時間細究和分析旗下各自為政的眾多事業單位。

奇異某些高層過去對伊梅特的獨斷獨行不以為然，如今在佛蘭納瑞廣開言論下暢所欲言，但部分高管對此坐立難安，甚至感到氣惱。即使是新任財務長潔米．蜜勒（Jamie Miller，原任運輸部門主管）也對佛蘭納瑞謹小慎微的做法感到憂慮。她認為佛蘭納瑞過於消極，而且對伊梅特時代的失誤矯枉過正，以致很難解決奇異的諸多難題。

無論如何，佛蘭納瑞要依自己的方式來治理奇異。他自信還有充足的時間而執著於審慎行事。奇異執行長通常任期長久，因此佛蘭納瑞認為要絕對確保自己能將奇異帶上正確的發展道路。

他聲明對集團事業組合的策略檢討「沒有不容質疑的事物」。多年前，他領導奇異交易團隊著手精實金融服務公司、出售家電部門時，也曾有類似的宣示。對於佛蘭納瑞來說，經營企業──尤其是陷入困境的企業──沒有感情用事的餘地。

當主要事業主管呈交二〇一八年預算案和各項預測後，佛蘭納瑞退回了其中一部分並要求重估和進一步刪減經費。他也明白宣告，對各項問題的態度將更開明，而且改弦易轍對於集團股價最為有利。

轉眼來到十一月中旬，奇異新管理團隊向投資人更新訊息的日期迫在眉睫。整個華爾街和所有商業媒體都期望奇異新執行長提出重大新計畫。雖然有些顧問認為此時尚無扎實的最終定案，不宜貿然公布，但佛蘭納瑞在投資人毫不容情的巨大壓力下，被迫在預定期限為奇異設定變革進程。

數百名投資人、分析家與記者齊聚曼哈頓中城一處尋常大樓會議室，而這場會議於數小時前就已定調。當日太陽升起時，人們即已得知奇異的重大訊息：股利砍半。奇異只是在會議上宣布相關細節。

佛蘭納瑞把部分原因歸咎於電力公司先前的管理階層，並暗示伊梅特的轉向策略有許多缺失。他告訴投資人與分析師：「我們多年來發放了過多現金股利。」如此直白的話語讓人聽來更加難受。奇異付出的股利實際上是借貸來的，也就是說那只是名義上的股利。

佛蘭納瑞坦承的事情令眾人譁然。奇異的日常營運未能獲取足夠的現金來發放股利，卻還拿現金回購自家股票。雖然奇異開得出支票，但做法並非永續經營之道。企業一般都是在現金過剩時才會回購股票和發放股利。

大型公司回購自家股票始於一九八二年，這是當年美國證券法規修正帶來的結果。企業回購自家股票可使市場流通的總股數減少，從而縮減必須發放的股利金額。此外還可用於獎酬員工。

回購股票也是重大的資本配置決策。每一塊錢的去向都會影響企業的成敗，這筆錢可能被拿來投資，或是用以交易，或用來回購股票。

回購股票向來引發爭議。有些人覺得這表示企業管理層缺乏好的經營想法。有些人則認為，這類似第二股利，是「把現金退還股東」的一種方式。關於企業是否回購自家股票，巴菲特與長期商業夥伴查理．蒙格（Charlie Munger）提出了兩個簡單的取決標準：企業必須擁有充足的營運資金，而且回購的股票價格必須「保守地精算過，相較於企業固有商業價值應當有所折扣」。

第二項要求頗為棘手。正如波克夏海瑟威公司兩位投資大師所提醒，「以一個價格買是聰明，以另一個價格買是蠢」（what is smart at one price is dumb at another）來回購，最大的風險可能是「多數企業執行長始終相信他們的股價不高」。

回購股票而非經由交易來大幅提升收益，可能給企業帶來災難性後果。（當然，這是假設企業成交了好生意。）無論如何，正如巴菲特和蒙格所說，假若企業的股價被低估，在股價處於低檔時回購股票可輕易獲利。

但如果股價持續滑落，回購無異於把現金丟進火裡。以一美元換取未來只值八十美分的東西，不是划算的花錢之道。

在伊梅特時代，奇異經常回購自家股票，二〇〇四年之後依據證交會要求公布總計斥資逾一〇八〇億美元。二〇一八年底時，奇異總市值為六百七十億美元。伊梅特擔任執行長最後十八個月期間，奇異努力把股價維持於三十美元左右，而此際伊梅特花了近二百六十億美元回購自家股票。未料十五個月後，奇異股價慘跌到十美元以下。因此，人們記憶裡的伊梅特，在用錢上不是個明智的人。

當伊梅特於二〇一七年六月宣布辭職後，奇異七月間回購自家股票的金額從六月間的一億五千三百萬美元，驟降為一千八百萬美元。

第53章

重啟之年

佛蘭納瑞描繪的奇異前景頗為悲慘。集團需要數年時間整頓各項事業，而重啟電力公司尤其曠日廢時。此舉是著手前執行長伊梅特不願做的事，大幅刪砍半數股利以便每年省下四十二億美元。佛蘭納瑞還終結了伊梅特妄想的二〇一八年每股盈餘二美元財務目標。他把二〇一八年稱為奇異「重啟之年」，並警示二〇一九年的境況仍將嚴峻。

佛蘭納瑞想專注於經營三大核心部門——電力、航空與醫療——並退出其他多數事業。《華爾街日報》數週前指出，奇異將出售旗下運輸公司，其曾為最大且歷史最悠久的柴油動力火車機關車製造商之一。奇異也打算賣掉照明公司，雖然它努力了多年始終未能有好結果。這兩個部門可遠溯到愛迪生的年代。

佛蘭納瑞還想甩掉伊梅特時代最大也最失敗的專案——石油天然氣事業。當年的交易時機並不適當，如今該產業是由斯倫貝謝和哈利伯頓兩大巨擘主宰。油氣產業每況愈下並非伊梅特的錯。但使得奇異投資人高度曝險的責任在於伊梅特。奇異油氣事業與貝克休斯合併、成立市值四百億美元的新公司數個月後，奇異即尋求將三分之二的股權轉手。

奇異集團把董事會從十八人縮編為十二人，並且更換了新董事。伊梅特已辭卸董事會主席，他的人馬雖有人保住董事席位，但權力結構已經丕變。

佛蘭納瑞完成了奇異瘦身計畫第一步驟，但他沒有著手分拆集團，甚至沒有徹底改變其結構。他打算定期檢討集團事業組合，也不排除未來將集團拆分。

他的各項提案與集團過去常見充滿優越感的案子大相逕庭。光是他的坦誠就和昔日高層有著天壤之別。他承認奇異有必要推行重大結構變革，意味著市場期待奇異記取教訓並著手自我改造。

但奇異股價仍跌到二十美元以下。

佛蘭納瑞直率說出奇異的淒慘處境和必須調整結構的實情，暗示著集團的狀況可能比世人猜想的更糟。儘管佛蘭納瑞才剛提出變革方案，分析師與名嘴都懷疑他的努力能否扭轉逆境。

與此同時，持續的不確定狀態和不斷探底的股價重挫奇異內部士氣。員工擁有的股票選擇權變得沒有價值，而佛蘭納瑞言下之意似乎是集團還會停滯不前一段時間。雖然美國經濟漸入佳境，但奇異集團尤其是矽谷的數位部門員工卻紛紛去職。

佛蘭納瑞每週以iPhone製做影音訊息，堅持用透明和誠實的方式與奇異員工溝通，並公開回應他們種種提問。他對企業管理的論調和展望很務實。他告訴員工，奇異擁有自我修復所需工具，但過程不會輕鬆或令人愉快。在他治理下，「不再搞成功劇場」的訊息於總部及整個集團迴響不已。

換句話說，奇異不再假裝漏洞百出的軟體能有效運行。

不再為求成交而不計成本。

不再佯稱模糊的概念和指標有其價值。

不再執著於故事力行銷。

不再堅信不會犯錯。

不再製造神話。

第54章

帳單到期

伊梅特知道佛蘭納瑞一直試著聯繫他，然而伊梅特有其他事情必須處理。自從移交奇異集團執行長權力後，他們兩人交談的次數幾乎屈指可數。

在奇異集團壞消息紛至沓來之際，待在矽谷的伊梅特往往笑稱，矽谷人不讀《華爾街日報》或收看《全國廣播公司商業頻道》的節目。他自有充分的理由忽視那些新聞。多數名嘴指責他是奇異集團陷困的罪魁禍首，媒體揭露奇異集團重度失能的報導也做出相同結論。

卸任奇異集團董事長後，伊梅特泰半時間在加州度過。六十一歲的他覺得自己寶刀未老，還不準備退休。於是他高調爭取遇上難題的新創公司優步的執行長職位，但未能如願以償。然後，他尋求在新創企業成為幕後掌握實權的人，期望有機會在醫療保健或生物科技方面做出突破性成果。即使他持續否認自己必須對奇異集團的挫敗負責，但相識者認為他企求救贖的機會，證明自己是卓越的企業領導人。

佛蘭納瑞試圖聯繫伊梅特是要詢問鮮有人知的奇異保險業務。

伊梅特與奇異高層過去經常言簡意賅地強調，奇異已退出保險業，而包括記者、分析師和投資人幾乎都以為，奇異很早就賣掉保險業務、大幅降低奇異金融服務公司的風險。奇異確實不再從事保險業，但卻未能找到任何人接手最不利的保險業務，以致仍承受著莫大的風險。金融服務事業在二〇〇四年把多數保險業務轉手給展維金融公司，又於二年後將其餘保險業務泰半售予瑞士再保險公司。然而，奇異的長照保險業務始終無人願意承接。

伊梅特知道，奇異集團在二〇〇六年以前賣過長照保單，也曾一再重新檢討這項業務，其支付範圍包括養老院與輔助生活機構的成本。因為長照保單多數設計不良，在保單基礎上有諸多假設嚴重錯誤，以致最終成為一場災難。

奇異在特定情況下將這類保單辦理再保險，由於結構不合理，幾乎任何銷售員都把這些保單視為噩夢。這些交易不但造成大筆虧損，還使某些承保公司一敗塗地。

伊梅特曾要求重新檢討長照保險業務，以及估算可能需要增加多少儲備基金，而初估金額為二十億到三十億美元。從奇異集團的規模和消弭這類壓力的能力來看，伊梅特不認為這是一大筆錢。然而，這究竟是不是大數目取決於奇異的保單能否帶來現金。

實際上，多年來沒有人仔細看過這些保單的細節，因此不知道當中的種種假設。稽核人員以較保守的假設重構這些保單後，結果頗為悲慘，奇異需要一百五十億美元的現金來承擔其保險責任。

佛蘭納瑞難以理解為何金額如此龐大。這狀況非常糟糕。因為奇異集團根本沒這麼多現金。

奇異已捉襟見肘，而每季經常需要靠約二百億美元商業本票來履行各項義務。雖然理論上集團開得出一百五十億美元支票，但在現金管理上得要小心翼翼。

佛蘭納瑞一再撥打伊梅特的電話，卻始終聯絡不上他。伊梅特能給予佛蘭納瑞的建議其實微乎其微，頂多只能重提他那自欺欺人的評估。伊梅特後來私底下承認，如果他知道奇異需要這麼多現金來承擔保險責任，他絕不會用退出金融服務業所獲現金來回購自家股票。

●●●

奇異必須向民選的堪薩斯州保險事務專員回報。因為投保人數眾多，州監管當局必須慎防保險公司營運失利。

曾經有許多年輕人買奇異長照保單，其支付的保費創造過豐沛的現金流，如今這些保單在奇異的資產負債表上卻造成財務大洞，況且奇異必須支應的養老院與長照成本較預估高出許多，未來在這方面的負擔只會愈來愈沉重。

二〇一七年十二月，奇異著手與當局商談履行保險責任又不致流失大筆現金的方法。到二〇一八年一月談判結束時，奇異靠信用額度準備了一百三十億美元，以備監管當局堅持要求自家全面履行義務。

結果這張安全網最後不須派上用場。監管當局准許奇異在七年內備妥履約儲備金而不必立刻準備齊全。奇異則承諾會更規律地重新檢視其事業組合。

龐大的長照保單履約金額令全集團震撼不已。多位董事深感此事駭人聽聞。奇異風險管理者的最基本要務，在於對有毒資產進行最壞狀況測試，然後提醒集團關注測試結果。大家必須點出潛在的風險可能在哪裡爆發。

而董事會不解為何他們認為奇異已退出保險業。對於發生這樣的疏失，集團裡始終有一些人提出質疑。佛蘭納瑞也深感訝異，認為此事毫無道理。但他始終找不著答案。

●●●

核心問題是奇異在長照保單再保險上做了糟透的決策。當外部發現奇異擁有最不利的保險資產後，就已沒有機會找到買家，而且美國司法部的調查更使這些資產不可能脫手。

長年的監管疏漏和隱藏風險，令奇異難以了解後果仍在持續惡化。

奇異集團否認此事涉及舞弊。在二〇一八年初，奇異為三十萬長照保單辦理再保險，這個數量約為保險業所有長照保單的四%。但其收取的保險費並不足以支應其支出。

奇異金融服務公司前雇員向《華爾街日報》記者大衛·伯諾（David Benoit）表示：「我見到的事態說不上嚴重，但仍令我憂心，於是我決定離職，因為我不想留下來看著事情變得一發不可收拾。」

據《華爾街日報》指出，這位奇異員工曾負責協助保險業務部門改善儲備資金管理，他憂慮部門高管未提供佐證就更動數據等做法，因而辭去工作。另一位奇異金融服務前員工說，承接奇異多項保險業務而成立的展維金融公司，二〇〇四年首次公開發行股票募資時，奇異長照保單是有毒資產的事即已明朗化。

當年參與該交易的銀行家認為，展維金融公司不可納入奇異的長照保險業務。而奇異為了成交，同意承擔任何損失。監管當局的展維金融公司檔案明確顯示，奇異持續承受長照保單的風險，因為長照保單「不符合展維金融公司的利潤目標門檻」。

展維金融公司後來受自身長照保單問題所累，損失金額逾二十億美元。其他保險業者也都在長照保單上受到衝擊。而直到佛蘭納瑞出任執行長後，奇異才著手處理長照保單的問題。

奇異長照保單的問題引發了一些法律訴訟，還衍生了其他一些問題。可以確定的是，奇異雖退出保險業，但保留了一小部分不為人知的保險業務。

奇異辯稱，集團許多發展和細節從不對投資人揭露，因為這些訊息對於財務結果沒有值得留意的重大影響。奇異於二〇一二年將長照保單履約責任從年報中移除，直到五年後才又在年報裡披露相關訊息。根據奇異呈交給法庭的文件，當年移除長照保單訊息的做法是「尋常的業務決定」，並不意味奇異先前的財報不誠實。

伊梅特和謝林常說他們成功退出了保險業。伊梅特曾稱，奇異若沒有擺脫保險業務，可能難以安然度過當年的全球金融危機。他與支持者一再以此為例，說明他在交易時機的掌握上非常精明。

逐漸揭露的細節顯示奇異並未全盤退出保險業。在二〇一七年初，伯恩斯坦開始提及「殘存的保險業務」，並說這項業務「實質上沒有利潤」。到了當年七月，伯恩斯坦首度和佛蘭納瑞談論此事後，相關說法變得更加嚴重。伯恩斯坦於十月間告訴投資人，奇異金融服務公司已著手中止支付現金給奇異集團。

負責處理奇異長照保單難題的蜜勒於十一月就其風險做了三個小時簡報，她警告說，金融服務公司基於長照保單風險，將不支付三十億美元股利給奇異總部。她並指出長照保單履約成本可能超過三十億美元，兩個月後奇異發現問題顯然嚴重許多，集團必須準備逾六十億甚至一百五十億美元儲備資金，以支應長照保單未來可能產生的成本。這個龐大金額幾乎是縮減後的每年股利成本的四倍。

第55章

怠忽職守

沒有人把奇異保險業務爛攤子歸咎於佛蘭納瑞，但他必須帶領集團度過這個難關。務實的他很顯然備感挫折，對前景的看法更令人發愁。儘管事情有所進展，卻未如計畫般順遂。

他像工程師面對水壩潰決危機那樣處理保險業務難題，集團受害很嚴重，但金融服務公司在飛機租賃上獲利豐厚，因此可提供支撐。佛蘭納瑞告訴投資人：「我們強烈相信，在奇異金融服務公司的內部架構下，問題已獲得控制。」

但奇異僅存的金融信用已消失殆盡。佛蘭納瑞於十一月表明已徹查此事，而迫於問題嚴重，集團不得不改弦易轍。他深愛長年服務的奇異，因此對於親手分拆集團掙扎不已。

經由董事會建議，他示意將持續檢討旗下所有事業，包括實質考量是否拆解奇異集團。此聲明後來被解讀為奇異集團終將解體，致使佛蘭納瑞頗為沮喪。被如此詮釋的部分原因，在於他沒有使用較確切的詞彙，但其話語意涵仍是明確的：拆分主要事業單位後，現代的奇異集團將隨之消解。

在奇異內部和董事會議上，這一切都已明白攤上檯面。奇異集團長照保單損失慘重，特里安基金管理公司要求，全盤重新考量所有事業給股東交代。

佛蘭納瑞不斷忙著滅火，卻發現火勢一發不可收拾。此外，他與董事會關係日趨緊張，和蜜勒相處也不融洽。

不過，董事會大體支持他控管損害的方法。支持者認為，佛蘭納瑞採取了一切正確措施，雖然時間上晚了一些。佛蘭納瑞總是說自己需要更多時間。而在董事會著手汰舊換新後，他獲得新奧援。經過廣泛尋訪，奇異管理層與董事會三名新成員為集團帶來了解決現行問題的各項工具。只是，新董事與老董事之間並不和睦。

像多數公司一樣，奇異執行長也擔任董事長，這違背了基本的企業治理原則。執行長不應掌理董事會，以免董事會功能遭到削弱。奇異某些董事過去曾挑戰伊梅特，但終究徒勞無功，有些人甚至受到懲罰，或失去了董事職位。

奇異以往挑選的董事通常沒有調查詳盡，也未必了解董事會一貫的運作方式。此外，董事會時常開得很匆忙，十八名董事和大約十二位定期與會者擠在會議室裡，很難全盤處理數量龐大的議題。事實上，一些主管和顧問偶爾還在開會時睡著。

伊梅特鼓勵大家辯論，但董事會罕見有人對他提出嚴厲質疑。一名主管回憶說，謝林有次在董事會簡報季度財務，當時電力公司業績表現與預定目標相去甚遠，卻沒提出未能達標的具體細節。該主管預料董事會將有所反應，結果竟無任何人質問到底哪裡出了錯。

當佛蘭納瑞致力於縮編和更新董事會，受影響者包括來自各企業現任或前任執行長、共同基金巨擘領航投資集團（Vanguard Group）前領導人、紐約大學商學院院長，以及證券交易委員會前主席。擔任奇異董事每年所獲現金、股票和其他津貼超過三十萬美元。在集團仍生產家電產品的年代，他們的待遇甚至更優渥。當時奇異允許董事於三年內把總額三萬美元的家電帶回家。他們卸任董事時還可從集團拿一百萬美元捐給慈善機構。

有些董事承認伊梅特不是最擅長交易的人，卻被他徹底樂觀的看法說服。他們明白伊梅特的職務無比艱辛、運用了一些強硬手段才度過多場重大危機，因而普遍喜愛伊梅特。

據伊梅特指出，他竭盡所能向董事們揭露資訊，也要求他們親自訪視奇異各部門。不過他也很清楚集團極為複雜，董事會能提供的想法有限。在威爾許時代，董事會通常傾向支持威爾許的建議和追隨其領導。伊梅特則被視為操弄董事會，更有耳語說他教導親手挑選的董事，依其願景看待集團事務。

有人擔心董事會不完全了解奇異集團運作方式，而兼任董事長的伊梅特認為這無傷大雅，並且努力確保董事會與其立場一致。

擔任奇異董事二十四年的摩根大通前執行長桑迪・華納（Sandy Warner）於二〇一六年被逐出董事會，原因出於他在接班議題上與伊梅特爆發衝突。華納主張加速權力交接過程，而且堅持應由電力公司領導人波茲接替伊梅特。然而伊梅特與波茲關係不睦，還對電力公司業績不滿，因此他覺得應迫使華納離開董事會，壓低波茲登上大位的機會。

華納在一項閉門會議上尋求其他董事支持。他訴求董事應討論接班時程問題。然而董事會站在伊梅特這一邊。華納只能忿忿不平地離開奇異董事會。奇異向投資人表示華納是因新的條件限制而去職，但始終沒有揭露真正的理由。

伊梅特注重所有董事在決策會議上都有發言機會，但董事們很少挑戰他的看法。伊梅特只是要證明，他有徵詢了大家的意見並且鼓勵辯論。而美國聯邦準備理事會監督者認為，奇異董事會必須更勇於挑戰董事長，並敦促他們確實做到。

佛蘭納瑞期望像伊梅特和威爾許一樣擁有相挺的董事會。他一方面縮編董事會，同時也想強化成員。他需要能提供指引的董事會，不要徒具橡皮圖章功能。他實實在在尋求董事會決策與辯論，因而歡迎嘉登進入董事會。

他還延攬丹納赫公司前執行長賴瑞・卡普出任董事。卡普在資本配置和交易決策上向來紀律嚴明，丹納赫於卡普掌理下股價一路走強，當卡普五十二歲退休時已賺進三億多美元。奇異集團董事會時常把丹納赫視為集團精實化、增進營運效能的榜樣。

高大、滿頭灰髮的卡普來自馬里蘭州，喜愛穿著寬鬆西裝，說話帶南方口音，看來沉著鎮定。他在工業界享有聲譽且深受投資人敬重，但不是家喻戶曉的人物，部分原因在於他厭惡媒體關注。

佛蘭納瑞非常清楚，找卡普出任董事將帶來什麼樣的未來。在四月卡普加入奇異董事會之前，有顧問向佛蘭納瑞警示，假如事情發展不利於他，來日可能會被卡普取而代之。佛蘭納瑞回答說他不在乎。他需要最好的人才來幫忙治理搖搖欲墜的奇異集團。

第56章

更廣義的管理

佛蘭納瑞五月底在佛羅里達州電氣產品集團大會演說，此時距離伊梅特在上屆大會不盡人意的表現已有一年。大家都對奇異新執行長拭目以待。他們都想問清楚：他會採行新策略嗎？會大舉變賣資產嗎？會就金融服務事業的問題提出實質解決方案嗎？

奇異集團高層此時已覺得佛蘭納瑞不夠沉穩，在高壓情境下可能陷入慌亂。批評者還說，佛蘭納瑞有時會突然失控、大發雷霆。多數人眼中的佛蘭納瑞是鎮定且自信的領導人，因此對他的這些變化感到不可思議。

佛蘭納瑞的演講能力不輸伊梅特，在二〇一五年一月奇異管理層博卡拉頓三天靜修會上，其簡報為集團的傳說增色不少。奇異高層靜修會時有世界級領袖蒞臨演說，在威爾許時代，做報告的主管於耶誕節前就要展開相關準備，還要私下預演給威爾許看，取得其認可和建議。

佛蘭納瑞當年的簡報沒有使用PowerPoint投影片，這是連經驗老到者都認為幾乎不可能的高難度事情。他簡要地傳達了奇異醫療事業當務之急，包括釐清疏失。那時的成功使他贏得自信和勇於跳脫框架的名聲。

然而三年後，佛蘭納瑞以奇異執行長身分在電氣產品集團大會做的簡報，難以與當年表現相提並論，而這時大家尤其寄望他使奇異集團起死回生。遺憾的是，佛蘭納瑞如今與昔日有別，似乎他一開口，奇異股價就會隨著走跌。

在演說前，教練群熱切地幫他做好準備以避免挫敗。他們為他擬出一長串可能被質疑的問題，並列出合適的答案。他們也進行模擬演練，增進他在不同情境下給出最佳答案的能力。

縱然準備充足，佛蘭納瑞不得不揭露一個令人沮喪的訊息：奇異電力公司將持續面臨壓力，而且集團的重大變革需時數年方能產生結果。

在被逼問二〇一九年股利相關問題時，他以財務專家的看法指出，股利反映集團現有事業組合的支付能力，而隨著事業組合變動，股利將相應進行調整。假如奇異出售半數事業的話，自然無法發放與此前相當的股利。

他沒有依循不成文法則、堅守承諾直到無以為繼為止，而是告訴投資人，他可能再刪減股利。從某些方面來看，他的作風過於透明。他不願在不穩定的情勢中給出長遠的許諾，導致自己陷入窘境。他並為自己檢討策略的方法提出辯護。

他告訴會眾：「當事情變得合理時，要小心謹慎，然後再勇往直前，而不要因為某人要我們前進就邁出步伐，這就是我的風格。」

這番話使得奇異當天的股價滑落七％。

即使伊梅特昔日積極向上的樂觀態度，如今被視為奇異陷困的部分原因，至少他的溝通能力通常能平復他人。他總能說服聽眾，奇異的管理團隊無所不能，不但縱橫全球，也受到世界領袖推崇，更能化解任何迎面而來的問題。

伊梅特時常感嘆昔日手上沒拿到好牌，還遭遇紛至沓來的外部災難，但其治理仍有實在的意義：即使多數人認為奇異的商業模式過時，卻也安度了許多風暴的考驗。某些威爾許親信甚至私下承認，伊梅特在演說、與人互動、應對群眾方面略勝威爾許一籌。

對佛蘭納瑞來說，追隨伊梅特確實不是容易的事。

第57章

臨陣換將

六月間有消息傳出，奇異集團將從道瓊工業平均指數成分股中除名，沉重打擊奇異的經營神話。

奇異是該指數最初三十個成分股原始成員，而且自一九〇七年以來始終未被排除在外。如今被道瓊除名是個明確訊息，意味著它已不再是美國最重要企業之一。其地位被沃爾格林聯合博姿公司（Walgreens Boots Alliance, Inc.）取代，這是一家擁有藥局連鎖店、從事藥物分銷的企業，市值約只有奇異集團的一半。

長年效忠奇異的人們為此心灰意冷。佛蘭納瑞反倒處之泰然，即使他知道一般員工將此視為集團的挫敗。他明白這種發展在所難免，而且道瓊指數已不再像往日那樣至關緊要。

佛蘭納瑞現今掛念、也更要緊的，是一週內他將宣布重大的集團分拆計畫，因而心情格外沉重。

奇異預定六月二十六日以視訊會議揭露此訊息，相關準備工作緊鑼密鼓進行，有投資銀行家、公關公司參與此事，奇異還雇用了多名顧問協助籌備。許多人早在前一年十一月間即預料佛蘭納瑞將宣布這一項嚴酷的方案。

根據計畫，奇異將分拆醫療事業、出售油田服務公司貝克休斯的股權、縮減負債，並精實化龐大的企業結構。至於奇異金融服務事業則維持不變。

佛蘭納瑞並宣布，年初加入董事會的卡普取代領航投資公司前老闆傑克・布倫南（Jack Brennan），成為奇異首席董事。卡普擅長企業營運，是特里安基金管理公司等投資方屬意的奇異首席董事人選。

卡普於當年夏季開始主導奇異董事會，不斷就電力事業困境質問佛蘭納瑞，並在董事會當面責備他不清楚庫存量等基本事項。鑒於奇異事業組合極龐大，少有人期望佛蘭納瑞掌握這類細節，但卡普卻不以為然。他曾在其他企業擔任過執行長，而且總是全心全意關注大小事務。

他寧願執行長舟車勞頓、四處視察旗下事業各辦公室和工廠，而不是把各事業主管叫到總部來接受檢討。他也期望佛蘭納瑞親自詳查資金運用等被掩蓋的重大問題。對某些奇異董事來說，卡普對佛蘭納瑞的責難揭示出更大的問題。佛蘭納瑞還在一邊學習一邊掌理奇異集團，而且面對不斷出現的危機欠缺處理經驗。

此時，已有部分董事考慮要換掉執行長。他們擔心佛蘭納瑞難以勝任，並覺得不可等到發生慘劇再亡羊補牢。整個夏季期間，佛蘭納瑞優柔寡斷的情況持續未變，使得董事會的挫折感與日俱增。當董事會於數個月後得知奇異電力公司爆發新問題時，他們對佛蘭納瑞的支持已蕩然無存。

佛蘭納瑞在九月間召開電話會議，向董事們報告新問題根源。奇異電力公司最新型高功率燃氣渦輪發電機葉片失靈，導致大型公用事業艾索倫電力公司（Exelon）被迫關閉德州兩處發電廠進行維修，而且奇異還必須整修已售出的數十組採用相同葉片技術的發電機。這必然會使疲弱不振的銷售額雪上加霜，並導致電力事業維修成本攀高。奇異原本寄望最新型渦輪發電機能與西門子等對手的產品一決高下。

然而壞事接二連三。奇異勢將無法達成現金流目標，而且先前數個收購案的帳面價值竟然減損逾二百億美元。

奇異董事會再也無法忍受。他們決定讓佛蘭納瑞為這些壞消息負責。鑒於伊梅特當了十六年執行長，佛蘭納瑞以為會有充足時間領導集團，然而當他尋求董事會奧援時卻發現沒人挺他。

上任僅十四個月的佛蘭納瑞遭到解職，成為奇異集團漫長歷史上任期最短的執行長。取而代之的是卡普。

佛蘭納瑞對此難以置信。他曾告知董事會，集團需要時間徹底變革，而且過程將苦不堪言。那時董事會保證將給予支持，未料這麼快就背棄了他。如今董事會顧慮他領導集團力不從心，更明白不可能再冒險。

卡普欣然接下重任。他自前公司退休後，愉快地任教於哈佛商學院且備受學生誇讚。在獲任命為奇異新執行長那天，他於課堂上說明了不再當教授的原由。年僅五十五歲、擁有十四年企業執行長資歷的他發現，自己有機會幫奇異集團重振旗鼓。

卡普思慮再三，且深知任重道遠，最後慎重地做成決定。雖然他已退休但渴望乘機促成奇異東山再起。況且，誰能抗拒這個拯救奇異集團的機會呢？

卡普與佛蘭納瑞不同，他很清楚自己面臨什麼樣的境況，至少他做好了承受衝擊的準備。上任幾週內，他就再次刪減奇異集團股利、每季僅給投資人一美分。

由於具備企業執行長資歷，卡普為奇異集團帶來了更多的信用，而新官上任也使董事會拋開先前的悲慘歲月。佛蘭納瑞的治理方法令人深感挫折，但卡普處理局勢的方式，實際上大同小異。他計畫大舉分拆受調查與官司困擾、逐漸不再自信有能力償債的奇異集團。

他也像佛蘭納瑞一樣宣告奇異需要多年時間來扭轉頹勢。這顯示佛蘭納瑞的決定是正確的。

即使更換了執行長，奇異集團某些重大問題依然揮之不去。電力公司因變更服務合約榨取短期利潤，持續受到聯邦刑事與民事調查。當局也正查究奇異金融服務事業長照保單的履約責任，以及阿爾斯通等收購案的銷帳問題。

有股東控告奇異詐欺，並在訴訟時提及奇異變更服務合約和長照保單履約責任。奇異則否認欺瞞股東。而信用評等機構再度調降了奇異集團債券的信用評級。

卡普也如佛蘭納瑞那樣，每次對外發言都造成集團股價下挫。在十一月接受電視台記者訪問時，坐立不安的卡普說奇異電力事業還沒觸及谷底，而且無法設定新的財務目標，結果集團股票隨即跌到七美元以下，是二〇〇八年金融危機以來首見的慘況。

奇異潰敗到幾乎無以復加的地步。摩根大通分析師圖薩最後於十二月把奇異股票從拋售名單中移除。據他解釋，奇異各事業支離破碎，但風險多數已攤在陽光下。於是奇異股價反彈至七美元以上。但短短數個月後，圖薩再度喊賣奇異股票，並聲稱在奇異起死回生前，投資人過早反映了對奇異股價的預期。

奇異集團殞落嚴重打擊外部人士，而內部忠實信仰集團價值的信徒，所受衝擊有過之而無不及。較低層級的奇異員工多數深感痛苦，不過他們對於管理階層和自家產品仍具有信心。他們都相信奇異集團決不至於回天乏術。

約二十年前，奇異集團市值曾逼近六千億美元，如今則大幅縮水。大家都必須努力調適這個事實。

●●●

被迫交棒後，六十六歲的佛蘭納瑞與奇異集團保持距離。他與夫人展開了一趟六週的公路旅行。這是他在逐步走上事業巔峰的三十年期間從未有時間實現的長年夢想。過往他只能乘坐商務機飛越壯麗山川，如今終於能親歷其境。對於未能拯救心愛的奇異集團，他並無怨悔但感到疲憊不堪。

他像多數人一樣，對奇異的潰敗深感失望。他原可盡所能努力保全奇異集團，例如按部就班補救電力事業直到它有所起色，而不是立即直面和揭露集團各部門種種難題。

佛蘭納瑞面對了伊梅特不想或無法應對的諸問題。許多外部人士深恐奇異集團的問題過於嚴重，非局內人所能處理。儘管佛蘭納瑞常說奇異集團沒有神聖不可侵犯的事物，但對集團無情感依附的卡普則不須如此聲明，而且他比佛蘭納瑞更有企業治理經驗。

佛蘭納瑞揭發集團的重大問題，而且每個相關決定都令他進退維谷，因為事關數千名工廠員工的生計，以及等待股利進帳的退休人員生活。

他交棒後仍確信奇異的問題沒有快速解方。這個看法沒有錯。

伊梅特離開奇異後在矽谷與波士頓兩地奔波，一邊與人合夥從事科技業創業投資、擔任新創公司董事，一邊擔任醫療用軟體業者雅典娜保健公司（Athenahealth）董事長。他的明亮現代化風格辦公室位於舊兵工廠重建、設有多家科技公司的建築群中，與奇異昔日總部費爾菲爾德大異其趣。

奇異集團依然使他心情沉重。他離開集團時覺得自己遭受誤解和不公平的背叛，對所受痛苦耿耿於懷。據某些盟友指出，伊梅特時常談論奇異這些高管的過失，並不斷強調自己的方法才正確。

他說這些事情時，彷彿自己仍在奇異集團服務。他稱奇異執行長並非帝王，卻又說「我的董事會」、「我們的」集團。他喜愛提醒人們，自己未曾出售任何奇異股票，因為說不定日後他將捲土重來、回到奇異集團。

他自認掌理奇異是一場史詩級的鬥爭，宛如希臘神話裡夜以繼日推滾巨石上山、卻始終功敗垂成的薛西弗斯。他努力使奇異集團擺脫對金融服務的依賴，卻一再遭到短視近利的投資人與名嘴掣肘，而奇異電力事業出人意料的潰敗更動搖了集團的核心。

在辭卸奇異董事長一年多後，伊梅特曾說：「在某個時段，把金融服務引進工業集團或許是出色的想法，但如今這已成為非常糟糕的主意。」

他承認自己對奇異的境況有一定的責任，但總是很快轉移話題高談其策略的正當性，並稱他深諳如何引領企業度過複雜的轉型期。

在伊梅特下台後數個月，奇異股價持續走跌，《哈佛商業評論》刊登了一篇伊梅特題為〈我如何重造奇異集團〉（*How I Remade GE*）的文章。這猶如一場勝利演說，內容延續他多年來一貫的說法，旨在告訴讀者應當如何看待他領導奇異的時代。文章的段落標題充滿了暗示意味，比如說「全力一搏」「樂意轉向」。他寫道：「奇異需時多年方能收獲轉型的成果。我自信所移交的奇異集團能在二十一世紀欣欣向榮。」這篇六千多字的文章幾乎使所有了解奇異真實狀況的人目瞪口呆。

然而伊梅特似乎不受過往困擾，他必須琢磨如何再度於商界飛黃騰達。他告訴合夥人說，在自己領導奇異時不斷受到媒體折磨，但他不屑一顧。他也表示正著手寫書、講述自己與奇異集團的故事。

到了二〇一九年底，奇異集團許多現任與前任主管仍在等待聯邦對各部門會計與營運方式的調查結果。雖然他們確信自己沒有違法行為，但證交會與司法部調查的陰影，以及相關律師費用仍成為重擔。政府當局取得並仔細檢視了奇異主管們大量的電子郵件，使得集團內外人心惶惶。調查一直進行到政府滿意為止。在律師費用付清後，奇異前主管們才得以重新專注新的風險投資。

奇異電力公司前執行長波茲後來加入私募股權投資巨擘黑石集團，基本上成了行蹤隱密的人物。伯恩斯坦後來在康乃狄克州里奇菲爾德從事風險投資。

嘉登留在奇異董事會，偶爾會公開露臉宣示他信任卡普能扭轉乾坤，以及傳達他對奇異集團的樂觀看法。佩爾茲在二〇一九年底告訴《全國廣播公司商業頻道》，特里安公司未及早賣掉所有奇異股票是一個「重大錯誤」。

奇異的前主管們紛紛在領英（LinkedIn）和臉書上，對前同事宣布找到新工作或職涯晚期異動的貼文按讚。他們也分享新的創投消息。奇異電力公司的馬基樂（Joe Mastrangelo）轉往義大利發展。伯恩斯坦對某位友人種植大麻的生意知之甚詳，他也不吝於讚揚那些跳槽到其他企業的奇異金融專家們。康斯塔克積極宣傳新著《勇往直前》（*Imagine It Forward*），並透過淺顯易懂的影片談論破壞式創新、創想與變革的力量。

佛蘭納瑞最終獲波士頓一家私募股權基金公司聘任，重新發揮他最熟練的技能——交易、諮商、資本配置、直言不諱地評判行得通和行不通的項目。

有些終生奉獻給奇異集團的人認為，佛蘭納瑞是個悲劇人物，為他人清理長年犯的錯誤善後，卻落得自己垮台的下場。佛蘭納瑞曾告訴友人，他始終堅信所發掘的奇異集團重大問題沒有速成的解決方法。

威爾許走過意氣風發的光榮歲月後逐漸放緩腳步，但私下仍會為了接班人辜負所託而大動肝火。日漸衰老的他總是自誇其治理奇異的成績是A等，而繼任者的表現只有F等。他的話題始終繞著奇異集團最新的消息打轉。奇異轉向失敗、伊梅特大手筆回購自家股票和收購企業、奇異電力公司治理不當，全都令他憤恨難平。

威爾許責備奇異董事會容忍伊梅特太久，大可盡早撤換他。他還說，「我期望甚高，結果極為失望。我做了自認最好的選擇，最終卻沒有好結果。」

威爾許對奇異的商業模式仍具信心，但他並不期許往昔的奇異起死回生，而寄望卡普「打造新的奇異集團」。

●●●

奇異是美國最傑出的企業之一，具有悠久的企業文化和傲人歷史，而來自集團外部的卡普肩負著拯救它的使命。他明白表示，將把奇異的管理文化由過往的從上而下轉變為從下而上。他力促管理者對各自的事業更加當責不讓，並試圖終止奇異員工數十年來在季度結束前拚業績的做法。卡普想為奇異創造「真實市場」，以直接抗衡伊梅特打造的「成功劇場」。

在卡普治理下，奇異賣掉運輸公司、退出石油天然氣業界，並以二百一十億美元轉手醫療公司生物製藥事業，以減輕奇異的龐大債務負擔。在本書寫作期間，奇異仍持續求售其與愛迪生最有淵源的照明事業[①]。

卡普推崇威爾許時代專注於營運、採行精實製造提升效能的企業文化，其純粹形式源自豐田汽車公司。外來的卡普執行長宣告自己是奇異集團的一份子，力圖藉此團結奇異員工。而他的種種努力若獲致成果，難免會侵蝕奇異集團最珍視的長久核心信念：奇異自有管理任何事業的方法，且有能力教導自己人管理之道。

只是當奇異亟需管理者救亡圖存時，它終究必須向外尋覓人才。

---

① 2020 年由美國智慧居家自動化系統商 Savant Systems 接手，奇異正式告別了擁有近 130 年歷史的照明業務，從最後一項消費產品業務中抽身，也代表終結了與消費者（B2C）的聯繫。

最終章

「傑夫是朋友」

在我們長年和奇異領導層親信人士對話期間，集團現任與前任員工、銀行家及律師、董事和分析師、股東跟退休人員，對奇異災難性變革嘗試的思考與剖析，往往顯得欲言又止。筆者力促他們評判奇異轉向計畫背後動機及其挫敗原因，而即使他們對奇異各項策略提出最激烈批評，也傾向於避免我們有所誤解。他們多數同意一件事情，並且不厭其煩地像念咒一般告訴我們：「傑夫（伊梅特）是朋友。」

這宛如政治人物在國會議場發動猛烈攻擊前，口惠而不實地宣稱會與對手合作，絲毫不具說服力。但伊梅特確實普遍被視為朋友。他總是笑臉迎人、談笑風生、對人生故事有敏銳洞察力，且擅用肢體語言。這一切銷售高手必備工具全被他運用於商場上遇到的所有人。縱使是與他針鋒相對者，也有人相信他真的是一個暖男。伊梅特時時向人釋出善意、提供具說服力的激勵話語。他惦記屬下，且以出人預料的方式照顧他們。他給予窮困小孩關注和奧援，融洽地用美式足球隊說笑與同事交流、邀請他們到新卡南（New Canaan）豪邸共度週末，還跟他們一起打高爾夫球。

其實他也會冷酷地對待他人。在共和黨贏得美國國會多數議席、奇異集團逐漸終止放款業務後，民主黨前國會工作人員暨金融與監管事務專家約書亞·雷蒙（Joshua Raymond）於二〇一六年夏末，忙著打包準備撤離奇異的華府總部。他了解政黨輪替循環，明白何時該開始下個步驟，對此並無怨念。

而在雷蒙離去前，伊梅特曾赴華府碩大的奇異辦公室，當他邁步走過政府事務部門首長南希·多恩（Nancy Dorn）等主管所在區域時，發現了雷蒙。

他嚴厲地問說：「你為什麼還在這裡？」雷蒙和其他人都退避三舍，最後雷蒙鼓起勇氣皺著眉頭回答說：「我還會再待上二個多星期。」

伊梅特粗魯地說了聲「噢」之後隨即走開。

●●●

伊梅特於二〇一七年告別奇異集團後，一系列負面故事和許多難堪的重大問題相繼被披露，使得奇異股價跌跌不休。人們難免要找罪魁禍首，而伊梅特顯然是眾矢之的。不論威爾許留給他什麼，伊梅特前後掌理奇異集團十六年，有充足的時間做好治理工作。

奇異集團裡許多人難辭其咎。而最該責怪的是監督執行長的獨立董事會。奇異董事們宣稱他們對奇異的問題一無所知，而且受到外部顧問誤導，不清楚為何集團會在一夕之間急轉直下。某些董事對奇異的事業毫無相關經驗，有些在開會時甚至無法保持清醒，許多董事於集團潰敗後大惑不解，直呼「我們怎麼知道會這樣？」然而，他們的職責就是要掌握狀況，就是要對集團未充分回應或從沒人提起的難題追根究柢。他們理當監督管理層、保護投資人免受狂妄自大的管理者傷害。

問題根源指向身兼董事長、操控董事會的伊梅特。毫無疑問，在伊梅特時代飛躍成長的奇異集團龐大又複雜，極難治理，甚至無從管理。不論企業規模大小，其執行長應對日常經營負責，而董事會則必須監督管理層與執行長。當企業由同一人擔任董事長和執行長時，如果董事長憑個人好惡重組董事會，將使其角色衝突的問題更加惡化。簡而言之，賦予一個人如此大的權力且股東意見無法充分表達，實為欠缺思慮的治理方式。因此，自安隆醜聞案爆發以來，美國企業逐漸揚棄了這種治理結構。

人們對奇異集團由上而下的管理文化多所批評。而威爾許、伊梅特以迄中階主管都是奉行這樣的管理方法。他們對屬下灌輸不計一切成本與代價的想法，而罔顧在龐大的集團裡隱瞞錯誤輕而易舉。這樣的情況經年累月下來，難免對奇異造成嚴重損害。事實上，集團的規模既是其優勢也是它最大弱點之一。

伊梅特憑藉對奇異股價或投資人報酬的樂觀評估，就能輕易地美化黯淡的前景。不過，我們也不應忽略他的領導力與成就，以及他為促使集團更多樣化和創新付出的種種努力。

伊梅特擁有富想像力的願景，但諷刺的是他景仰的企業領袖相較於奇異的管理文化顯然別具一格。他推崇亞馬遜創辦人傑夫・貝佐斯（Jeff Bezos）和聯邦快遞創始人弗雷德・史密斯（FredSmith），他們都有獨到的想法、創建了自己的公司，且在經營成果上令對手望塵莫及。伊梅特從威爾許這位奇異在位十八年最著名的執行長手中接下大位，他明白自己的成就會被歸功於威爾許，而且必須自己承擔失利的後果，因此我們可以理解，為何他格外心儀貝佐斯和史密斯。

不少人認為伊梅特帶領奇異集團轉型確有成果。支持者堅信，歷史將證明他具有卓越願景。還有人辯稱，當伊梅特卸任時，奇異已走向正確道路，而後繼領導者捨棄其策略才導致集團走向潰敗。

伊梅特去職使奇異內部某些人額手稱慶，而其親信與忠誠追隨者則唏噓不已。在伊梅特下台消息傳出後，奇異公關部門獲知《華爾街日報》正撰寫一篇頭版文章，溫婉地打趣伊梅特嗜好冷颼颼環境的傳奇軼事。該報暗示伊梅特離開後，奇異員工可能不須在公司準備毛衣了。

某些鄙視伊梅特的人甚至從他性喜涼快，看到其可愛的人性面向，當中包括一些不情願地穿著大衣去參加奇異投資人說明會的分析師。伊梅特的兄弟眉飛色舞地補充說，伊梅特偏好低溫空調是孩童時期在俄亥俄州老家就養成的奢華習慣。

儘管《華爾街日報》的文章筆調輕鬆，伊梅特的親信仍火冒三丈。時任奇異溝通長的岱德荷・拉圖爾（Deirdre Latour）發給該報記者與編輯的電子郵件寫道：「伊梅特曾代表奇異集團和美國，與世界領袖及多國國王平起平坐。」當司機與隨扈聽說他將卸職時都潸然淚下，因為「他總是以最大的敬意待人」。

她的電郵還宣稱，伊梅特「從威爾許那裡接下的是全然混亂不堪的奇異集團」。她還呼應新上任的美國總統表示伊梅特「使奇異集團再次偉大」。她也指出，伊梅特「是美國史上最有成就的商界領袖之一，而《華爾街日報》以此方式講述他的故事，令人備感冒犯，真是可恥。」

但她的電郵攻勢並未奏效，《華爾街日報》終究刊登了該篇文章。雖然她為伊梅特辯護的言詞過於偏激，卻也不無道理。伊梅特確實曾與多位國王平起平坐，且是美國商界舉足輕重人物。如果僅以股價來評判他在奇異的表現未免過於片面。如同威爾許時代，伊梅特治理下的奇異集團事業組合亦求新求變。他確實力圖使奇異集團再次偉大。

拉圖爾不願見到人們拿空調的事來調侃伊梅特。她和公關部門多年來想要《華爾街日報》全面檢視伊梅特的治理成績，比如他如何改變奇異集團並從而轉變美國與世界商業走向。拉圖爾寫道：「就商業新聞寫作來說，頭一天的故事應講述實績和數據，把這些放到第二天再說是不對的。」氣憤不平的她簡單明瞭地質問該報認為「伊梅特真正的意義何在？」

●●●

一年多後，奇異集團某位前主管在紐約的早餐會得知，失去權力又備受市場與媒體抨擊的伊梅特竟然歸咎於拉圖爾。她面對媒體有時可能有些失去理智，但始終堅定地忠實捍衛伊梅特的形象，而伊梅特卻把自己的殞落怪罪於她，實在匪夷所思。那位前主管也表明自己是伊梅特的友人，然後聳聳肩說這「聽來像是伊梅特會做的事」。

伊梅特與他傳奇的前任執行長威爾許都具備競爭力與熱情，只是兩人各擅勝場。人們總是先聲明伊梅特是朋友，然後指出他熱切的樂觀看法和對奇異集團實力的堅信，掩蓋了種種缺失以致損害應有的深思熟慮過程，毀掉了集團固若金湯的形象，並使其面臨存亡絕續的難題。

●●●

奇異眾人試圖對此找出合理說法，被迫對過往提出解釋，並尋覓歸咎的對象。他們有的單純採取防衛姿態，有的因憤怒而激動不已，有的則緘默不語。

有時他們努力袒護集團的說詞顯得荒誕不經。在伊梅特辭職和佛蘭納瑞被解職數個月後，奇異某位前董事極力迴護伊梅特時代投入石油天然氣事業的決策。而當時多數觀察家都認為，這是奇異集團隨波逐流最後失敗收場的典型案例，它在不了解的事業上付出過多以致被市場壓垮。外界指責奇異董事會未善盡職責監督執行長的決策，這使得那位奇異董事氣憤難平。

雖然歷經多次改革，奇異董事會三十年來始終受到這樣的批評。隨著地位日趨衰退，奇異迫切需要董事會恰如其分地發揮監督功能。儘管集團在培訓管理人才上充滿自信，但面對亞洲大型經濟體油價、家電產品潮流、航空旅行高度成長等各方面的風險，奇異至少要有一個認真且全面投入的董事會。

如果人們認為伊梅特毫不在意嚴酷的事實、一味過度樂觀，並把他看成空有願景的愚人，那麼如今奇異董事會的形象也同樣惹人厭。董事們過去在職涯裡累聚了一些令人印象深刻的頭銜，甚至有許多無庸置疑的成就。他們的資歷深厚且多數家財萬貫，還受各企業肯定其具備非凡商業頭腦，更獲奇異給予高額報酬。然而，先不論是出於個人誤判或總體經濟趨勢所致，負有監督職責的他們終究未能阻止奇異跌落深淵。

多位董事聲稱他們密切地檢視奇異領導層一舉一動。他們強調董事會對奇異多元事業知之甚詳，即使是奇異過於自信地跨入、卻無妥適退出策略的油氣事業亦不例外。果真如此的話，為何深諳石油業與其風險的業界巨擘康菲公司（ConocoPhillips）前執行長詹姆斯・穆拉（Jim Mulva）擔任董事時，奇異竟然對突如其來的油價狂瀉措手不及，以致伊梅特靠石油設備壯大集團的宏圖鎩羽而歸。一位奇異董事氣急敗壞地回應說，穆拉對石油業有敏銳的洞察力，但是「他的消息不夠靈通」。

●●●

當油價一蹶不振時，奇異難以思議的潰敗一發不可收拾。在伊梅特離開奇異集團後那年，奇異市值蒸發逾一千四百億美元，是二〇〇一年安隆公司崩解時消失的市值二倍以上，也遠超過雷曼兄弟破產對奇異造成的損失。

奇異迅速殞落不只衝擊華爾街大型公司。美國人普遍持有奇異股票，無數民眾長年把奇異股票列入投資組合，並把退休金投入其中，此外有許多奇異現任與前任員工在補助方案鼓勵下購買自家股票。

在股權激勵報酬和員工認股權價值大幅縮水時，奇異高管都損失慘重。就算集團高管探訪遠方顧客與公司設施時都使用公務機，有些人甚至用公司專機帶家人度假，也無法彌補股票縮水。一直以來，最頂層主管的座車都是由集團全額負擔，在威爾許時代共有約一百二十五人受惠，到了伊梅特時代更大舉把適用對象擴增了七百人。而佛蘭納瑞終結了這個做法。

奇異給威爾許極高的薪酬，部分原因在於他卓有成就，而且當時集團股價一飛衝天。威爾許還享有許多額外待遇，比如說他在曼哈頓的公寓是由奇異出錢，他在退休後仍可使用集團飛機、運動設施，而其觀賞歌劇、購買鮮花、聘用個人廚師也都由集團買單。當這一切在威爾許離婚之際被揭發而激怒大眾並使奇異備感難堪後，他放棄了其中諸多特殊禮遇。無論如何，有人估算威爾許從奇異所獲逾十億美元；《華爾街日報》二〇〇二年的估計則在四億五千萬到八億美元之間，而且他在奇異最後一年拿到的報酬就有一億二千二百五十萬美元。

由於直到二〇〇六年才有相關規定要求公布訊息，我們並不容易衡量奇異主管的報酬。伊梅特無疑也享有許多額外禮遇，包括頻繁使用奇異集團公務機。如同諸多有關伊梅特的事情，人們對於那是享樂或十六年馬不停蹄為集團奔忙的必要工具，始終爭論不休。有人宣稱伊梅特在集團專機上只吃雞肉沙拉三明治，另有人說機組員在行程中必須準備龍蝦和牛排供他選擇。而某些疑問從未能獲得澄清。

儘管伊梅特時代的股價表現令人沮喪，他在奇異仍獲得豐厚報酬。根據高管薪酬調查公司 Equilar 估計，他在二〇〇六年到二〇一七年從奇異拿到約一億六千八百萬美元。Equilar 指出，伯恩斯坦擔任奇異集團財務長四年的薪酬約為三千七百萬美元，謝林二〇〇六年到二〇一六年所獲報酬約一億八百萬美元，這並不包括他在威爾許時代或一九九八年擔任財務長所得。

即使現代企業對領導層通常相當大方，奇異的慷慨程度仍令人咋舌。它還剩多少能給予如同「寡婦和孤兒」的散戶股東及退休人員？他們持有的奇異股票價值泰半大幅縮水，而且許多人期望賴以養老的股利更從數美元減少到幾美分。

奇異的時代一去不復返。大學畢業生不再爭先恐後追隨先前世代應徵曾令人稱羨的奇異職位。

一位奇異前主管近日表示，他將展開職涯的女兒從不曾考慮為奇異集團效力。他甚至懷疑：「還有人會談論奇異集團嗎？」

奇異女發言人拉圖爾曾反問媒體是否知道伊梅特的治理、謀略、事績之實質意義？就此而言，奇異集團當今對於股東和社會的意義又何在？畢竟有許多公司產銷天然氣發電機，或供應美國戰機所需推進引擎。

二十世紀晚期與二十一世紀初的奇異集團代表的是資本主義、菁英主義，它不只是成功的企業，更體現了特定屬性——達成甚至超越目標、獲取利潤與贏得市場優勢。它更實實在在追逐企業與個人財富，而且值得他人從其經驗汲取教訓。

但奇異集團也失於過度自信。在伊梅特時代，它相信憑藉意志即可達成預定目標，甚至將無數投資人、顧客、供應商、員工、退休人員與家屬置於前途難料的境地。伊梅特訂出的二美元每股盈餘目標顯得恣意武斷，而奇異集團純粹無法達標，縱然它一併運用了激進會計法、強調男子氣概的文化，以及著重競爭精神的激勵手法。

即使是伊梅特最忠實的盟友也認為，伊梅特身為管理者最大的資產是：如足球教練般堅決強調進取精神與勇往直前的優勢力量。他假設，只要像在美式足球場上練習擒抱一樣專注、姿勢正確，而且比他人更想成功，即能達成業績目標。

伊梅特習於在講台上問道：「我昔日認識的奇異人如今安在？你們遠不夠渴望成功。」

他展現了鼓舞人心的領導力——直到它不再能激勵士氣。

現實畢竟不是擒抱訓練。故事亦非策略。有時單靠想像力終究無濟於事。

致謝辭

拜《華爾街日報》所賜，我們得以寫成此書。泰德（共同作者泰德・曼）自二〇一四年起為該報撰寫奇異集團新聞，當時他還是未曾聽說過電話財報會議的都會版記者，而報社冒險給他機會嘗試報導全美最傑出工業公司之一的奇異集團。後來泰德於二〇一七年春季交棒給湯姆（共同作者湯瑪斯・葛瑞塔）。而湯姆初次會見伊梅特十週之後，伊梅特辭卸了奇異集團執行長職。本書敘訴此前多年一路發展下來的故事。

《華爾街日報》編輯部洋溢著熱情的合作、對平衡報導的無私奉獻，以及對正直誠實的珍視。在紐約與華府的報社辦公室，我們享有挖掘最重要新聞和擺脫框限將其傳達給讀者的自由。我們處處受益於編輯們的信任以及他們對奇異集團故事與相關人物的深度投入，尤其要感謝傑米・海勒（Jamie Heller）、保羅・貝克特（Paul Beckett）、凱倫・潘謝洛（Karen Pensiero）和麥特・穆瑞（Matt Murray）。

奇異集團過去與現在的人員是我們最主要消息來源，也是我們確認各種假設的最佳對象，他們時時提醒我們，奇異的故事所有經濟層面都是實質的人為結果。奇異員工通常愛他們的企業，也相信不論管理階層是成是敗，集團的品牌本質在於基層人員。他們渴望奇異集團東山再起。對於忍痛回顧所愛公司受挫往事的人們，我們尤其感激不盡。

還有無數其他人多年來助益我們的報導良多，使得本書得以完成，當中有許多人在幕後默默付出。同事們不斷提供奧援與鼓勵，而我們無法完全道盡他們難以勝數的奉獻。在講述奇異集團的故事上扮演要角的《華爾街日報》記者們包括馬賽洛・普林斯（Marcelo Prince）、安德魯・道威爾（Andrew Dowel）、凱特・林柏（Kate Linebaugh）、喬安・盧柏林（Joann S. Lublin）、大衛・班諾（David Benoit）、交易團隊令人敬畏的達納・契米盧卡（Dana Cimilluca）、達納・馬蒂歐立（Dana Mattioli）以及馬修・羅斯（Matthew Rose）。

我們也要感謝報社提供關鍵支援人物：保羅・維格納（Paul Vigna）給予我們無盡的激勵與教練；亞歷斯・馬汀（Alex Martin）使我們領略說故事的方法，並貢獻其令人目眩神迷的語彙；堅毅的經紀人艾瑞克・魯佛（Eric Lupfer），在全書結構上給予明智的指引，並鼓勵我們努力想方設法；堅定果斷的編輯瑞克・沃夫（Rick Wolff）信任我們述說的故事，而且正面回應我們的草稿。我們也要向哈考特出版社（HMH）編輯部戮力以赴的奧莉維亞・巴茲（Olivia Bartz），以及審慎進行法律評論的羅倫・埃森伯格（Loren Isenberg）致以深深的謝意。感謝羅拉・布雷迪（Laura Brady）、莉莎・葛洛維（Lisa Glover）、辛蒂・

巴克（Cindy Buck）、凱蒂・金莫勒（Katie Kimmerer）為書稿付出辛勞，以及艾瑪・戈登（Emma Gordon）領導宣傳活動。

道威爾、普林斯與林柏的編輯工作無與倫比，他們為我們的原始觀察把關，並在奇異集團公關對本書內容大發雷霆時幫我們辯護。

精力充沛的道威爾為人公平、一絲不苟，而且不屈不撓、無畏無懼、堅定不移。他指示所有尚無周全想法的記者「著手去寫」，並力挺我們到底以確保最終寫成的故事高明、牢靠且實在。

普林斯則以他的耐心、智慧與堅決的信任為我們提供動力，他的眼明手快更一再拯救我們安度截稿期限。他面對壓力鎮定自若，也總是讓我們自主地為所應為。我們始終確信他會幫我們防免錯誤。

曾跑奇異新聞的林柏對該集團的了解與我們在伯仲之間。雍容大度的她提供奇異集團相關指引，更幫我們深入探索其故事。她的友誼、領導力和堅定的愛意都是無價之寶。

●●●

湯姆：我要感謝幫我走過這段相當非正統歷程的所有人，首先是給予我無盡的愛與支持的父母與兄弟，還有長年協助我的姻親們，以及始終深愛我、激勵我的妻子維吉尼亞，她是我人生裡的要角。我們的孩子瑪姬、亨利和芙蘭妮是我們的生命之光，他們使我心智健全並常保笑容。

泰德：我極幸運能成為讀者們的寵兒和手足，也要感謝我的家人對一切的支持。我很榮幸有姻親相助，尤其是在我赴圖書館寫書時熱切幫我扛起家庭責任的岳祖父。我由衷感謝妻子安妮和兒子卡萊布，他們的愛使我得以完成此書，並且造就了當今的我。

註解——關於訊息來源

奇異集團屬於保守的階層式企業，其固有文化抗拒外部人員（尤其是記者）的仔細檢視。本書是持續六年調查採訪奇異集團各項事業、諸般承諾及眾多人員的綜合成果。為《華爾街日報》報導奇異相關新聞和寫作本書期間，我們完成了數百次訪談，對象包括奇異集團主管、董事、銀行家、律師、顧問、投資人和員工。我們與書中最傑出的人物對話，也從某位奇異主管嘲笑是「在下層F甲板」的員工獲得珍貴的洞見，雖然他們的姓名不為社會大眾所知，但其觀點有助於我們了解奇異締造的佳績、所犯錯誤，以及集團如何察覺問題的跡象。

書中未明指出處的引言都是來自訪談內容，當中有些留有紀錄，有些只是做為背景資訊，而提供者要求我們不要公開其身分。我們是比照在《華爾街日報》運作的方式來處理本書經由訪談取得的背景資料。對於匿名者提供的細節，我們都做過多方查證、交叉核實，包括核對公開的紀錄、各可靠消息來源訪談內容。在特定案例中，我們使用了假名以保護消息來源。我們也考慮到記憶不可靠的情況，尤其某些事件發生年代已經久遠。不論受訪者是提供背景訊息或是可公開報導的內容，我們總是細心留意其談論奇異集團種種事件的動機。

第一章

第30頁

佛蘭納瑞「不會再有成功劇場」：Thomas Gryta, Joann S. Lublin, and David Benoit, "How Jeffrey Immelt's 'Success Theater' Masked the Rot at GE," *Wall Street Journal*, February 21, 2018.

第二章

第36頁

曾有人估計奇異商標代表的品牌價值：Brand Finance, "Engineering & Construction 50 2019: The Annual Report on the Most Valuable and Strongest Engineering & Construction Brands," July 2019, https://brandirectory.com/reports/engineering-construction-50-2019（於二〇一九年十月十三造訪）

第38頁

愛迪生脫手所有持股：Paul Israel, *Edison: A Life of Invention* (New York: John Wiley & Sons, 2000), p. 354.

他只是頻繁地在奇異行銷活動現身：Julia Kirk Blackwelder, *Electric City: General Electric in Schenectady* (College Station: Texas A&M University Press, 2014), p. 18.

第39頁

事業開始走下坡的雷根：Thomas W. Evans, *The Education of Ronald Reagan: The General Electric Years and the Untold Story of His Conversion to Conservatism* (New York: Columbia University Press, 2006), pp. 22–23.

奇異率領同行：同上，PP.45-46

第三章

第41頁

最具影響力的執行長：Jack Welch, with John A. Byrne, *Jack: Straight from the Gut* (New York: Warner Business Books, 2001), p. 7.

威爾許從母親學會自信：同上

第42頁

「隆隆作響並散發出能量」：Bill Lane, *Jacked Up: The Inside Story of How Jack Welch Talked GE into Becoming the World's Greatest Company* (New York: McGraw-Hill, 2008), p. 23.

瓊斯是典型的執行長：Matt Murray, "Why Jack Welch's Leadership Matters to Businesses World-Wide," *Wall Street Journal*, September 5, 2001.

第44頁

威爾許縮編策略規畫團隊：同上

第45頁

在某次視察：Welch and Byrne, *Jack*, p. 96.

第46頁

威爾許時代奇異集團瞬息萬變：Murray, "Why Jack Welch's Leadership Matters." 在一九八五年：Thomas J. Lueck, "Why Jack Welch Is Changing GE," *New York Times*, May 5, 1985.

第52頁

他想從不同的途徑來物色人才：Welch and Byrne, *Jack*, p. 408.

第53頁

董事們花時間：Geoffrey Colvin, "Changing of the Guard," *Fortune*, January 8, 2001.

第四章

第56頁

壓縮機陸續發生故障：David Magee, *Jeff Immelt and the New GE Way: Innovation, Transformation, and Winning in the 21st Century* (New York: McGrawHill, 2009), p. 18.

伊梅特時常押車隨行：同上

第57頁

伊梅特兄長：Adam Bryant, "Stephen J. Immelt of Hogan Lovells: Raised to Believe 'You Can Fix This,'" *New York Times*, March 14, 2005.

第58頁

伊梅特馬不停蹄：Claudia H. Deutsch, "GE's New Corporate Face; Jeffrey Immelt Rides a Can-Do Confidence to the Top," *New York Times*, December 1, 2000.

第60頁

至於當時發生什麼事：John A. Byrne, "The Fast Company Interview: Jeff Immelt," *Fast Company*, July 1, 2005.

「傑夫，我是你最大的粉絲」：Welch and Byrne, *Jack*, p. 421.

「如果我拿不出應有成果」：同上

威爾許不只是口頭警告：Thomas Black, "Passed over for GE CEO, Dave Cote Thrives at Honeywell," *Bloomberg*, May 2, 2013.

第62頁

其積極進取難免也有不利的一面：Byrne, "The Fast Company Interview."

第五章

第66頁

威爾許對新風潮不感興趣：General Electric 1999 annual report.

第68頁

麥克納尼和伊梅特同具常春藤盟校教育背景：Bill Rigby, "Boeing CEO McNerney Gambles on Strike," *Reuters*,September 14, 2008.

第69頁

《紐約時報》人物側寫：Claudia H. Deutsch, "GE's New Corporate Face; Jeffrey Immelt Rides a Can-Do Confidence to the Top," *New York Times*, December 1, 2000.

第70頁

甚至另外包機：Welch and Byrne, Jack, p. 424.

第六章

第74頁

伊梅特上任首日：Joe Manning, "New Head of GE Gets Pep-Rally Style Welcome from Division He Once Led," *Milwaukee Journal Sentinel*, September 11, 2001.

第75頁

威爾許最後一次召集董事會：Lisa Marsh, "Jack Welch, Party Animal," *New York Post*, September 2, 2001.

紐約證券交易所：同上

第77頁

這時威爾許心想：Jeff Zaleski, "PW Talks with Jack Welch," *Publishers Weekly*, February 25, 2005.

他迅速聯絡：Diane Brady, "Jeff Immelt on His First Days Running General Electric," *Business Week*, September 1, 2011.

第78頁

新鮮花卉：Matt Murray, Rachel Emma Silverman, and Carol Hymowitz, "GE's Jack Welch Meets Match in Divorce Court," *Wall Street Journal*, November 27, 2002.

第81頁

「我們聆聽每個人的看法」：Beth Comstock, *Imagine It Forward: Courage, Creativity, and the Power of Change* (New York: Crown/Currency, 2018).

「成為董事長後第二天」："Perspectives," *Newsweek*, September 30, 2001.

第七章

第85頁

「我們認為維持一貫」：Justin Fox, "Learn to Play the Earnings Game," *Fortune*, March 31, 1997.

第86頁

「奇異是極複雜」：同上

第90頁

「紀錄一貫顯示」：同上

第91頁

《財星》雜誌記者盧米斯：Carol J. Loomis, "My 51 Years (and Counting) at Fortune," *Fortune*, September 19, 2005.

美國證券交易委員會：Arthur Levitt, "Numbers Game," speech delivered at New York University Center for Law and Business, September 28, 1998.

第八章

第95頁

獲投資人廣泛信任：Robert A. Bennet, "IR Goes Better with Coke," *Investor Relations*, May 1, 1996.

第96頁

「假如年報」：Rachel Emma Silverman, "GE to Change Disclosure Practices to Include Details on GE Capital," *Wall Street Journal*, February 20, 2002.

第97頁

葛洛斯的文章：William H. Gross, "Buffetting Corporate America," *Watching the World Tick Away*, March 2002.

「奇異隱藏於謎團之中」：同上

第九章

第104頁

三億美元盈利：Steve Maich, "GE Earnings Quality in Question: Too Many Lucky Breaks," *National Post*, October 1, 2002.

第105頁

大型投資者也頗有微詞：Alicia Seow-Suyama, "Calpers to Trim Bonds, Challenge GE over Exec. Pay," *Reuters*, October 15, 2002.

第十章

第107頁

有些人認為這是鋌而走險："The Hard Way," *Economist*, October 16, 2003.

第110頁

伊梅特必須挹注九十四億美元：Jonathan R. Laing, "Jack's Magic," *Barron's*, December 26, 2005.

威爾許於一九八四年：Jack Welch, "Barron's Mailbag," *Barron's*, January 2, 2006.

第111頁

「奇異在每年各季度」：同上

第十一章

第113頁

表現卓越的康斯塔克：Comstock, *Imagine It Forward*, p. 113.

第114頁

他還透露：Tony Sauro, "Blue Oyster Cult's Innovative Use of a Cowbell Will Never Be Forgotten," *The Record* (Stockton, CA), September 17, 2009.

第115頁

別怕死神：Joe Arena, "Blue Oyster Cult Cowbell Ringer Honored," WIVB.com, June 30, 2011, https://web.archive.org/web/20110702084549/; http://www.wivb.com/dpp/entertainment/music/Blue-Oyster-Cult-cowbell-ringer-honored（於二〇一九年十月十三造訪）

「基本上意味著以夢想來推動目標」：General Electric 1993 annual report, p. 5.

第116頁

「是奇異存在的理由」：Wolff Olins Ltd., "Case Studies — GE," https://www.wolffolins.com/case-studies/ge/（於二〇一九年十月十三造訪）。沃爾夫．奧林斯公司（Wolff Olins）網站對客戶的個案研究廣泛描述奇異品牌再造過程，當中曾引述伊梅特所說「夢想啟動未來不只是廣告標語，而是奇異集團存在的理由。」當我們於二〇一九年十二月尋求該公司就此發表評論時，其網頁已將所引述的伊梅特談話刪除。

公司的三千五百種業務：同上

奇異說：General Electric, "GE.com/brand," www.ge.com/brand/（於二〇一九年十月十三造訪）

第117頁

「我的職責在使奇異集團」：Rick Barrett and Thomas Content, "General Electric Boss Immelt Discusses Company's Recent Challenges," *Milwaukee Journal Sentinel*, April 21, 2002.

第118頁

伊梅特獲得此靈感：Comstock, Imagine It Forward, pp. 119–20

「這是件很重要的事」：Thomas A. Stewart, "Growth as a Process," *Harvard Business Review*, June 2006.

第122頁

他的努力獲得回饋：Charles Hutzler and Neil King Jr., "China's Premier Makes Appeal to Corporate US," *Wall Street Journal*, December 9, 2003.

「依我看」：John Christoffersen, "GE Touts Products to Chinese Premier,"*Associated Press*, December 8, 2003.

第十二章

第124頁

「未曾有任何企業達成」：Thomas A. Stewart, "Growth as a Process," *Harvard Business Review*, June 2006.

第125頁

在二〇〇六年："S&P Affirms Ratings on St. George and Superbank Post-sale," *Reuters*, August 3, 2006.

第十三章

第132頁

奇異集團處理旗下公司：General Electric, "GE Focuses on Growth and Higher Returns with Sale of GE Advanced Materials Business to Apollo Management, LP," press release, September 14, 2006.

第134頁

在集團內部早期的網際網路實驗：Matt Murray, "Late to the Web, GE Now Views Internet as Key to New Growth," *Wall Street Journal*, June 22, 1999.

伊梅特說出售奇異塑料事業："GE Announces Sale of Plastics Business to SABIC for $11.6 Billion," press release, May 21, 2007.

第十四章

第138頁

奇異發行短期商業本票：Securities and Exchange Commission v. General Electric Co., complaint, August 4, 2009. 美國證券交易委員會二〇〇七年展開調查，並於二〇〇九年遞交訴狀然後與奇異達成和解協議。向法庭提交的文件中列有證交會調查發現的廣泛細節。奇異表示已修正會計上的問題，並同意支付五千萬美元罰鍰，但未承認有任何不當作為並還向投資人指出，在這項調查上花費了二億美元會計與律師費用。

第139頁

當奇異決定出售資產：同上

第140頁

更嚴重的是：同上

內部會計師：同上

引擎零組件會計帳也有問題：同上

第141頁

理由不難理解：同上

提出另一解決方案：同上

一億五千六百萬美元差額：同上

第142頁

「奇異的金融服務事業」：General Electric 2007 annual report.

「二〇〇八年仍將拿出佳績」：同上

第十五章

第147頁

連恩回憶錄開篇不久：Lane, Jacked Up, p. 36.

威爾許欣然以對：同上

第148頁

奇異金融服務眼見一場風暴：US Department of Justice, "General Electric Agrees to Pay $1.5 Billion Penalty for Alleged Misrepresentations Concerning Subprime Loans Included in Residential Mortgage-Backed Securities," press release, April 12, 2019.

奇異的WMC房貸部門：同上

WMC也照樣放款：*Law Debenture Trust Company of New York v. WMC Mortgage*, complaint, October 26, 2012.

某位申請到房貸的人：同上

第149頁

這些貸款詐欺：同上

一些銀行：US Department of Justice, "General Electric Agrees to Pay $1.5 Billion Penalty."

助長了這樣的歪風：同上

「鑒於投資人」：General Electric second-quarter conference call, July 13, 2007.

第150頁

威爾許似乎意識到：Loomis, "My 51 Years (and Counting) at *Fortune*."

第154頁

「即使土地價格」：Kathleen Chu, "General Electric Japanese Property Investment May Reach 1 Trillion Yen," *Bloomberg*, August 25, 2007.

第十六章

第158頁

康斯塔克在NBC：Meg James, "NBC Universal Executive to Move Back to Parent GE," *Los Angeles Times*, March 4, 2008.

第159頁

金融市場動盪不安：General Electric first-quarter conference call, April 11, 2008.

第十八章

第167頁

伊梅特致電：Henry M. Paulson Jr., *On the Brink: Inside the Race to Stop the Collapse of the Global Financial System* (New York: Business Plus, 2010), pp. 227–228.

第170頁

到了週一晚上："Geithner's Calendar at the New York Fed," *New York Times*, n.d., https://www.nytimes.com/interactive/projects/documents/geithner-schedule-new-york-fed

第171頁

商業本票並非新概念：Goldman Sachs, "Entrepreneurialism and Grit Inspire Marcus Goldman to Launch His Business," https://www.goldmansachs.com/our-firm/history/moments/1869-founding-of-gs.html

金融學教授的研究發現：Marcin Kacperczyk and Philipp Schnabl, "When Safe Proved Risky: Commercial Paper During the Financial Crisis of 2007–2009," *Journal of Economic Perspectives* (Winter 2010): 29–50.

第172頁

雷曼事件最大受害者：同上

在九月二十日：Andrew Ross Sorkin, *Too Big to Fail: The Inside Story of How Wall Street and Washington Fought to Save the Financial System — and Themselves* (New York: Viking Penguin, 2009).

第174頁

在二〇〇八年十月一日："Geithner's Calendar at the New York Fed," *New York Times*.

第十九章

第177頁

向市場發出了強烈信號：James B. Stewart, "Eight Days: The Battle to Save the American Financial System," *The New Yorker*, September 14, 2009.

第179頁

「即使市場波動不已」：General Electric third-quarter

conference call, October 10, 2008.

第180頁
鮑爾森曾致電伊梅特：Paulson, On the Brink, p. 356.
「或許我的許多部屬」：同上

第182頁
貝爾在其回憶錄：Sheila Bair, *Bull by the Horns: Fighting to Save Main Street from Wall Street and Wall Street from Itself* (New York: Free Press, 2012), p. 118.
「我決定了」：同上

第183頁
奇異曾一再宣稱：Federal Deposit Insurance Corporation, Crisis and Response: An FDIC History, 2008–2013 (Washington, DC: FDIC, 2017).

第二十章

第185頁
「任何人都能把奇異集團治理得很好」：Steve Clemons, "The Worst of Times?," *Financial Times*, February 18, 2009.

第186頁
「我們有足夠的現金」：Paul Glader, Eleanor Laise, and E. S. Browning, "GE Joins Parade of Deep Dividend Cuts," *Wall Street Journal*, February 28, 2009.

第187頁
專欄作家喬．諾塞拉：Joe Nocera, "Behind the Curtain at GE," *New York Times*, March 6, 2009.
「我們不禁想說」：同上

第188頁
「但不會再有投資人」：同上

第189頁
會議進行兩小時後：Kate Haywood and Prabha Natarajan, "GE Execs Maintain Optimistic Tone at Investor Mtg," *Dow Jones Newswires*, March 19, 2009.
「意義建構方案」：Comstock, Imagine It Forward, pp. 242, 243.

第二十一章

第191頁
收視率逐漸下降：Sam Schechner, Jeffrey McCracken, and Max Colchester, "Comcast, GE Ready to Announce Deal," *Wall Street Journal*, December 3, 2009.

第193頁

聯播網正逐漸式微：同上
其餘股權出售：同上

第194頁

當年提出價碼為：Bob Wright, with Diane Mermigas, *The Wright Stuff: From NBC to Autism Speaks* (New York: Rosetta Books, 2016), pp. 234–235.

萊特當時明白看出：同上

「我不曾」：Jeffrey Immelt, "A Conversation with Jeff Immelt, the CEO and Chairman of General Electric," *The Charlie Rose Show*, November 8, 2007.

NBC環球未見利潤成長：Paul Glader and Jeffrey McCracken, "The Comcast-NBC Talks: NBC Has Been Something of an Odd Fit with Its Parent," *Wall Street Journal*, October 2, 2008.

第二十二章

第195頁

伊梅特於二〇〇九年：Jeff Immelt, "*Renewing American Leadership*," speech delivered at the US Military Academy, West Point, NY, December 9, 2009.

第198頁

儲蓄機構管理局：Damian Paletta, "Regulator Clash Shows Stakes on Eve of New Banking Rules," *Wall Street Journal*, June 5, 2009.

第199頁

伊梅特適時公開談論：Jeff Immelt, remarks at the Electrical Products Group Conference, Sarasota, Florida, May 19, 2009.

第200頁

奇異金融服務公司雖然接受：Michael Neal, remarks at Sanford C. Bernstein & Co. Strategic Decisions Conference, New York, May 31, 2012.

「他們將會在這裡」：同上

第二十三章

第203頁

約二十億美元清汙成本：Robert Sussman, EPA Senior Policy Counsel, email to Walter Mugdan et al. ("GE Feedback from Brackett Dennison"), December 8, 2010, https://www.foiaonline.gov/foiaonline/api/request/downloadFile/34_ED_003002_00000110.pdf/7bb0ecc5-5463-4d59-846b-832c32e40f44

第204頁

最讓環保人士失望的事情：John Nolan, "GE Defends Its Record on PCB Contamination," *Associated Press*, April

22, 1998.

第207頁

「想像一下若持續二十年」：Bill Moyers, "The Fight to Save the Hudson River," *in America's First River: Bill Moyers on the Hudson*, April 24, 2002, https://billmoyers.com/content/americas-first-river-bill-moyers-on-the-hudson-the-fight-to-save-the-river/

「為何他們會感到害怕？」：New Jersey General Assembly Solid and Hazardous Waste Committee, "Committee Meeting: Testimony from Concerned Public Policy Makers and Environmental Experts on the Appropriate Role GE Should Play in the Cleanup of the Hudson River," New Jersey Office of Legislative Services, Public Information Office, Hearing Unit, June 19, 2001, pp. 51–52, https://www.njleg.state.nj.us/legislativepub/PUBHEAR/061901LB.pdf

第209頁

「人們會把我們當成」：Comstock, *Imagine It Forward*, p. 135.

第211頁

「有件事情很清楚」：Joshua Ozersky, "Working in a Coal Mine: Lord, I Am So Tired, but Good-Looking," *New York Times*, July 3, 2005.

雜誌八月的文章：Daniel Fisher, "GE Turns Green," Forbes, August 15, 2005.

第212頁

傑克森致電：Walter Mugdan, EPA Deputy Regional Administrator, email to David King et al. ("FYI— Re Contacts with GE"), December 16, 2010, https://www.foiaonline.gov/foiaonline/api/request/downloadFile/32_ED_003002_00000108.pdf/61a08284-cf90-41b8-a3f8-bcee1ba61a8f

第二十四章

第214頁

說服了許多新聞媒體：Devin Leonard and Rick Clough, "How GE Exorcised the Ghost of Jack Welch to Become a 124-Year-Old Startup," *Bloomberg Businessweek*, March 17, 2016; Steve Lohr, "GE, the 124-Year-Old Software Start-Up," New York Times, August 27, 2016.

第215頁

「工程師必須認清」：David Kirkpatrick, "GE's Comstock: The Imperative Is Speed," Techonomy, November 21, 2014.

第216頁

已是二度創業：Ben Kaufman, "Behind the Invention: The Mophie Juice Pack," *Medium*, December 31, 2013.

第二十七章

第235頁

二〇一六年三月：Leonard and Clough, "How GE Exorcised the Ghost of Jack Welch to Become a 124-Year-Old Startup." *Bloomberg Businessweek*, March 17, 2016.

第二十九章

第244頁

想法頗有啟發：John C. Coates, John D. Dionne, and David S. Scharfstein, "GE Capital After the Crisis," Harvard Business School Case 9-217-071, May 3, 2017.

第三十一章

第255頁

「軟體正吞噬全世界」：Marc Andreessen, "Why Software Is Eating the World," *Wall Street Journal*, August 20, 2011.0

第256頁

從而產生了關於數位軟體的想法：Steve Lohr, "GE, the 124-Year-Old Software Start-Up," *New York Times*, August 27, 2016.

第257頁

伊梅特在二〇一四年宣布：Steve Lohr, "Security Risks in the Internet of Industry,"*New York Times*, October 15, 2015.

抱負遠大的目標：Ted Mann, "GE Boosts Pay to Land Tech Talent," *Wall Street Journal*, September 21, 2016.

職場環境啟發：Donna Larcen, "Corporate Types Identify with 'Dilbert' Humor," *Hartford Courant*, March 29, 1995.

第三十二章

第260頁

克朗先前已私下：Michael Stothard, "How Paris Repelled General Electric from Alstom Takeover," *Financial Times*, June 16, 2014.

第261頁

取得阿爾斯通近三成股權：Inti Landauro, "Bouygues Writes Down Alstom Stake,"*Wall Street Journal Europe*, February 18, 2014.

第三十三章

第265頁

舉著各式標語牌抗議：Communications Workers of America, "Standing Up for Retiree Healthcare," *CWA e-Newsletter*, May 1, 2014, https://cwa-union.org/news/entry/cwa_e-newsletter_may_1_2014

第三十四章

第270頁

他考慮過的目標：David Gauthier-Villars and Stacy Meichtry, "French CEO Defies Paris, Spurred by His Past," *Wall Street Journal*, May 1, 2014.

第271頁

克朗是在未知會董事會的情況下：Stothard, "How Paris Repelled General Electric from Alstom Takeover."

表明「無法接受」：Inti Landauro, "French Minister Wants GE to Change Offer for Alstom Unit," *Dow Jones Newswires*, May 20, 2014.

第273頁

「違背民族倫理」：Gauthier-Villars and Meichtry, "French CEO Defies Paris, Spurred by His Past."

第三十五章

第275頁

凱颯於六月：Inti Landauro and Stacy Meichtry, "Alstom Suitors Dig In for a Siege," *Wall Street Journal*, June 19, 2014.

第277頁

「所有經營者」：Stacy Meichtry and Inti Landauro, "France Urges EU to Relax Antitrust Rules," *Wall Street Journal*, June 27, 2014.

第三十六章

第278頁

石油天然氣設備市場：Ted Mann, "GE Chief's Overhaul Slips on Oil — Plunging Crude Prices Crimp Immelt's Long-Awaited Remake of the Conglomerate He Inherited," *Wall Street Journal*, March 4, 2015.

第281頁

「基礎方案」：同上

第282頁

那些宏大計畫會有何下場：Steve Knight, "GE Pulls Plug on Historic Lufkin Foundry," *Longview News-Journal*, August 24, 2015.

第283頁

許多夫妻檔投機業者：Nicole Friedman, "Oil Sinks Below $40 Amid New Signs of Glut," *Wall Street Journal*, December 3, 2015.

第三十七章

第285頁

「強大工業平台」：General Electric, "GE Launches 14 New Industrial Internet Predictivity Technologies to Improve Outcomes for Aviation, Oil &Gas, Transportation, Healthcare, and Energy," press release, October 9, 2013.

第286頁

還得把軟體整合：Mann, "GE Boosts Pay to Land Tech Talent."

「員工喜愛這系列廣告」：Joe Lazauskas, "This Content Campaign Increased Applications to Work at GE by 800 Percent," Contently, June 20, 2016.

第287頁

半數的研發經費：Gregory Hayes, President and CEO of United Technologies Corporation, presentation at Barclays Industrial Select Conference, Miami Beach, Florida, February 18, 2015.

第三十八章

第292頁

平台的程式碼更加複雜：Alwyn Scott, "GE Shifts Strategy, Financial Targets for Digital Business After Missteps," *Reuters*, August 28, 2017.

第三十九章

第296頁

美國司法部盯上：For the Justice Department suit filed in September 2015 against GE, Alstom, and PSM, see https://www.justice.gov/atr/case-document/file/768341/download.

政府爭論說，奇異併吞ＰＳＭ「將取得對顧客抬高價格或降低服務品質的能力。此外，併購案將使ＰＳＭ喪失創新企業的活力，也可能削弱奇異回應ＰＳＭ、追求創新的動機。」

第297頁

它在十年間：Brent Kendall and Joel Schectman, "Alstom to Pay $772 Million to Settle Bribery Charges," *Dow Jones Newswires*, December 22, 2014.

奇異發言人：同上

第298頁

「老實說」：同上

第四十一章

第306頁

「我們不想分拆」：David Benoit and Ted Mann, "Activist Investor Makes Big Bet on GE," *Wall Street Journal*, October 5, 2015.

第四十二章

第309頁

宛如「太平間」：Thomas Gryta, "What's Behind GE's Move from the Connecticut Suburbs to Boston," Wall *Street Journal*, May 15, 2017.

第311頁

「在複雜化的世界中」：General Electric 2016 annual report.

年初致股東函：同上

「我們過去五年」：同上

第312頁

首款燃氣渦輪發電機：Sonal Patel, "A Brief History of GE Gas Turbines,"*Power*, July 8, 2019.

於二〇〇八年執掌：Kate Linebaugh and Joann S. Lublin, "For Retiring GE Executive, $89,000/Month Not to Work," *Wall Street Journal*, August 2, 2012.

第四十三章

第315頁

Predix是：Steve Bolze, speaking at JPMorgan Aviation, Transportation, and Industrials Conference, New York, March 9, 2016.

「世界能源需求」：同上

第316頁

「該市場雖將成長」：Josef Kaeser, speaking at Bank of America Merrill Lynch Conference, London, March 18, 2016.

第四十四章

第321頁

引起了美國司法部：Thomas Gryta, "GE Shares Tumble amid Big Payout Cut, Criminal Probe," Wall Street Journal, October 31, 2018.

第四十六章

第330頁

根據《華爾街日報》：Ted Mann, "GE Nears Decision on Relocating Its Headquarters," Wall Street Journal, September 10, 2015, https://www.wsj.com/articles/ge-nears-decision-on-relocating-its-headquarters-1441931084

「我們不需要貿易協定」：General Electric 2016 annual report.

第四十七章

第334頁

「我們並不想這麼做」：Jeff Immelt, remarks at the Electrical Products Group Conference, Sarasota, FL, May 24, 2017.

第335頁

嘉登先前曾：David Benoit, "How Trian Thinks About GE's Cost Cuts — Market Talk," *Dow Jones Newswires*, April 27, 2017.

第四十八章

第338頁

在那裡現身：Steve Lohr, "GE, Pressured by Its Investors, Changes Leader," *New York Times*, June 13, 2017.

第339頁

六月初某個週五：同上

第341頁

「在接下來幾週」：John Flannery, General Electric CEO succession investor meeting, June 12, 2017.

第四十九章

第343頁

蒙大拿州一個匿名的：Montana Cowgirl, "Top Ten Notable Events at the Butte Economic Forum," September 15, 2010.

第344頁

在伊梅特下台後：Thomas Gryta and Joann S. Lublin, "New Chief at GE Starts Undoing the Costly Past," *Wall Street Journal*, October 19, 2017.

第348頁

成長於克里夫蘭：Maria Saporta, "GE Energy's Russell Stokes Powers Up in Atlanta," *Atlanta Business Chronicle*, January 27, 2017.

即將在十天後：Jeff Immelt, General Electric second-quarter conference call, July 21, 2017.

第349頁

「我們有機會」：同上

趁著最後一次：同上

第五十章

第352頁

正式下台之前：Greg Bensinger and Thomas Gryta,

"Uber CEO Search Takes New Twist," *Wall Street Journal*, August 17, 2017.

第五十一章

第357頁

康斯塔克後來說：Stephanie Clifford, "Beth Comstock on How to Survive Losing Your Job," *Marie Claire*, January 15, 2019.

第359頁

「佩爾茲是天才」：Joshua Brown, Twitter tweet, posted July 17, 2017.

在康乃爾大學完成工程學教育：Verizon, "Executive Bios: Lowell C. McAdam," https://www.verizon.com/about/our-company/lowell-c-mcadam

第五十二章

第364頁

巴菲特與長期商業夥伴：Warren Buffett, Berkshire Hathaway shareholder letter, February 25, 2012.

第二項要求：同上

第五十四章

第372頁

美國司法部的調查：Thomas Gryta and David Benoit, "In GE Probe, Ex-Staffers Say Insurance Risks Were Ignored," *Wall Street Journal*, November 30, 2018. 在本書寫作期間，證交會和司法部仍持續調查奇異能源公司的會計與保險業務。奇異稱其配合政府調查，並否認有股東控訴的詐欺作為，而某些指控後來被法庭駁回。

第373頁

部門高管：Gryta and Benoit, "In GE Probe, Ex-Staffers Say Insurance Risks Were Ignored."

第374頁

伯恩斯坦開始提及：Jeffrey Bornstein, remarks at Barclays Industrial Select Conference, Miami Beach, Florida, February 22, 2017.

到了當年七月：Jeffrey Bornstein, General Electric second-quarter conference call, July 21, 2017.

負責處理奇異長照保單：General Electric investor update, November 13, 2017.

第五十五章

第376頁

工程師面對水壩潰決：General Electric insurance update call, January 16, 2018.

第377頁

十八名董事：General Electric proxy statement, March 12, 2018.

第五十六章

第382頁

佛蘭納瑞當年的簡報：Joann S. Lublin and Kate Linebaugh, "Meet the Next CEO of General Electric: John Flannery," Wall Street Journal, June 12, 2017.

第383頁

「要小心謹慎」：John Flannery, remarks at Electrical Products Group Conference, Boca Raton, FL, May 23, 2018.

第五十七章

第388頁

刑事與民事調查：Gryta and Benoit, "In GE Probe, ExStaffers Say Insurance Risks Were Ignored."

第391頁

「奇異需時多年」：Jeff Immelt, "How I Remade GE," Harvard Business Review, September/October 2017.

參考書目

Bair, Sheila. *Bull by the Horns: Fighting to Save Main Street from Wall Street and Wall Street from Itself*. New York: Free Press, 2012.

Blackwelder, Julia Kirk. *Electric City: General Electric in Schenectady*. College Station: Texas A&M University Press, 2014.

Comstock, Beth. *Imagine It Forward: Courage, Creativity, and the Power of Change*. New York: Crown/Currency, 2018.

Cowie, Jefferson. *Capital Moves: RCA's Seventy-Year Quest for Cheap Labor*. New York: New Press, 1999.

Evans, Thomas W. *The Education of Ronald Reagan: The General Electric Years and the Untold Story of His Conversion to Conservatism*. New York: Columbia University Press, 2006.

Hammond, John Winthrop. Men and Volts: The Story of General Electric. Philadelphia: J. B. Lippincott Co., 1941.

Israel, Paul. *Edison: A Life of Invention*. New York: John Wiley & Sons, 2000.

Kennedy, Rick. *GE Aviation: 100 Years of Reimagining Flight*. Wilmington, OH: Orange Frazer Press, 2019.

Lane, Bill. *Jacked Up: The Inside Story of How Jack Welch Talked GE into Becoming the World's Greatest Company*. New York: McGraw-Hill, 2008.

Langone, Ken. *I Love Capitalism! An American Story*. New York: Portfolio/Penguin, 2018.

Magee, David. *Jeff Immelt and the New GE Way: Innovation, Transformation, and Winning in the 21st Century*. New York: McGraw-Hill, 2009.

Martin, James. *In Good Company: The Fast Track from the Corporate World to Poverty, Chastity, and Obedience*. Lanham, MD: Sheed & Ward, 2000.

O'Boyle, Thomas F. *At Any Cost: Jack Welch, General Electric, and the Pursuit of Profit*. New York: Alfred A. Knopf, 1999.

Paulson, Henry M., Jr. *On the Brink: Inside the Race to Stop the Collapse of the Global Financial System*. New York: Business Plus, 2010.

Ries, Eric. The Lean Startup: *How Today's Entrepreneurs Use Continuous Innovation to Create Radically Successful Businesses*. New York: Crown Business, 2011.

Sorkin, Andrew Ross. *Too Big to Fail: The Inside Story of How Wall Street and Washington Fought to Save the Financial System — and Themselves*. New York: Viking Penguin, 2009.

Tichy, Noel M., and Stratford Sherman. *Control Your Destiny or Someone Else Will*. New York: HarperCollins, 1993.

Vonnegut, Kurt. *Player Piano*. New York: Delacorte Press, 1952.

Welch, *Jack, with John A. Byrne*. Jack: Straight from the Gut. New York: Warner Business Books, 2001.

Welch, Jack, with Suzy Welch. *Winning*. New York: HarperCollins, 2005.

Wright, Bob, with Diane Mermigas. *The Wright Stuff: From NBC to Autism Speaks*. New York: Rosetta Books, 2016.

其他參考資料

紐澤西州立法機關、大會、固體和危險廢物委員會、有關公共政策制定者和環境專家關於奇異應在哈德遜河清理中發揮適當作用的證詞。Englewood, NJ: June 19, 2001.

奇異衰敗學

Lights Out: Pride, Delusion, and the Fall of General Electric

作者	湯姆斯．格利塔（Thomas Gryta）、泰德．曼（Ted Mann）
譯者	陳文和
商周集團執行長	郭奕伶
視覺顧問	陳栩椿
商業周刊出版部	
總監	林雲
責任編輯	潘玫均
封面設計	萬勝安
內頁排版	点泛視覺設計工作室
出版發行	城邦文化事業股份有限公司 商業周刊
地址	104 台北市中山區民生東路二段 141 號 4 樓
	電話：(02)2505-6789　傳真：(02)2503-6399
讀者服務專線	(02)2510-8888
商周集團網站服務信箱	mailbox@bwnet.com.tw
劃撥帳號	50003033
戶名	英屬蓋曼群島商家庭傳媒股份有限公司城邦分公司
網站	www.businessweekly.com.tw
香港發行所	城邦（香港）出版集團有限公司
	香港灣仔駱克道 193 號東超商業中心 1 樓
	電話：(852)25086231　傳真：(852)25789337
	E-mail：hkcite@biznetvigator.com
製版印刷	中原造像股份有限公司
總經銷	聯合發行股份有限公司　電話：(02) 2917-8022
初版 1 刷	2022 年 5 月
初版 3.5 刷	2022 年 7 月
定價	520 元
ISBN	978-626-7099-24-7
EISBN	9786267099285 (PDF)/9786267099278 (EPUB)

國家圖書館出版品預行編目 (CIP) 資料

奇異衰敗學 : 百年企業為何從頂峰到解體？/ 湯姆斯 . 格利塔 (Thomas Gryta), 泰德 . 曼 (Ted Mann) 著 ; 陳文和譯 . -- 初版 . -- 臺北市 : 城邦文化事業股份有限公司商業周刊 , 2022.05

面 ; 公分

譯自 : Lights out : pride, delusion, and the fall of General Electric

ISBN 978-626-7099-24-7(平裝)

1.CST: 奇異公司 (General Electric Company) 2.CST: 企業經營 3.CST: 歷史 4.CST: 美國

494.1　　111002391

金商道

The positive thinker sees the invisible, feels the intangible,
and achieves the impossible.

惟正向思考者，能察於未見，感於無形，達於人所不能。 —— 佚名